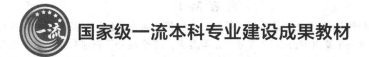

国家级一流本科专业建设成果教材

高分子材料与工程专业实验教程

戴礼兴 主　编
陈小芳　孙　君　副主编

GAOFENZI CAILIAO
YU GONGCHENG
ZHUANYE
SHIYAN JIAOCHENG

U0385410

化学工业出版社
·北京·

内 容 简 介

　　《高分子材料与工程专业实验教程》是高分子物理、高分子化学和高分子材料成型加工的实验教材。全书主要内容由 16 个高分子化学实验、17 个高分子物理实验、10 个高分子材料加工实验、16 个高分子材料性能测试实验、5 个高分子材料综合实验和 10 个高分子新材料制备实验六部分组成，同时为了引导学生更深入更广泛地了解高分子材料知识，在相关实验后增加了拓展知识。本书附录是实验中常用的一些重要基础数据和基本方法等。

　　本书可作为理工科院校高分子材料相关专业的实验教材，各学校在满足毕业要求的前提下，可根据需要及实验条件自行酌量删减。本书也可供从事高分子材料研究、开发和应用的研究人员及工程技术人员参考。

图书在版编目（CIP）数据

高分子材料与工程专业实验教程/戴礼兴主编 . —北京：化学工业出版社，2021.12（2024.7 重印）
　ISBN 978-7-122-39948-9

　Ⅰ.①高… 　Ⅱ.①戴… 　Ⅲ.①高分子材料-实验-高等学校-教材 　Ⅳ.①TB324.02

中国版本图书馆 CIP 数据核字（2021）第 191679 号

责任编辑：陶艳玲 　　　　　　　　　　　　文字编辑：李　玥
责任校对：杜杏然 　　　　　　　　　　　　装帧设计：史利平

出版发行：化学工业出版社（北京市东城区青年湖南街 13 号　邮政编码 100011）
印　　装：涿州市般润文化传播有限公司
787mm×1092mm　1/16　印张 19¼　字数 481 千字　　2024 年 7 月北京第 1 版第 3 次印刷

购书咨询：010-64518888 　　　　　　　　　售后服务：010-64518899
网　　址：http://www.cip.com.cn
凡购买本书，如有缺损质量问题，本社销售中心负责调换。

定　　价：59.00 元

前言

　　《高分子材料与工程专业实验教程》是根据我国高分子材料行业需求现状、国家"新工科"建设和工程教育专业认证的要求编写的。本教材是配合高分子化学、高分子物理和高分子材料成型加工等高分子材料与工程专业课程的实验教学用书。本书的特点：一是实验的系统性、综合性，通过从基础到应用的实验链条和开设大型综合实验提高学生解决复杂工程问题的能力；二是启发性和创新性，通过前沿实验、拓展知识和启发性思考题培养学生的创新思维。

　　本书共分七篇，74个实验。第一篇高分子化学实验，主要包括一些基本的高分子合成方法，既注重聚合机理、聚合实施方法、聚合物的化学反应，又兼顾所合成聚合物的类别等。第二篇高分子物理实验，涉及高分子溶液、流变性能、结晶性能、热性能、力学性能等，并注重以不同的手段对结构和性能的表征。第三篇高分子材料加工实验，涵盖三大合成高分子材料的主要加工方法，包括注射成型、吹塑成型、挤出成型以及近年来兴起的3D打印成型等。第四篇高分子材料性能测试实验，除了标样的制备和材料基本性能测试外，还涉及一些材料功能方面的性能，如燃烧性能、电性能、弹性、生物降解性能等测试。第五篇高分子材料综合实验，注重实验的系统性、综合性和工程性，旨在提高学生解决复杂工程问题的能力。第六篇高分子新材料制备实验，主要是一些高分子新材料合成和制备的前沿科研内容，着眼于拓宽学生视野，培养他们的创新思维。同时为了引导学生更深入更广泛地了解高分子材料知识，在相关实验后增加了拓展知识。本书附录是实验中常用的一些重要的基础数据和基本方法等，便于查阅。本教材注重理论与实际的紧密结合，旨在通过实验提高学生的理论水平和实验操作能力，以及解决复杂工程问题的能力。

　　本教材第一篇由苏州大学陈小芳和戴礼兴编写，第二篇由苏州大学孙君、程丝和陈小芳编写，第三篇由苏州大学程丝、王新波、孙君和戴礼兴编写，第四篇由程丝、孙君和陈小芳编写，第五篇由戴礼兴和孙君编写，第六篇由苏州大学陈小芳、程振平、戴礼兴、李耀文、秦传香、屠迎锋、王建军、武照强和江苏科技大学卓其奇共同编写，第七篇由戴礼兴、陈小芳和孙君编写。全书由戴礼兴和孙君统稿。

　　江南大学陈明清、东华大学王朝生、同济大学张兵波、盛虹控股集团有限公司梅锋、江苏澳盛复合材料科技有限公司严兵、江苏和伟美科技发展有限公司蔡铁锦对教材提出了宝贵意见，编者在此对支持和关心本教材编写工作的各位同仁表示诚挚的谢意。

　　由于编者水平所限，书中难免存在不当之处，敬请读者批评指正。

编　者

2021年1月

目录

第一篇

高分子化学实验

实验一　醋酸乙烯酯的溶液聚合

一、实验目的

（1）了解自由基聚合的特点。

（2）掌握醋酸乙烯酯的溶液聚合方法。

二、实验原理

自由基聚合是典型的链式聚合反应，其反应机理一般分为链引发、链增长、链终止和链转移等几个基元反应。链引发反应从引发剂在光、热或辐射作用下分解开始，引发剂分解得到的初级自由基在与单体进行加成反应后，形成单体自由基。单体自由基立即与其他单体进行加成反应，聚合物链不断增长，分子量增大。当聚合物链自由基碰到其他自由基，两个自由基发生结合时，就发生了链终止反应。一般来说，链终止反应有偶合终止和歧化终止两种形式。本实验所用的醋酸乙烯酯是一种常见的烯类单体，可通过自由基聚合得到相应的聚合产物——聚醋酸乙烯酯（polyvinyl acetate，PVAc），其聚合反应机理如下。

1. 链引发阶段

引发剂受热分解产生初级自由基。常用的引发剂主要有过氧化物和偶氮化合物两大类。本实验使用过氧化苯甲酰（BPO）作为自由基引发剂，BPO 受热分解反应如下：

$$\text{（反应式）} \xrightarrow{k_d} 2$$

式中，k_d 为分解速率常数。

产生的初级自由基与醋酸乙烯酯反应生成单体自由基：

$$\text{（反应式）} \xrightarrow{k_i}$$

式中，k_i 为引发速率常数。

2. 链增长阶段

单体自由基继续与单体反应，聚合物链快速增长：

式中，k_p 为聚合速率常数。

3. 链终止阶段

当单体消耗殆尽，链自由基周围不再围绕大量单体，与其他链自由基碰撞的概率增加，易发生链终止反应。自由基终止反应通常为双基终止，包括偶合终止和歧化终止。

偶合终止：

歧化终止：

式中，k_t 为终止速率常数。

4. 链转移反应

在反应过程中，大分子自由基还有可能从单体、溶剂或引发剂分子上夺取一个原子或原子团而发生链转移：

式中，YZ 代表单体、溶剂或引发剂分子。

此时，若链转移产生的自由基活性与原自由基活性相近，则会继续引发单体聚合，聚合速率不变，聚合物分子量降低。若链转移后所产生的自由基活性降低或失活，则出现缓聚或阻聚现象。

与有机小分子合成不同的是，聚合物的合成除了要研究其反应机理，还需要选择适当的聚合方法。对于链式聚合而言，常用的聚合方法有溶液聚合、本体聚合、乳液聚合和悬浮聚合等。常见逐步聚合的聚合方法有熔融缩聚、溶液缩聚、界面缩聚以及固相缩聚等。反应机理相同时，若采用不同的聚合方法，聚合体系的反应动力学、链转移等过程也往往有不同的表现，因此相同的单体，即便聚合机理相同，在不同聚合方法下得到的聚合产物的分子量和分子量分布等也有很大差别。因此，在了解聚合机理的前提下，还需要从产品性能要求以及工艺流程等方面考虑，选择合适的聚合方法。醋酸乙烯酯的自由基聚合反应可在本体、溶液或乳液等状态下进行。通过改变反应温度、引发剂浓度和溶剂种类，可以制备分子量从几千到十几万的聚合物。根据分子量的大小，PVAc可以是无色黏稠液体或微黄色玻璃状颗粒，在轻工、造纸、建筑等工业部门有着广泛的应用，选择何种聚合方法取决于产物的用途。如果要进一步醇解制备聚乙烯醇，则采用溶液聚合，即维尼纶合成纤维工业所采用的方法。

溶液聚合的特点为引发剂、单体以及聚合的产物均溶于聚合溶剂，反应体系在聚合过程中保持均相状态。聚合反应通常在溶剂的回流温度下进行，因此需要选择合适的溶剂来控制反应温度。与本体聚合相比，溶剂的加入使得反应体系的黏度下降，混合和传热比较容易，不易产生局部过热。此外，引发剂的分散也比较均匀，不易被聚合物包裹，引发效率相对较高。溶液聚合体系稳定，在研究高分子合成的动力学理论时有一定的方便之处，通过选用链转移常数小的溶剂，可以建立反应体系中聚合速率、聚合度与单体浓度、引发剂浓度等参数的定量关系。在实验室进行一些微量聚合物的合成研究时，采用溶液聚合的方式比较方便。溶液聚合也存在一些缺点，由于单体浓度较低，聚合反应速率相对较慢，聚合反应设备的产能较低。同时，溶剂的存在使链自由基向溶剂发生链转移的概率增大，一定程度上导致生成的聚合物分子量较低。在工业上，一些将聚合物溶液直接使用的场合，如用作浸渍剂、涂料、胶黏剂、合成纤维纺丝液，或进一步反应转化为其他类型聚合物等，通常会采用溶液聚合方法直接制得聚合物溶液，不需要分离而直接投入使用。但如果需得到固态聚合物，还需进行溶剂分离和回收，这样会显著增加成本，且要除尽聚合物中的微量溶剂非常困难。

理想状况下，自由基溶液聚合中溶剂只是作为反应介质，并不直接参加聚合反应。但实际上，溶剂并非完全是惰性的，可以影响引发剂的分解速度和引发效率、单体的聚合速度、聚合物的立构规整度等等，但是在自由基聚合中溶剂对聚合物的分子量影响最突出。聚合物链自由基向溶剂分子的链转移反应会在不同程度上使产物的分子量降低。若以 C_s 表示溶剂的链转移常数，以 [S] 表示溶剂的浓度，以 [M] 表示单体的浓度，则溶剂对聚合物分子量的影响可用下式表示：

$$\frac{1}{\overline{DP}} = \frac{1}{\overline{DP_0}} + C_s \times \frac{[S]}{[M]} \tag{1-1-1}$$

式中，$\overline{DP_0}$ 为无溶剂存在时的平均聚合度；$\overline{DP}$ 为有溶剂存在时的平均聚合度。例如，在某实验条件下醋酸乙烯酯本体聚合所得产物的聚合度为 1000，现以甲醇为溶剂，进行溶液聚合。从表 1-1-1 中可知，60℃时甲醇的链转移常数 C_s 为 3.2×10^{-4}，则当 [S$_{甲醇}$]＝[M] 时，根据式(1-1-1)，聚合度由无溶剂时的 1000 降到 758，可见溶剂链转移对聚合度有很大影响。

表 1-1-1 甲醇在不同聚合温度下的链转移常数值

温度/℃	50	60	70
$C_s/(\times 10^4)$	2.55	3.20	3.80

不同溶剂的链转移常数相差很大，在选择溶剂时一定要注意。反之，为了得到一些分子量不高的聚合物，也可以利用链转移常数大的溶剂来控制体系的分子量增长。此外，还要考虑到溶剂对聚合物的溶解能力。如果所选用的溶剂是聚合物的良溶剂，则为均相聚合，若单体的浓度不高，可以消除凝胶效应，使聚合反应遵循正常的自由基聚合动力学规律；如果选

用的溶剂是聚合物的不良溶剂，那么在反应过程中，随着聚合物转化率提高，产物会从反应体系中沉淀出来，该聚合反应就变为沉淀聚合，反应的凝胶效应尤为显著，很容易发生自动加速现象；如果选用的溶剂对聚合物的溶解能力介于两者之间，其影响程度就视溶剂的溶解能力和单体的浓度而定。

三、试剂和仪器

1. 主要试剂

醋酸乙烯酯（CP，精制），过氧化苯甲酰（BPO，CP，已重结晶），甲醇（AR），高纯氮气。

2. 主要仪器

三口烧瓶，电动搅拌器，回流冷凝管，温度计，水浴锅，培养皿，量筒，滴管，电子天平，吹风机。

四、实验步骤

1. 溶液聚合

实验装置如图 1-1-1 所示，往装有搅拌器、回流冷凝管和温度计的 250mL 三口烧瓶中加入 20.4mg BPO、45g 醋酸乙烯酯和 10mL 甲醇。通高纯氮气鼓泡 10min 后，于 70℃ 水浴加热下反应，反应体系温度控制在 65～70℃，反应 3h 后，得到无色透明黏稠状物质。

2. 单体转化率的测定

取一干净的培养皿和一根玻璃棒，两者质量共 M_1。在通风橱中，用滴管从三口烧瓶中取出 3g 左右聚合物溶液，转移至培养皿中，连同玻璃棒一起质量为 M_2。然后一边用玻璃棒搅动培养皿中溶液，一边用热吹风机吹除未反应的单体和甲醇，吹干（待大部分单体和甲醇挥发后，也可转移至真空干燥箱中干燥至恒重）并冷却后质量为 M_3，则可按式(1-1-2)求出聚合转化率（45g 的单体溶于 10mL 甲醇中，折算后单体浓度为 85%）。

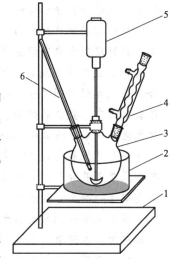

图 1-1-1　溶液聚合反应装置
1—铁架台；2—水浴锅；3—三口烧瓶；4—回流冷凝管；5—电动搅拌器；6—温度计

$$转化率 = \frac{M_3 - M_1}{(M_2 - M_1) \times 85\%} \times 100\% \tag{1-1-2}$$

五、注意事项

（1）单体和引发剂均需经过提纯处理后使用。醋酸乙烯酯和 BPO 的精制步骤可参考附录一。

（2）聚合可以在空气中进行，需要注意的是空气中氧气的存在会使体系出现一段时间的诱导期。此时聚合体系黏度较小，机械搅拌速度不宜过快，防止带入更多的氧气，搅拌速度以保证聚合体系为均相即可，后期随着聚合体系黏度增加，可适当提高搅拌速度。

六、思考题

（1）简要总结一下溶剂对各类聚合反应的影响。

（2）溶液聚合有什么缺点？

（3）如何用反应产物 PVAc 进一步制备聚乙烯醇？

拓展知识

引发剂

引发剂（initiator）是产生自由基聚合反应活性中心的物质，是影响聚合反应速率以及聚合物分子量的重要因素，其分子结构中一般带有弱键，在光或热的作用下，共价键断裂产生自由基，引发单体进行聚合，也可用于高分子的交联反应等。常用的引发剂主要有偶氮类化合物和过氧类化合物。偶氮类引发剂主要有偶氮二异丁腈和偶氮二异庚腈，属于油溶性引发剂，适用于本体聚合、悬浮聚合和溶液聚合。过氧类引发剂又分为有机过氧化物引发剂和无机过氧化物引发剂。常见的有机过氧化物有：氢过氧化物、酰类过氧化物、烷基过氧化物、酯类过氧化物等，例如过氧化苯甲酰、过氧化二叔丁基等。有机过氧化物对热不稳定，易分解，有的品种对冲击和热很敏感，在一定条件下会剧烈燃烧或爆燃，甚至引起爆炸，因此需低温储存，避免其分解。无机过氧类引发剂，例如过硫酸钾和过硫酸铵等，属于水溶性引发剂，一般用于乳液聚合和水溶液聚合。

过氧化类和偶氮类引发剂的分解温度较高（50～100℃），限制了在低温聚合反应的应用。在过氧类引发剂中加入还原剂，利用氧化剂和还原剂之间的电子转移所生成的自由基可在较低温度下引发聚合（0～50℃）。这类引发体系称为氧化-还原引发剂，可分为水溶性和油溶性氧化-还原引发剂。水溶性氧化-还原引发剂体系中氧化剂一般选用无机过氧类引发剂，还原剂一般选用二价铁盐、亚硫酸氢钠、硫代硫酸钠、醇和多元胺等。油溶性体系一般选用有机过氧类引发剂，还原剂一般选用胺类、硫醇等。

引发剂的选择与所采用的聚合方法、工艺条件以及产品用途有关。例如，溶液聚合应当选用有机过氧化物或偶氮类引发剂；水溶液或乳液聚合则选用无机过氧化物或水溶性氧化-还原引发剂。根据聚合温度选择活化能和半衰期适当的引发剂。引发剂的用量会影响聚合反应速率和聚合物分子量，随着用量增加，反应加快而聚合物平均分子量降低，其用量一般为单体的 0.1%～0.8%（质量分数）。由于引发剂的不稳定性，长时间储存的引发剂里通常含有部分分解产物，过氧化物引发剂在储存时还会加入水作为稳定剂，因此在使用前须进行提纯精制，才能用于聚合反应，精制后的引发剂需要低温避光保存，并尽快使用。常用引发剂的精制操作详见附录一。

实验二 醋酸乙烯酯的乳液聚合

一、实验目的

(1) 了解乳液聚合原理、聚合体系的构成以及各个组分在乳液聚合中的作用。

(2) 掌握醋酸乙烯酯乳液聚合的实验操作。

二、实验原理

乳液聚合是指单体在水性介质中被乳化剂分散后，在乳液状态下进行的聚合反应。聚合体系通常由单体、水、引发剂和乳化剂构成，其形成的乳液状态如图 1-2-1 所示。单体通常为油溶性单体，一般不溶或微溶于水，大部分单体以液滴的形态分散在介质中，表面吸附一层乳化剂分子，小部分单体则溶解在由乳化剂分子形成的胶束中，称为增溶胶束。引发聚合反应的引发剂则溶解在水中。乳液聚合一般分为四个阶段，分别是：分散阶段、乳胶粒生成阶段、乳胶粒长大阶段和聚合完成阶段。乳胶粒可通过胶束成核或均相成核形成，胶束成核是指引发剂分子受热分解后，所形成的自由基扩散进入增溶胶束，并在其中引发聚合生成乳胶粒；均相成核则是指水相聚合生成的短链自由基从水相中沉淀出来，沉淀粒子吸附水相中和单体液滴上的乳化剂分子而稳定，接着又扩散入单体形成乳胶粒的过程。乳胶粒生成阶段以胶束消失作为终点。

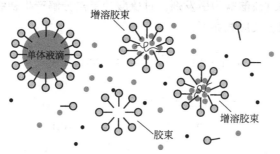

──⊶乳化剂分子 •引发剂分子 ●单体分子 ⌒⌒聚合物

图 1-2-1 乳液聚合体系示意图

醋酸乙烯酯由于其水溶性较大，主要以均相成核机理形成乳胶粒。在乳胶粒长大阶段，聚合反应主要在乳胶粒中进行，单体液滴作为单体供应的仓库，不断向乳胶粒补充单体，以维持乳胶粒内单体的浓度基本保持不变。在乳胶粒长大阶段，聚合反应速率基本不变。当单体液滴全部消失后，乳胶粒长大阶段完成，此时聚合体系的转化率在 10%～50%。在聚合完成阶段，聚合体系中只剩下水相和乳胶粒两相，聚合反应只能靠消耗自身储存的单体来进行。随着单体浓度的下降，聚合速率也在下降，直至单体消耗完。

乳液聚合体系中，聚合反应发生在一个个孤立的乳胶粒中，链自由基不能与其他乳胶粒中的聚合物链自由基发生碰撞而终止，只能与从水相扩散进来的初级自由基发生链终止反应，因此链增长反应可一直持续，得到大分子量聚合物。同时体系中大量乳胶粒的存在，使其自由基浓度比其他聚合过程要高，所以反应速率高。因此乳液聚合具有聚合速率快和聚合产物分子量大的特点，而且由于反应体系的连续相为水，体系黏度较低，反应热易扩散，聚合热容易导出，可以连续操作。但乳化剂的存在导致聚合产物的纯度不高，后处理比较复杂，所以乳液聚合一般用于直接制备乳胶类产品。白乳胶，又称为白胶，就是由醋酸乙烯酯通过乳液聚合方法得到的。白乳胶的固含量在 $30\%\sim60\%$ 范围内，粒径约 $0.2\sim10\mu m$，是一类使用范围非常广的水性胶黏剂，其黏结强度高，稳定性好，价格低廉，可广泛用于木材、纸、纤维、皮革等材料的黏合。

由此可见，在乳液聚合体系中，乳化剂起到了重要的作用，根据单体的性质以及乳胶粒径要求，选择合适的乳化剂是在进行乳液聚合操作时首先需要考虑到的。乳化剂是能使含两种或两种以上互不相溶组分的混合液体形成稳定乳状液的一类化合物，分子结构中包含亲油段和亲水段。一般分为阴离子型、阳离子型、非离子型和两性型四种。常见的阴离子型乳化剂分为羧酸盐型、磺酸盐型及硫酸盐型三类。这类乳化剂最常用，产量最大，一般在 pH＞7 的条件下使用；阳离子型乳化剂主要指胺类化合物的盐，如脂肪胺盐和季铵盐，大多在 pH＜7 的条件下使用。非离子型乳化剂在水中不发生电离，既可以在酸性也可以在碱性环境中得到应用。非离子型乳化剂的亲水端一般是环氧乙烷聚合物、环氧乙烷和环氧丙烷共聚物或聚乙烯醇等，亲油端则是烷基或芳基。两性乳化剂是一种内盐，其特征是在分子的一端同时存在酸性基团和碱性基团，对使用环境的酸碱性没有要求，但产量较低，价格较高。

本实验同时使用阴离子乳化剂和非离子型乳化剂，阴离子乳化剂选择十二烷基磺酸钠，利用磺酸盐负电荷的排斥作用使乳液稳定，并且形成较小的乳胶颗粒。非离子乳化剂使用聚乙烯醇（PVA）和 OP-10（聚氧乙烯辛基苯酚醚）起保护胶体的作用，防止粒子相互合并。这两种乳化剂复配在一起，可以增加乳化效果和提高乳液的稳定性。

聚合反应以水溶性过硫酸盐为引发剂。过硫酸盐受热分解产生初级自由基引发醋酸乙烯酯进行聚合，主要的聚合反应式如下：

三、试剂和仪器

1. 主要试剂

醋酸乙烯酯（CP，精制），PVA（工业级，聚合度 1700），十二烷基磺酸钠（AR），过硫酸铵（2％水溶液），OP-10（20％水溶液），邻苯二甲酸二丁酯（CP），去离子水。

2. 主要仪器

四口烧瓶，回流冷凝管，温度计，电动搅拌器，滴液漏斗，水浴锅，量筒，电子天平，培养皿，红外灯。

四、实验步骤

1. 聚乙烯醇水溶液的配制

按图 1-2-2 所示搭建实验装置，在 250mL 四口烧瓶上装好电动搅拌器、回流冷凝管、滴液漏斗和温度计。加入 4.0g 的 PVA 和 70mL 去离子水。开动搅拌，80℃ 水浴加热，将 PVA 完全溶解，得到 8%～10% 的 PVA 水溶液（也可提前一天配好后，实验当天直接使用）。

2. 乳液聚合

将 PVA 水溶液的温度维持在约 70℃，加入 0.78g 十二烷基磺酸钠，搅拌下使其完全溶解，然后加入 4mL 的 OP-10、2mL 过硫酸铵水溶液和 16.7mL 醋酸乙烯酯。反应 30min 后，再加入 2mL 过硫酸铵水溶液，并开始滴加 33.3mL 醋酸乙烯酯。滴加速度控制在 30～40 滴/min，滴加时注意控制反应温度不变。单体滴加完后，继续反应 0.5h，总反应时间不小于 2h。观察冷凝管，若基本无回流现象，可将温度逐渐升高至 85℃，反应 20min，使单体转化完全。反应结束后，将体系降温至 50℃，加入 4.0mL 邻苯二甲酸二丁酯，搅拌均匀，冷却至室温，得到白色黏稠状、均匀且无明显颗粒的聚醋酸乙烯酯乳胶。

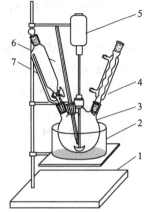

图 1-2-2　乳液聚合反应装置
1—铁架台；2—水浴锅；
3—四口烧瓶；4—回流
冷凝管；5—搅拌器；
6—温度计；7—滴液漏斗

3. 固含量的测定

将干净培养皿称重后，称取约 1g 乳液置于培养皿中，在红外灯下烘干至恒重，计算固含量。计算公式如下：

$$固含量 = \frac{干燥后样品质量}{干燥前样品质量} \times 100\%　　(1-2-1)$$

五、注意事项

（1）严格控制滴加速度，滴加速度过快会导致乳液中出现块状物，造成实验失败。

（2）醋酸乙烯酯的沸点在 71～73℃，聚合温度应控制在实验要求范围内，不宜偏高或偏低。偏低时会看不到明显的聚合发生，偏高时会出现明显的沸腾现象，不仅造成单体损失，如果控制不当还可能发生冲料，尤其是种子合成阶段。应备好冷却水，反应体系出现沸腾时适当进行降温处理。

（3）聚合反应后期体系黏度会变大，此时应适当提高搅拌的转速。

六、思考题

（1）醋酸乙烯酯乳液聚合体系与理想的乳液聚合体系有何不同？从成核过程、聚合过程和产品特点等方面进行比较。

（2）可以采用哪些方法将固体聚合物从聚合物乳液中分离出来？

（3）从反应机理讨论聚合过程中为什么要严格控制单体滴加速度和聚合反应温度？

拓展知识

聚醋酸乙烯酯

聚醋酸乙烯酯（polyvinyl acetate，PVAc）是一种透明的无定形聚合物，易溶于丙酮、氯仿、苯等溶剂，软化点低（40℃左右），不能作为塑料使用。在酸或碱的作用下，PVAc水解生成聚乙烯醇。PVAc广泛用于制备聚乙烯醇涂料、胶黏剂、热塑性树脂等。PVAc溶液、乳液及其熔融状态可用作纸、布、木材、皮革的黏合剂。例如：PVAc乳液俗称白乳胶，可用于实木粘接、家具制造、防火板、胶合板、纸张加工、包装印刷等多孔性材料粘接。PVAc还可做清漆、涂料，漆膜的弹性及光泽度较好。

实验三　苯乙烯的悬浮聚合

一、实验目的

(1) 了解悬浮聚合原理和悬浮聚合体系的构成。

(2) 掌握苯乙烯悬浮聚合的实验操作。

二、实验原理

悬浮聚合是指含有引发剂的单体分散在与单体互不相溶的介质中，借助搅拌作用，单体形成细小液滴并在液滴内进行的聚合反应。与本体、溶液两种聚合方法相比，悬浮聚合反应速率较快，温度容易控制，所得产品分子量较高，分散性较小。与乳液聚合相比，悬浮聚合所得产品的纯度较高，但是聚合物颗粒的粒径更大。

悬浮聚合有悬浮聚合和反相悬浮聚合之分。悬浮聚合通常以水为介质，油溶性的单体如苯乙烯、甲基丙烯酸甲酯等分散在其中；反相悬浮聚合则是水溶性的单体，如丙烯酸和丙烯酰胺在憎水性的介质中进行的聚合反应。

悬浮聚合可以看作是在分散成液滴内进行的本体聚合，每个小液滴都是一个微型聚合器，液滴周围的介质连续相则是这些微型反应器的热传导体。因此，聚合反应产生的热量可以很快被消散掉，整个聚合体系的温度均一性高，温度控制比较容易。

需要注意的是，悬浮体系是不稳定的，体系内通常需要加入悬浮稳定剂来稳定分散在介质中的单体，而且悬浮体系的形成与稳定的高速搅拌有关，搅拌速度决定聚合物颗粒的大小，搅拌速度越高，聚合物颗粒粒径越小。不同粒径的聚合物颗粒有不同的使用场合，例如用于离子交换树脂的聚合物颗粒的粒径在 1mm 左右，用作牙科材料的粒径小于 0.1mm。由于悬浮聚合体系的不稳定性，小颗粒存在着相互结合形成较大颗粒的倾向，特别是随着单体向聚合物的转化，颗粒的黏度增大，颗粒间的粘连便越容易。在大规模工业生产中分散颗粒的粘连结块不仅会导致聚合体系散热困难和暴聚，还可能使管道堵塞而造成反应体系的压力增大。只有当分散颗粒中的单体转化率足够高、颗粒硬度足够大时，粘连结块的危险才消失。由此可见，悬浮聚合条件的选择和控制是十分重要的。

工业上常用的悬浮聚合稳定剂有两类，第一类是以聚丙烯酰胺、聚乙烯醇（PVA）和明胶等为代表的，可溶于水的高分子化合物；第二类是不溶于水的无机物粉末，如硫酸钡、磷酸钙和钛白粉等。水溶性高分子化合物吸附在液滴表面，并且在液滴粒子周围形成一个保护层，防止液滴因接近而产生聚集；无机物粉末则是被吸附在液滴表面后，起着机械隔离的作用。分散剂的性能和用量对聚合物颗粒的大小和分布有很大影响：分散剂浓度大，聚合物粒径小，单分散性好，粒径分布窄；分散剂浓度小，不但得不到理想的粒径，而且体系的稳定性也会变差。

本实验采用悬浮聚合方法合成聚苯乙烯（polystyrene，PS），聚合反应方程式如下：

$$n\ CH_2\!\!=\!\!CH \xrightarrow{\ BPO\ } [CH_2\!-\!CH]_n$$

为了提高产品的强度和耐溶剂性等，聚合体系中还会加入部分二乙烯基苯（DVB），得到的 PS 小球具有交联结构，可用作制备离子交换树脂的原料。

三、试剂和仪器

1. 主要试剂

苯乙烯（CP，精制），DVB（55%，异构体混合物），4% PVA 水溶液，过氧化苯甲酰（BPO，CP，重结晶后使用），去离子水。

2. 主要仪器

三口烧瓶，回流冷凝管，水浴锅，温度计，电动搅拌器，显微镜，量筒，电子天平，红外灯，布氏漏斗，抽滤瓶，循环水泵，培养皿。

四、实验步骤

1. 悬浮体系的建立

向装有电动搅拌器、温度计和回流冷凝管的 500mL 三口烧瓶中加入 150mL 去离子水，3mL 4% 的 PVA 水溶液，缓慢搅拌均匀。取事先在室温溶解 0.1g BPO 的 8g 苯乙烯溶液（约 9.2mL），3.6g DVB（约 4mL）混合物倒入三口烧瓶中，慢慢开动搅拌，直到混合物在水中分散成所要求的粒径（目测约 0.8mm）。

2. 悬浮聚合

在约 0.5h 内使水浴温度升到 85℃（烧瓶内温度 80℃），保持恒温聚合，反应约 0.5～1h 以后，小颗粒开始发黏，这时要特别控制搅拌速度，适当加快，不能放慢，否则易发生粘连现象。继续反应 2～3h 后，升温至 95℃，反应 0.5h，继续升温至沸腾 10min 后，停止加热，静置冷却。

3. 后处理

静置后，PS 小球沉于瓶底，在不搅拌的条件下，小心倾倒掉上层液体，再用水洗反应产物两遍（加水搅拌后，静置，将水倒掉后，再加水，重复操作一次）后，将产物转移至布氏漏斗中，减压抽滤，用甲醇洗涤三次。将得到的产物在红外灯下烘干、称重，计算收率，并在显微镜下观察珠子的形态、粒径分布以及是否透明。

五、注意事项

（1）4% PVA 水溶液加入体系后的操作是将 PVA 溶液稀释的过程，要控制搅拌速度不宜过快，否则会起泡，影响后续的聚合过程。

（2）苯乙烯单体加入后，缓慢开动搅拌，使液滴逐渐分散，搅拌速度提高，粒径变小，因此在此过程中，要根据粒径大小逐渐提高搅拌速度，最后达到所需粒径。但不要时快时慢，来回调整，否则 PVA 会被包裹进液滴，影响产物的透明性。

（3）开始反应 20min 后，进入实验关键期，密切注意体系黏度变化，及时调整搅拌速度，防止粘连，此时如不及时调整转速，小球发生粘连后很难再分散开，导致实验失败。

（4）后处理时，先将含有 PVA 的溶液倾倒掉，并用水洗涤两次，而不是直接过滤。若直接过滤反应完的聚合体系，溶液中含有的 PVA 或其他细小颗粒会堵住滤纸，导致过滤困难。

（5）DVB 一般含量为 55%，其他成分为苯乙烯、二乙苯、乙基苯乙烯等，试剂中含少量 4-叔丁基邻苯二酚阻聚剂，使用前需用碱洗掉阻聚剂，因 DVB 极易聚合，不使用时需放置冰箱中或加入阻聚剂，以防自聚。

六、思考题

（1）举出悬浮聚合和反相悬浮聚合的例子并指出各实例中所用单体、引发剂和分散剂。

（2）为什么悬浮聚合不易出现自动加速现象？

（3）比较悬浮聚合和乳液聚合的优缺点。

（4）如何控制悬浮聚合产物颗粒的大小？

拓展知识

聚苯乙烯

PS 是应用广泛性仅次于聚烯烃和聚氯乙烯的热塑性塑料，它对酸、碱、盐、矿物油、有机酸、低级醇等具有良好的耐腐蚀性，绝缘性好、质硬、透明、折射率高、耐水、着色性好，可制成各种色彩鲜艳的塑料制品。PS 薄膜可用作电容器的绝缘层和电器零件，泡沫塑料可作为精密仪器的包装材料，以及建筑上的隔音、防震材料等。苯乙烯与二乙烯苯共聚可制备各种离子交换树脂的母体。PS 上的苯环可进行磺化等各种化学反应，制得以 PS 为骨架而带有各种功能基的聚合物。此外，还可以通过共聚或共混等方法改善其性能，扩大应用范围。PS 中共混少量橡胶可改善其抗冲击性能；苯乙烯与丁二烯的无规共聚物，即丁苯橡胶，广泛用作汽车轮胎。丙烯腈、丁二烯与苯乙烯的三元共聚物 ABS 是优良的工程塑料。苯乙烯与丁二烯嵌段共聚物是应用很广的热塑性弹性体。

实验四 甲基丙烯酸甲酯的本体聚合

一、实验目的

（1）掌握并了解烯类单体本体聚合的特点。

（2）学习实验室制备烯类单体铸板聚合物的实验操作。

二、实验原理

本体聚合是没有溶剂和其他介质存在的情况下，单体在引发剂、光、热或辐射作用下进行的聚合反应。本体聚合与乳液聚合、溶液聚合以及悬浮聚合并称为实现自由基聚合的四大工艺方法。本体聚合的特点是工艺过程简单，聚合产物不含杂质，纯度较高；因没有洗涤聚合产物的过程，废水少，对环境比较友好。缺点在于聚合反应的热效应比较大，反应产生的热量很难导出，容易出现局部过热、产物分解变色和产生气泡等问题，甚至会发生暴聚。

烯类单体在进行本体聚合时，当单体转化率达到一定值后，聚合速率没有下降，反而忽然上升，这种未受外界影响而聚合速率迅速增加的现象称为自动加速现象。其原因是，随着单体转化率提高，聚合体系的黏度开始升高，聚合链自由基的链段运动受阻，活性端基甚至被包埋，导致自由基活性端难以相互靠近，双基终止反应受阻，链终止速率常数 k_t 下降，但此时体系的黏度对单体小分子的扩散运动几乎没有影响，链增长速率常数 k_p 变化较小。根据烯类单体的自由基聚合速率方程：

$$R_p = \left(\frac{k_p}{k_t^{1/2}}\right)[\mathrm{M}]\left(\frac{R_i}{2}\right)^{1/2} \tag{1-4-1}$$

式中，R_p 为聚合反应速率；$[\mathrm{M}]$ 为单体浓度；R_i 为引发速率。可看出转化率增大所产生的 $k_p/k_t^{1/2}$ 比值的增加（可高达 10 左右）会带来聚合速率的显著升高。

在黏度增大的同时，大量聚合热无法迅速逸出，如果不及时移除，会导致聚合体系温度迅速升高，而温度的升高会进一步加速反应，同时体系温度升高还会导致单体沸腾产生大量气泡。因此，自动加速现象一旦发生，将导致反应失控、暴聚。工业上多采用两段聚合工艺以解决本体聚合法聚合热难以移除的问题：第一阶段为预聚合，将反应控制在发生自动加速以前，这时体系黏度较低，散热容易。第二阶段继续进行聚合，逐步升温，提高转化率。

本实验以甲基丙烯酸甲酯（MMA）为单体，过氧化苯甲酰（BPO）为自由基引发剂，进行本体聚合，制作有机玻璃板。MMA 在引发剂条件下发生的聚合反应方程式如下：

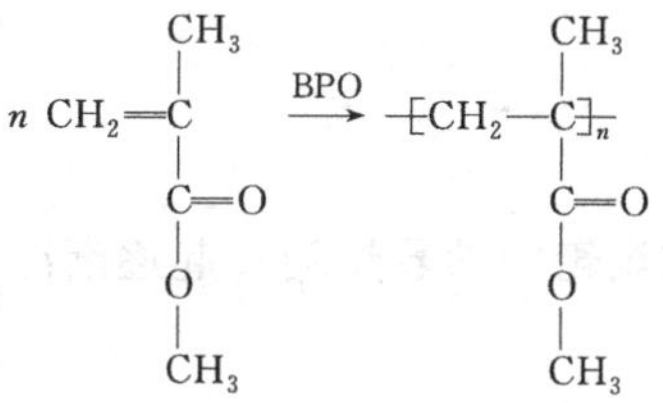

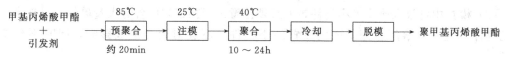

为了得到均匀透明的有机玻璃板，本体聚合反应需要避免自动加速效应引起的暴聚现象以及单体转化为聚合物时产生的体积收缩等问题。因此实验操作借鉴了工业上常用的两步法来进行，如图1-4-1所示，将MMA先在较高温度下进行预聚，得到一定黏度的预聚体后，灌入模具，然后让预聚体在较低温度下缓慢聚合，待单体完全转化后，最后冷却脱模得到所需形状的聚甲基丙烯酸甲酯（PMMA）制品。

甲基丙烯酸甲酯
＋
引发剂
→ [85℃ 预聚合 约20min] → [25℃ 注模] → [40℃ 聚合 10～24h] → [冷却] → [脱模] → 聚甲基丙烯酸甲酯

图1-4-1 聚甲基丙烯酸甲酯合成工艺流程

三、试剂和仪器

1. 主要试剂

MMA（CP，精制），BPO（CP，重结晶）。

2. 主要仪器

玻璃板（10cm×15cm），锥形瓶，玻璃纸，弹簧夹或螺旋夹，聚乙烯管，烘箱，电子天平，水浴锅。

四、实验步骤

1. 预聚

取70～80g精制的MMA放入干燥的锥形瓶中，加入引发剂BPO（为单体质量的0.1%）。为防止预聚时水汽进入锥形瓶内，可在瓶口包上一层玻璃纸，再用橡皮筋扎紧。在80～90℃水浴中加热锥形瓶，同时观察锥形瓶内反应体系的黏度变化，当瓶内预聚物达到一定黏度（大致与甘油黏度相近）时，立即停止加热并用冷水冲洗锥形瓶外壁使预聚物冷至室温。

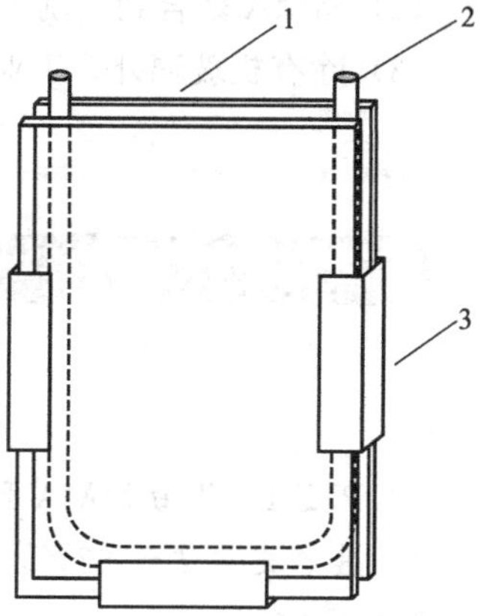

图1-4-2 本体聚合模具
1—玻璃板；2—聚乙烯管；
3—弹簧夹

2. 灌模

按照图1-4-2所示做好模具，将步骤1所得的预聚物灌入模具中，也可借助用玻璃纸折叠的漏斗完成此步操作。灌模时要小心，不使预聚物溢至模具外，不要全灌满，稍留一点空间，以免预聚物受热膨胀而溢出模具外，用玻璃纸将模口封住。

3. 聚合

模口朝上，将上述封好模口的模具放入40℃烘箱中，继续反应24h以上，然后再在

100℃处理 1h。

4. 脱模

关掉烘箱热源，使聚合物在烘箱中随着烘箱一起逐渐冷却至室温。打开模具可得透明有机玻璃一块。

五、注意事项

（1）可用四个垫片代替制模具时所用的聚乙烯管，垫在两块玻璃模板之间四个角的位置上，然后用玻璃纸将模具四周包住，并以聚乙烯醇水溶液为黏合剂使玻璃纸粘在模板上，注意粘牢，以防渗漏。

（2）模具中可放入照片等小物件，但必须注意由于预聚体中含有大量单体，可能会对放入的物件产生一定溶解作用，因此放置的小物件应不会对聚合造成影响，同时不被单体溶解。

（3）预聚时不要经常摇动瓶子，以减少氧气在单体中的溶解。预聚约需 20min 左右。

（4）当锥形瓶内预聚物黏度达到要求时，需马上用冷水进行冷却降温，否则瓶内的温度能够维持预聚物继续反应，体系黏度会继续增大，甚至出现暴聚现象。

（5）可将剩余的预聚物倒入一支小试管中进行暴聚实验，即在沸水温度下继续加热使暴聚发生。

六、思考题

（1）为什么合成 PMMA 需要进行预聚合？

（2）MMA 聚合到刚刚不流动时的单体转化率大致是多少？

（3）除有机玻璃外，工业上还有什么聚合物是用本体聚合的方法合成的？

拓展知识

聚甲基丙烯酸甲酯

PMMA 是由 MMA 聚合成的高分子化合物，是一种非晶聚合物，具有高透明度，其透光率达到 92%，比普通玻璃的透光率高，又称为有机玻璃。有机玻璃的密度约 $1.15 \sim 1.19 \text{g/cm}^3$，只有普通玻璃的一半，但机械强度高，其抗拉伸和抗冲击的能力比普通玻璃高 $7 \sim 18$ 倍。经拉伸处理的有机玻璃可用作防弹玻璃、飞机的座舱盖等。有机玻璃不仅易于被切削钻孔，还可以通过常见的吹塑、注射、挤出成型等加工方法来制作各种制品。此外，有机玻璃还具有易染色、耐腐蚀、耐湿、耐晒、绝缘性能好和隔声性好等优点，在建筑、广告宣传、交通、医学和家居用品等方面有着广泛的应用。但有机玻璃的玻璃化转变温度仅 105℃，比无机玻璃的熔化温度要低很多，使用时要注意环境温度。

实验五 缩合聚合法合成聚氨酯

一、实验目的

（1）了解缩聚反应的原理及特点。

（2）掌握实验室制备聚醚型聚氨酯的方法。

二、实验原理

缩合反应是指两个或多个有机分子相互作用，形成一个大的分子，同时失去水或其他小分子的反应。缩合聚合就是通过缩合反应生成聚合物的反应。根据产物结构的不同，缩合聚合可以分成线型缩聚和体型缩聚。当聚合体系中单体所含的反应性官能团数全部为 2 时，发生的聚合反应就是线型缩聚；当一部分单体含有的反应性官能团数大于 2 时，发生的聚合反应就是体型缩聚。缩聚反应大多数为可逆反应和逐步反应，链增长是以缓慢和逐步反应的形式进行的：在反应体系初期先形成二聚体，然后再与另一单体分子生成三聚体或与另一二聚体生成四聚体，以后单体和各级聚合体以及聚合体之间继续反应，聚合产物的分子量随反应时间逐渐增大，最后达到一定程度的平衡。除形成缩聚物外，还有水、醇、氨或氯化氢等低分子副产物产生，因此可以通过将低分子副产物从体系中不断排出的方式，使反应不断向右进行，来提高聚合产物的分子量。聚合反应的平衡常数，双官能单体 A-A 和 B-B 之间的摩尔比等对最终聚合产物的分子量也有很大影响。此外，也可加入少量单官能团单体作为封端剂对分子量进行调节。

聚氨酯（polyurethane，PU）是主链上含有重复氨基甲酸酯基团（—NH—COO—）的一类大分子化合物的统称。它是由二异氰酸酯或多异氰酸酯与二羟基或多羟基化合物聚合而成。PU 大分子中除了有氨基甲酸酯外，还可能含有醚、酯、脲、缩二脲、脲基甲酸酯等基团。通过改变原料种类及组成，可以得到质地软硬程度不同的最终产物，用于不同的行业。用于 PU 反应的主要原料有两类化合物，一类是含芳环的多异氰酸酯；另一类是含有活泼氢的聚醚或聚酯多元醇。其中，含芳环的多异氰酸酯大致有 2,4-甲苯二异氰酸酯和 2,6-甲苯二异氰酸酯（TDI）、二苯基甲烷二异氰酸酯（MDI）、4,4′-二环己基甲烷二异氰酸酯（HMDI）、苯二亚甲基二异氰酸酯（XDI）、六亚甲基二异氰酸酯（HDI）、异佛尔酮异氰酸酯（IPDI）等以及它们的衍生物，其结构如图 1-5-1 所示。

图 1-5-1

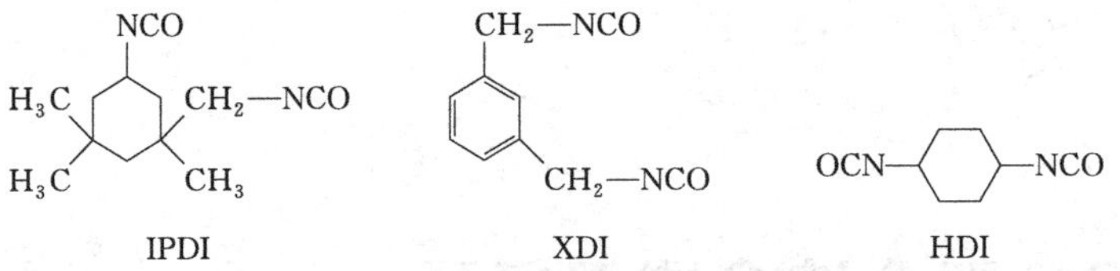

图 1-5-1 常见二异氰酸酯的结构式

PU 按照链结构中软段部分是聚醚还是聚酯可分成聚醚型 PU（聚醚氨酯）和聚酯型 PU。聚醚氨酯是由羟基官能团数为 2 的聚醚分子（聚醚二元醇）和含有 2 个异氰酸酯基团的二异氰酸酯反应而成，所得聚合物中聚醚链节和二异氰酸酯链节交替排列。其中聚醚组分，由于—O—键的内旋转位垒较低，较易旋转，动态柔性好，增加了聚醚氨酯的柔性和弹性，被称为软段；二异氰酸酯链节则由于其结构的刚性，可以起到提高聚合物强度的作用。通常将聚醚二元醇与过量二异氰酸酯反应的产物再与小分子二元醇或二元胺扩链反应，使分子量进一步加大，以增加产物的强度和弹性。

本实验以 MDI、聚四氢呋喃和 1,4-丁二醇为原料，以二甲亚砜-甲基异丁基酮为溶剂合成聚醚氨酯（溶剂法），表示如下：

1. 制备预聚物

用 2mol MDI 与 1mol 聚醚反应：

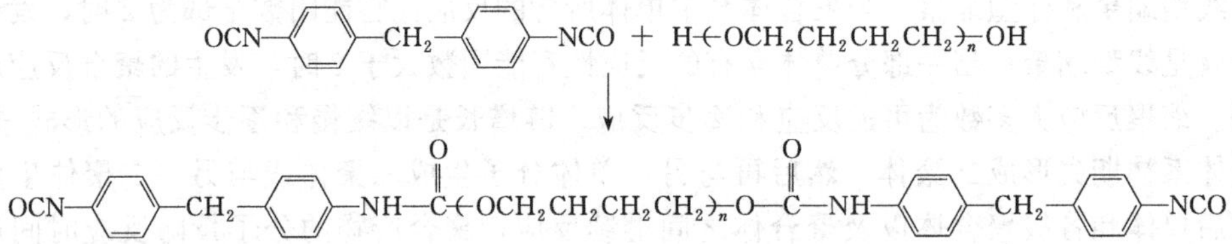

2. 扩链反应

若将预聚物用 OCN~~~~NCO 表示，则扩链反应可表示为：

$$\text{OCN}\sim\sim\text{NCO} + \text{H}\!\left(\text{OCH}_2\text{CH}_2\text{CH}_2\text{CH}_2\right)_n\text{OH} \longrightarrow \sim\sim\text{HN}-\overset{\overset{\displaystyle O}{\|}}{C}\!\left(\text{OCH}_2\text{CH}_2\text{CH}_2\text{CH}_2\right)_n\text{O}-\overset{\overset{\displaystyle O}{\|}}{C}-\text{NH}\sim\sim$$

三、试剂和仪器

1. 主要试剂

MDI（AR），聚四氢呋喃（端基为羟基，分子量 1000 左右），1,4-丁二醇（AR），甲基异丁基酮（MIBK，AR），二甲亚砜（DMSO，AR），乙醇（AR），高纯氮气，去离子水。

2. 主要仪器

四口烧瓶，烧杯，回流冷凝管，滴液漏斗，干燥管，电动搅拌器，油浴装置，量筒，烧杯，搪瓷盘，电子天平。

四、实验步骤

1. 预聚物制备

100mL 四口烧瓶置于油浴装置中，分别装上搅拌器、回流冷凝管、滴液漏斗、氮气入管。冷凝管上口连一干燥管，再连一橡皮管通入存水的烧杯，可以通过鼓泡速度调节氮气流量。称取 5g（0.02mol）MDI 放入四口烧瓶中，再加入 6mL MIBK，通氮气，启动搅拌，升温至 60℃。称量 0.01mol 聚四氢呋喃（根据其摩尔质量计算用量，如摩尔质量为 1000，则称量 10g），再加入 6mL DMSO，混匀后通过滴液漏斗，慢慢滴入烧瓶中，滴加完毕后，在 60℃左右继续反应 1~2h，得无色透明预聚物溶液。

2. 扩链反应

将 0.91g（0.01mol）1,4-丁二醇，溶于 2mL 混合溶剂（$V_{MIBK}:V_{DMSO}=1:1$），通过滴液漏斗慢慢加入 60℃的预聚液中，加完后再反应 1.5~2h。待反应物很黏时，加 20mL 混合溶剂，将反应物搅匀后倒入盛去离子水的搪瓷盘中，产物呈白色条状固体析出。

3. 后处理

产物在水中浸泡过夜后，再用水洗 2~3 次，晾干，用乙醇浸泡一天，再用水洗去乙醇，50℃真空干燥，称重，计算产率。产物为白色、有韧性，呈现良好的弹性。若产物经不住拉力，甚至一压即碎，表明缩聚反应没有做好，分子量太小。

五、注意事项

（1）由于异氰酸酯易与水反应生成脲，脲与异氰酸酯进一步反应生成交联结构，从而得不到富有弹性的线型聚醚氨酯。为此各原料及溶剂必须严格除水，除水是否干净是本实验成败的关键。各原料与溶剂除水条件如下：MDI 减压蒸馏纯化（0.67kPa，196℃），收集的馏分密封存放在 5℃以下冰箱中；聚四氢呋喃盛于培养皿中（装一半高度），于 110~120℃在真空烘箱脱水 2h，真空度要低于 1.33kPa（10mmHg），为有效脱水并防止聚四氢呋喃氧化，脱水后转入广口瓶，密封存放于保干器中；1,4-丁二醇可先加氢化钙脱水，再减压蒸馏；DMSO 减压蒸馏收集中馏分；MIBK 加少许 $KMnO_4$ 回流 2h 后蒸出，用无水 Na_2SO_4 干燥后再蒸馏。除各试剂与溶剂严格脱水外，本实验中所用到的仪器均应是干燥的，可在实验前放烘箱中烘干，使用前取出。

（2）亦可将 MDI 与聚四氢呋喃同时加入反应瓶，加热熔化后搅拌完成预聚反应。将聚醚滴加的好处是每加一滴聚四氢呋喃，有过量异氰酸酯与它反应，有利于生成中间只是聚醚两端是异氰酸酯的预聚体。

（3）要制得强度好、弹性好的多嵌段聚醚氨酯，除原料、溶剂及仪器无水外，整个反应物料中异氰酸基与羟基的摩尔比应为 1:1。聚醚端羟基与丁二醇羟基间的比例是可以调节的。本实验中，聚醚:MDI:丁二醇（摩尔比）为 1:2:1，也可以按 1:4:3 或 3:4:1 的比例制备聚醚氨酯。调节了聚醚的比例，亦即调节了软段的比例，从而可以制备不同性能的聚醚氨酯弹性体。

六、思考题

（1）分别写出 RNCO 与 H_2O、ROH、RNH_2、RCOOH 的反应式，并比较其活性次序。

（2）写出二元胺为扩链剂时的聚氨酯的合成反应式。

（3）水的存在将使聚氨酯发生交联，写出交联反应式。

拓展知识

聚氨酯

PU 最早出现于 20 世纪 30 年代，具有耐油、耐磨、耐低温、耐老化、高弹性等特点。PU 分子结构可以分为线型、支链型和体型。体型结构又因交联密度不同分为软质、半硬质和硬质。软质 PU 泡沫塑料主要用于家具及交通工具等的各种垫材（座椅、沙发、床垫等）、隔音材料等；硬质 PU 泡沫塑料主要用于家用电器隔热层、屋墙面保温防水喷涂泡沫、管道保温材料、建筑板材、冷藏车及冷库隔热材料等；半硬质 PU 泡沫塑料常用于汽车仪表板、方向盘等。此外，作为弹性体家族中重要的一员，PU 产品可制成弹性纤维、油漆涂料基料、胶黏剂、密封胶、合成革涂层树脂等形式，广泛用于土木建筑、鞋类、合成革、织物、机电、石油化工、矿山机械、航空、医疗、农业等许多领域。

 **苯乙烯的可控自由基聚合**

一、实验目的

（1）掌握原子转移自由基聚合原理。
（2）了解苯乙烯原子转移自由基聚合工艺。
（3）了解影响自由基可控聚合的因素。

二、实验原理

　　自由基聚合由链引发、链增长、链终止、链转移等基元反应组成。这类聚合反应的特点是慢引发、快增长、速终止、有转移，因此总反应速率通常由链引发控制。一经引发剂引发，链增长和链终止几乎瞬间完成。这些聚合反应的特点导致普通自由基聚合得到的聚合物的分子量不易控制、分子量分布较宽。若要在自由基聚合体系实现"活性"聚合，得到分子量可控、分子量分布较窄的聚合物，则必须从自由基聚合的机理入手，对聚合体系进行调整。

　　与阴离子聚合相比，自由基聚合要实现活性聚合需要解决如下几个问题：
（1）自由基聚合的引发速率慢于增长速率，导致活性种（自由基）难以实现同步增长。
（2）自由基活性种之间易发生偶合或歧化终止反应。
（3）易发生链转移反应。

　　为了解决以上问题，首先想到的思路是降低聚合体系里自由基的浓度。20世纪80年代起，人们采用将活性自由基与某种媒介物可逆形成比较稳定的休眠种的方法，来降低体系中自由基的浓度，有效地抑制了自由基之间的双基终止反应，最终将自由基聚合实现了活性化。但由于动力学原因，还不能完全避免自由基之间的双基终止反应，因此准确地说应将这种聚合称为"活性"/可控自由基聚合。

　　原子转移自由基聚合（atom transfer radical polymerization，ATRP）是目前研究比较活跃的一种可控自由基聚合。它是建立在原子转移自由基加成反应（atom transfer radical addition，ATRA）基础之上的。它的聚合机理如下：

　　引发反应：

$$R{-}X + M_t^n \rightleftharpoons [R\cdot + M_t^{n+1}X]$$

$$k_i \Big\downarrow +M$$

$$R{-}M{-}X + M_t^n \rightleftharpoons [R{-}M\cdot + M_t^{n+1}X]$$

　　增长反应：

$$R\!-\!M_n\!-\!X\!+\!M_t^n \rightleftharpoons [M_n\cdot + M_t^{n+1}X]$$

$$\circlearrowright +M \uparrow$$

$$k_p$$

首先，低价态的过渡金属 M_t^n 从引发剂有机卤化物分子 RX 上夺取卤原子生成高价态的过渡金属卤化物 $M_t^{n+1}X$，同时生成自由基 $R\cdot$，$R\cdot$ 加成到烯烃的双键上，形成单体自由基 $RM\cdot$，随后 $RM\cdot$ 又与高价态的过渡金属卤化物反应得到 RMX，过渡金属由高价态还原为低价态，以上是引发反应过程。增长过程同引发过程相似，所不同的只是卤化物由小分子的有机卤化物分子变成大分子卤代烷 RMX（休眠种）。从上面的反应式可以看出，自由基的活化-失活可逆平衡远趋于休眠种方向，即自由基的失活速率远大于有机卤化物的活化速率，因此体系中自由基的浓度很低，自由基之间的双基终止得到有效的控制。而且，通过选择合适的聚合体系组成（引发剂/过渡金属卤化物/配位剂/单体），可以使链引发反应速率大于（或至少等于）链增长速率。同时，活化-失活可逆平衡的交换速率远大于链增长速率。这样保证了所有增长链同时进行引发，并且同时进行增长，使 ATRP 显示活性聚合的基本特征：聚合物的分子量与单体转化率成正比，分子量的实测值与理论值（聚合物分子均由引发剂 R—X 生成，聚合物的物质的量一般等于投料时 R—X 的物质的量，再依投料的引发剂和单体配比以及聚合后单体的转化率就可以计算出聚合物的理论分子量）基本吻合，分子量分布较窄。由于聚合所得产物的末端为 C—X 键，以其作为引发剂，加入适当的第二种单体，可继续进行聚合，制备嵌段共聚物。引发增长反应都是通过可逆的卤素原子转移而完成的，因此称作原子转移自由基聚合。ATRP 的原理为通过一个交替的"促活-失活"可逆反应使得体系中的自由基处于一个极低的浓度，迫使不可逆终止反应降至最低程度，从而实现活性/可控自由基聚合。

三、试剂和仪器

1. 主要试剂

苯乙烯（CP，精制），1-苯基溴乙烷（AR），溴化亚铜（新制备），2,2'-联吡啶（AR），甲苯（AR），甲醇（AR），四氢呋喃（AR），液氮，高纯氮气。

2. 主要仪器

50mL 聚合管，控温装置，磁力搅拌器，油浴锅，真空-通氮气双排管装置（图 1-6-1），注射器，煤气灯，分析天平，量筒，电吹风或温水浴，减压过滤装置。

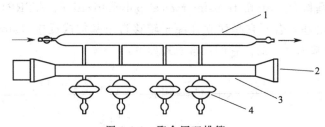

图 1-6-1　聚合用双排管

1—氮气管线；2—接真空泵；3—真空管线；4—双通阀

四、实验步骤

（1）搭建恒温搅拌装置，设定油浴温度为110℃。

（2）在聚合管内依次称取引发剂1-苯基溴乙烷0.0185g、苯乙烯2g、甲苯2mL、2,2′-联吡啶0.0313g，混匀。将聚合管连接到真空-通氮气双排管装置上，把聚合管放入液氮中冷冻2min（体系完全固化），转动三通活塞使聚合管与真空连接，抽去管中空气。抽气3min后关闭真空，从液氮中取出聚合管，用电吹风或温水浴加热使其完全熔化后，擦干管壁水迹，再放入液氮中冷冻2min使其固化，在冷冻条件下抽真空3min，然后通氮气1min。

（3）取下聚合管，快速加入称量好的溴化亚铜0.0143g（1mmol），再接上双排管进行冷冻→抽真空→通氮气操作两次。

（4）在抽真空条件下，用煤气灯融封聚合管。

（5）封好的聚合管放入恒温油浴中进行反应，观察体系黏度变化，约反应6h后结束。

（6）打破聚合管，若体系黏度大，可用5mL四氢呋喃将聚合体系溶解，将聚合物溶液滴入盛有50mL甲醇的烧杯中，随即有白色沉淀出现。在滴加过程中，需不断搅拌，以防止沉淀颗粒过大，单体等小分子不易扩散。减压过滤收集白色聚合物沉淀，若第一次沉淀不理想，可将收集到的聚合物再次溶解于少量四氢呋喃中，用甲醇进行第二次沉淀，减压过滤，将收集到的聚合物干燥至恒重，称量，计算产率。

五、实验拓展

在实验条件许可的情况下，分子量-转化率曲线的测定如下：

（1）同其他活性聚合一样，ATRP的一个特点是分子量随转化率提高而线性增加（转化率＝消耗的单体浓度/单体原始浓度，但是转化率不等同于产率）。

（2）根据聚合配方，计算出每克聚合液所含单体的质量。聚合过程中，在预定时间（例如：聚合时间分别为1.0h、2.5h、4.0h、6.0h、8.0h）时用注射器取样（约5mL聚合液），称重，计算出样品中所含单体的质量。用乙醇沉淀聚合物，过滤，干燥，称重，计算出转化率。

（3）将所得的样品各称取10mg，用5mL四氢呋喃溶解，配制凝胶渗透色谱（GPC）测试用样品。用GPC测定样品的分子量及其分布。

（4）根据上面的测试结果做出分子量-转化率曲线。

六、注意事项

（1）溴化亚铜在干燥状态下较稳定，但在溶液中易发生氧化变成二价铜，因此在操作中，首先将聚合体系内的氧气除尽后再加入溴化亚铜，可以避免部分溴化亚铜在聚合开始前变成二价铜使聚合速率大为减慢。

（2）聚合过程中要进行比较严格的除氧操作，包括单体和溶剂的除氧以及聚合体系的除氧操作。如果体系中存在少量的氧，聚合反应有可能出现诱导期。另外聚合物的理论分子量和实际分子量会有很大的差异，GPC结果需要准确分析。

（3）拓展实验中，用沉淀精制的方法测定单体转化率的时候，要注意尽可能减少物料损失，如果样品量少，或者聚合物分子量小，应采取直接干燥的方法计算单体转化率，这样操作误差较小。

七、思考题

（1）根据实验结果绘出聚合时间 t 和单体转化率 x 的关系图，即 $-\ln(1-x)$ 与 t 应呈线性关系，这表示聚合过程中自由基的浓度保持不变。试从聚合动力学推导出这一结论。

（2）聚合过程中要进行比较严格的除氧操作，如果体系中有微量的氧存在，分析对聚合反应和聚合物会有怎样的影响。

（3）ATRP 与活性阴离子聚合相比，有哪些优点和缺点？

拓展知识

微观世界里的高分子

高分子是微观世界里的"巨人"，每个分子由几万、几十万个原子组成，分子量可达几千、几万、几百万甚至高达千万，而一般的低分子化合物，如水、盐、酒精等，分子量却不过几十、几百。与低分子相比，高分子的结构要复杂得多，它们由许许多多结构相同的所谓"单体"构成，这些"单体"手拉手地连接在一起，形成一条蜷曲的长链。有的分子链由同一"单体"连接而成，有的还由不同"单体"连接而成。总之，这些分子体态苗条，彼此纠缠在一起，吸引力大，不易分开，即使加热也不会一下子变成液体，所以具有较好的弹性、塑性和强度。如果这些链沿一定方向排列整齐，意味着它们间更团结，行动更一致，可以大幅提高对外力的抵抗。通过改变链的结构形式，或在链上加几个特殊的"基团"，得到的新高分子就具备了耐高温、抗低温、耐腐蚀、抗氧化以及电、磁、光、催化等一系列特殊的新功能。

实验七 膨胀计法测定聚合反应速率

一、实验目的

(1) 掌握膨胀计的使用方法和测定聚合速率的方法。
(2) 了解聚合速率的表示方法和相互间的换算。

二、实验原理

聚合反应速率通常用每秒每升反应物中有多少摩尔的单体转化到聚合物 [mol/(L·s)] 或 100g 单体每分钟有多少克单体聚合表示。浓度变化或转化率可以通过将聚合一段时间后所产生的聚合物沉淀、烘干、称量来测定(重量法)或用膨胀计法来测定。膨胀计法的原理是，单体与聚合物密度不同，一般来说，单体密度小，聚合物密度大，相差约 15%～30%。由于聚合物密度比单体大，聚合过程中，反应体系体积不断收缩。此种体积收缩与转化率成正比，因此只要测出体积收缩就可以根据单体、聚合物密度算出转化率。例如：单体密度为 d_m (本实验中，聚合温度为 60℃，此时苯乙烯的密度为 0.8649g/cm³)，聚合物密度为 d_p [60℃时聚苯乙烯(PS)密度为 1.042g/cm³]，则 60℃时，质量为 W 的苯乙烯完全转化到 PS 的体积收缩 V_{max} (mL) 为：

$$V_{max} = \left(\frac{1}{d_m} - \frac{1}{d_p}\right) \times W \qquad (1\text{-}7\text{-}1)$$

式中，V_{max} 表示质量为 W 的单体百分之百转化为聚合物的体积收缩，称为最大体积收缩。

膨胀计有很多种，有适于光聚合的直管型膨胀计，有便于装料的带活塞的膨胀计等。本实验采用最常用的简易膨胀计(见图 1-7-1)。底瓶容量约 10mL，磨口处接一带刻度的毛细管，以便直接读出因体积收缩引起的液柱下降的体积(mL)。

膨胀计中装有苯乙烯体积 V，质量 W 即为 Vd (d 为室温下苯乙烯密度，20℃时为 0.907g/cm³)，实验时，只需测得装入膨胀计的苯乙烯体积 V (mL)，亦即知道了其质量 W (g)，再分别在不同时间 t (min) 测得体积收缩 ΔV，就可通过式(1-7-2)计算得到在不同时间时的转化率 P：

$$P = \frac{\Delta V}{V_{max}} \times 100\% \qquad (1\text{-}7\text{-}2)$$

反应至 t 时刻时，体系中单体的浓度为：

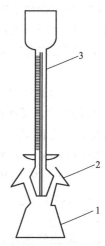

图 1-7-1 膨胀计结构
1—底瓶；2—磨口；
3—带刻度毛细管

$$[M]=[M]_0-\frac{\Delta V}{V_{\max}}[M]_0 \tag{1-7-3}$$

聚合反应平均速率 R_p 为:

$$R_p=-\frac{d[M]}{dt}=\frac{dP}{dt}[M]_0 \tag{1-7-4}$$

在本体聚合中,式(1-7-3) 中单体起始浓度 $[M_0]$ 的计算公式为:

$$[M_0]=\frac{W/M}{V}=\frac{Vd_m}{M}\times\frac{1}{V}\times10^3(mol/L)=d_m/M\times10^3(mol/L) \tag{1-7-5}$$

式(1-7-4) 中,M 为苯乙烯分子量,d 表示苯乙烯聚合温度(该实验的聚合温度为 60℃)下的密度。最后聚合反应速率 R_p 的计算公式如下:

$$R_p=\frac{dP}{dt}\times\frac{d_m}{M\times60}\times10^3[mol/(L\cdot s)] \tag{1-7-6}$$

三、试剂和仪器

1. 主要试剂

苯乙烯(CP,精制),偶氮二异丁腈(AIBN,新重结晶),甲苯(AR),丙酮(AR)。

2. 主要仪器

膨胀计,30mL 带盖称量瓶,移液管,恒温水浴,电子天平。

四、实验步骤

(1) 称取(150±1)mg 新重结晶的 AIBN,加入称量瓶中,再用 20mL 移液管加入 16.5mL(15g)新蒸馏的苯乙烯,拧紧瓶盖,轻轻摇动使 AIBN 溶解。

(2) 将洗净烘干的膨胀计底瓶放在桌上,用 5mL 移液管加入上述已溶解有 AIBN 的苯乙烯至液面达底瓶磨口处或略高一些,记下所加的苯乙烯体积 V。

(3) 将毛细管的磨口小心放入底瓶磨口,应基本上无苯乙烯溢出。用细铜丝将底瓶与毛细管固定。

(4) 将膨胀计放入 60℃恒温水浴并固定,观察毛细管中液面上升情况。刚放入时,由于热胀冷缩,可观察到毛细管液面上升,约 2min 后,液面停止上升,记下此时毛细管上的毫升刻度值 V_0,并注意观察因聚合导致体积收缩而液面高度开始下降的现象(反应时间 5~10min)。开始下降的时间为聚合开始时间 t_0,以后每隔 5min 读一次液面高度 (mL),分别为 V_1、V_2、…、V_n,直到 10~12 个读数为止,V_1、V_2、…、V_n 与 V_0 之差即为体积收缩 ΔV_1、ΔV_2、…、ΔV_n,并在表 1-7-1 中逐项记录聚合时间与膨胀计液面读数。

(5) 取出膨胀计,将毛细管与底瓶分开,倒出其中黏稠液(倒入回收瓶中,不要倒入水槽里),用 2~4mL 甲苯洗两次,包括毛细管部分,再用少许丙酮洗后,用水洗净,烘干。

表 1-7-1　膨胀计实验测试参数记录

聚合时间 t/min	0	5	10	15	20	25	30	35	40	45	50	55	60
液面读数 V/mL													
体积收缩 ΔV/mL													
转化率 P/%													

五、数据处理

（1）通过所加的苯乙烯体积 V 计算膨胀计中苯乙烯质量 W，室温下苯乙烯密度约 0.907g/mL。

（2）按式（1-7-1）计算质量为 W 的苯乙烯在 60℃聚合时，完全转化为聚苯乙烯的体积收缩 ΔV_{max}。

（3）在表 1-7-1 中，计算 t_1、t_2、…、t_n 时的体积收缩 ΔV_n，然后按式（1-7-2）计算 t_1、t_2、…、t_n 时的转化率 P_n，并将转化率对时间作图，应得一直线，求出斜率 dP/dt 以及由式（1-7-5）计算得到 R_p 值。

六、注意事项

（1）因为从直线斜率求平均聚合速率 R_p，W 的影响较小，所以测体积 V 的精度要求不高，0.1mL 左右就可以了。此外将毛细管磨口装入底瓶时，溢出的少量苯乙烯的影响可以忽略。

（2）装好苯乙烯的膨胀计在放入恒温槽之前应仔细检查，避免引入气泡。否则从气泡处发生体积收缩，气泡不断扩大而液面不下降或下降很慢，造成实验误差。如发现有气泡，应重装膨胀计。如出现膨胀计放入恒温槽后液面一直上升，或应该下降的时候总不下降的情况，可能是磨口处不严密，水渗入膨胀计所致。此时应换另一膨胀计重做实验。

（3）用膨胀计测聚合速率，必须知道单体和聚合物在聚合温度下的密度。表 1-7-2 列出几种单体及其聚合物在 60℃的密度值，供参考。

表 1-7-2　几种单体及其聚合物在 60℃的密度值

单体	单体密度/(g/cm³)	聚合物密度/(g/cm³)
丙烯腈	0.762	1.190
甲基丙烯腈	0.758	1.153
丙烯酸甲酯	0.900	1.191
醋酸乙烯酯	0.890	1.160
苯乙烯	0.869	1.042

七、思考题

（1）用膨胀计法测聚合速率的原理是什么？与沉淀法相比有哪些优点？

（2）如何测单体（液体）、聚合物（固体）的密度？

（3）对所得图形和结果进行讨论，并分析本实验的影响因素。

实验八　苯乙烯和顺丁烯二酸酐的交替共聚

一、实验目的

（1）掌握苯乙烯与顺丁烯二酸酐发生自由基交替共聚的基本原理。

（2）了解共聚物组成的测定方法。

二、实验原理

由两种或两种以上单体参与，且得到含两种或两种以上重复结构单元的聚合产物的反应称为共聚反应，聚合物称为共聚物。根据单体单元在聚合物链中的分布，可将共聚物分为无规、嵌段、交替和接枝共聚物等。顺丁烯二酸酐由于空间位阻效应以及分子结构对称和极化度低，在一般条件下很难发生均聚，而苯乙烯由于共轭效应很容易均聚。当将上述两种单体按一定配比混合后在引发剂作用下很容易发生共聚，而且共聚产物具有规整的交替结构，其反应方程式如下：

$$\underset{n}{CH_2=CH} \diagup\diagdown + n \diagup\diagdown\diagup \xrightarrow{BPO} -[CH_2-CH \diagup\diagdown]_n$$

交替共聚反应机理目前有两类。一类是"过渡态极性效应理论"，认为在反应过程中，链自由基和单体加成后形成因共振作用而稳定的过渡态。在苯乙烯和顺丁烯二酸酐共聚体系中，苯乙烯自由基更易与顺丁烯二酸酐单体形成稳定的共振过渡态，因而优先与顺丁烯二酸酐进行交叉链增长反应；反之顺丁烯二酸酐自由基则优先与苯乙烯单体加成，最后得到交替共聚物。另一类是"电子转移复合物均聚理论"。顺丁烯二酸酐双键两端带有两个吸电子能力很强的酸酐基团，使酸酐中碳碳双键上的电子云密度降低而带部分的正电荷，而苯乙烯是一个大共轭体系，在正电性的顺丁烯二酸酐的诱导下，苯环的电荷向双键移动，使碳碳双键上的电子云密度增加而带部分的负电荷。这两种带有相反电荷的单体构成了受电子体（accepter）-给电子体（donor）体系，在静电作用下易形成一种电荷转移络合物，这种络合物可看作大单体，在引发剂作用下发生自由基聚合，形成交替共聚的结构。当这样的单体对进行聚合时，并当单体的摩尔比为1∶1时，聚合反应速率最大；不管单体摩尔比如何，总是得到交替共聚物；加入Lewis酸可增强单体的吸电子性，从而提高反应速率。

另外，由单体极性（e值）和竞聚率（r）亦可判定两种单体所形成的共聚物结构。苯乙烯的e值为0.8，而顺丁烯二酸酐的e值为2.25，两者相差很大，因此发生交替共聚的趋势很大。式(1-8-1)为单体M_1和单体M_2进行共聚时，其共聚组成的微分形式，$\dfrac{d[M_1]}{d[M_2]}$为瞬时形成的共聚物链段中两种单元的摩尔比。

$$\frac{d[M_1]}{d[M_2]}=\frac{[M_1]([r_1[M_1]+[M_2])}{[M_2]([r_2[M_2]+[M_1])}$$

(1-8-1)

已知在 60℃时，苯乙烯（M_1）-顺丁烯二酸酐（M_2）的竞聚率 r_1 和 r_2 分别为 0.01 和 0，将其代入式(1-8-1)，得到 $\frac{d[M_1]}{d[M_2]}\approx1$，表示共聚反应趋于生成理想的交替结构。

苯乙烯-顺丁烯二酸酐交替共聚物可广泛应用于石油钻井、石油输送、水处理、混凝土、涂料、印刷、造纸、印染、纺织、胶黏剂和化妆品等工业，作为分散/乳化剂、印刷油墨黏结剂、增稠剂、皮革改性剂、纺织品整理剂及助染剂等。它可进一步与丁醇（或乙醇）进行开环酯化反应，得到的改性共聚物对金属有良好的黏结性能，可广泛用于集成电路和印刷线路中。

三、试剂和仪器

1. 主要试剂

顺丁烯二酸酐（AR），苯乙烯（CP，精制），过氧化苯甲酰（BPO，CP，重结晶），二甲苯（AR），石油醚（AR）。

2. 主要仪器

四口烧瓶，温度计，恒压滴液漏斗，回流冷凝管，电动搅拌器，油浴锅，量筒，布氏漏斗，抽滤瓶，循环水泵，电子天平。

四、实验步骤

（1）将装有搅拌器、回流冷凝管、温度计和恒温滴液漏斗的四口烧瓶置于油浴锅中，在烧瓶中加入 10g 顺丁烯二酸酐和 80mL 二甲苯，加热搅拌使其全部溶解，将 11g 苯乙烯、0.21g 的 BPO 和 40mL 二甲苯混合摇匀后加入恒压滴液漏斗，90℃下，缓慢滴加到烧瓶中，约在 40min 内滴完。

（2）反应体系出现白色沉淀时，升温到 100～105℃后继续反应 2h，停止反应。将烧瓶取出，冷却至室温。倒出反应产物并过滤，用石油醚洗涤，干燥后得到白色粉末状苯乙烯-顺丁烯二酸酐共聚物。

五、思考题

（1）说明苯乙烯-顺丁烯二酸酐交替共聚原理并写出共聚物结构式。如何用化学分析法和仪器分析法确定共聚物结构？

（2）如果苯乙烯和顺丁烯二酸酐不是等摩尔比投料，如何计算产率？

 苯乙烯-丁二烯-苯乙烯嵌段共聚物的制备

一、实验目的

（1）掌握阴离子聚合合成三嵌段共聚物的方法。

（2）了解热塑性弹性体的结构与性能。

二、实验原理

嵌段共聚物通常由两段或两段以上不相容的聚合物链通过共价键连接形成。根据组成嵌段共聚物链段数量的多少可分为二嵌段共聚物、三嵌段共聚物、多嵌段共聚物等。根据各种链段的交替聚合是否有规律，又分为有规嵌段共聚物和无规嵌段共聚物等。通过选择不同化学性质的聚合物链段以及不同的链段之间的连接方式，嵌段共聚物表现出与简单线型聚合物以及无规共聚物等不同的物理化学性质，可用于热塑性弹性体、共混相容剂、界面改性剂等，广泛应用于生物医药、建筑、化工领域。聚合物链段间性质上具备不相容性，具有发生相分离的倾向性，但是各个聚合物链之间存在的共价键，阻止了相分离的进一步向宏观相分离发展，而仅局限在纳米尺度内。因此，嵌段共聚物在本体和溶液中具有丰富的自组装行为，组装的粒子尺寸以及堆积结构通常在 $10\sim100\,\mathrm{nm}$ 范围之内，可用于纳米粒子的模板化制备，信息存储、载药、药物缓释等方面，在纳米科学领域也具有举足轻重的地位。这种纳米尺度的结构赋予了嵌段共聚物在弹性体、黏合剂、薄膜以及表面纳米图案等应用领域具有独特的优势。

苯乙烯-丁二烯-苯乙烯（polystyrene-polybutadiene-polystyrene）嵌段共聚物，简称 SBS。嵌段共聚物的聚苯乙烯（PS）和聚丁二烯（PB）段化学性质不同，在微观下是相分离的。当 PS 段含量较少时，高玻璃化温度的 PS 微区分散在 PB 段橡胶弹性链段形成的连续相中，形成物理交联点，在通常使用温度下，这种共聚物几乎与普通的硫化橡胶没有区别。当温度升高，超过 PS 段玻璃化转变温度时，PS 微区被破坏，流动性变好，可注塑加工；冷却后，再次形成 PS 的玻璃态微区，重新固定弹性链段，形成新的物理交联。因此，这类 SBS 嵌段共聚物又称热塑性弹性体，也是目前消费量最大的热塑性弹性体材料。嵌段共聚物的合成通常需要采用活性聚合方法，采取顺序加料的方式，进行制备。活性聚合能够保证形成的聚合物链的端基保持活性，在加入新的单体后，能够继续引发聚合。SBS 通常采用阴离子聚合来进行制备。本实验所用的阴离子引发剂为正丁基锂，通过金属锂和氯代正丁烷在非极性溶剂（如正庚烷、苯）中反应得到，其制备反应式如下：

$$n\text{-}C_4H_9Cl + 2Li \longrightarrow n\text{-}C_4H_9\text{—}Li + LiCl$$

常见的 SBS 制备路线有三种：①先用正丁基锂引发苯乙烯聚合，转化完全后，得到活

性聚苯乙烯（S），再加入丁二烯进行聚合，得到苯乙烯-丁二烯二嵌段活性聚合物（SB），再加入苯乙烯，聚合后终止反应，得到线型 SBS。②先合成 SB 二嵌段共聚物，经双官能团偶联剂 X-Y-X（如二甲基二氯硅烷）偶联形成线型 SBS，SB 经多官能团偶联剂 X(Y)$_n$ 如四氯化硅，合成星型 SBS。③用双负离子引发剂来合成 SBS。以下是第一种合成方法的反应过程：

（1）链引发

$$n\text{-}C_4H_9\text{—}Li + CH_2\text{=}CH(\text{C}_6\text{H}_5) \longrightarrow n\text{-}C_4H_9\text{—}CH_2\text{—}CH^-(\text{C}_6\text{H}_5) Li^+$$

（2）链增长　苯乙烯链增长：

$$C_4H_9\text{—}CH_2\text{—}CH^-(\text{C}_6\text{H}_5)Li^+ + n\,CH_2\text{=}CH(\text{C}_6\text{H}_5) \longrightarrow C_4H_9(CH_2\text{—}CH)_n CH_2\text{—}CH^- Li^+$$

加入第二单体丁二烯后继续链增长：

$$C_4H_9(CH_2\text{—}CH)_n CH_2\text{—}CH^- Li^+ + m\,CH_2\text{=}CH\text{—}CH\text{=}CH_2 \longrightarrow$$

$$C_4H_9(CH_2\text{—}CH)_n(CH_2\text{—}CH\text{=}CH\text{—}CH_2)_{m-1} CH_2\text{—}CH\text{=}CH\text{—}CH_2^- Li^+$$

加入第三单体苯乙烯后链增长：

$$C_4H_9(CH_2\text{—}CH)_n(CH_2\text{—}CH\text{=}CH\text{—}CH_2)_{m-1} CH_2\text{—}CH\text{=}CH\text{—}CH_2^- Li^+ + x\,CH_2\text{=}CH \longrightarrow$$

$$C_4H_9(CH_2\text{—}CH)_n(CH_2\text{—}CH\text{=}CH\text{—}CH_2)_m(CH_2\text{—}CH)_{x-1} CH_2\text{—}CH^- Li^+$$

（3）链终止　遇醇、水等，端基失活，反应终止：

$$C_4H_9(CH_2\text{—}CH)_n(CH_2\text{—}CH\text{=}CH\text{—}CH_2)_m(CH_2\text{—}CH)_{x-1} CH_2\text{—}CH^- Li^+ + C_2H_5OH \longrightarrow$$

$$C_4H_9(CH_2\text{—}CH)_n(CH_2\text{—}CH\text{=}CH\text{—}CH_2)_m(CH_2\text{—}CH)_{x-1} CH_2\text{—}CH_2 + LiOC_2H_5$$

三、试剂和仪器

1. 主要试剂

环己烷（AR），苯乙烯（CP，精制），丁二烯（纯度 99%），高纯氮气，正庚烷（AR），金属锂，正氯丁烷（AR），液状石蜡，2,6-二叔丁基-4-甲基苯酚（防老剂 264，AR），去离子水。

2. 主要仪器

真空油泵，电磁搅拌器，圆底烧瓶，锥形瓶，橡胶管，注射器，长针头，油浴锅，氮气流干燥系统，三口烧瓶，恒压滴液漏斗，回流冷凝管，分液漏斗，烧杯，干燥器，烘箱，不锈钢导管，电子天平。

四、实验步骤

1. 正丁基锂的制备

（1）将提前烘干的 250mL 三口烧瓶、恒压滴液漏斗、回流冷凝管从烘箱中拿出，如图 1-9-1 所示，趁热搭好装置。冷凝管上方为氮气入口，出气口连接的橡胶管末端浸入小烧杯的液状石蜡中（根据液状石蜡鼓气泡的大小，调节氮气的流量）。

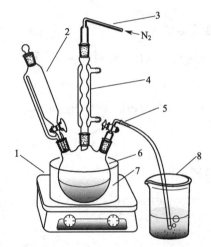

图 1-9-1　正丁基锂反应装置

1—电磁搅拌器；2—恒压滴液漏斗；3—导气管（氮气入口）；4—回流冷凝管；

5—单通（出气口）；6—三口烧瓶；7—油浴锅；8—烧杯

（2）在烧瓶中加入 35mL 无水正庚烷及新剪成小片的 5g 金属锂。通过滴液漏斗加入 30mL 无水正氯丁烷及 16mL 无水正庚烷的混合液。从侧口通入高纯氮气，鼓泡 5～10min 后，将氮气流量调至能在液状石蜡中产生一个接一个的气泡即可。

（3）加热油浴至 60℃，在搅拌下，缓慢滴加正氯丁烷-正庚烷的混合液，由于反应放热，正庚烷会沸腾，所以需控制滴加速率，使回流不要太快。大约 20min 滴加完毕，得到浅蓝色溶液。将油浴升温至 100～110℃，在搅拌下继续回流 2～3h。反应后期，因产生大量氯化锂，溶液变乳浊，最后呈灰白色。

（4）反应结束后，体系冷却，在氮气保护下，取下冷凝管、滴液漏斗等，将三口烧瓶塞上磨口塞，在室温下静置约 0.5h，氯化锂沉于瓶底。上层清液即为正丁基锂溶液，呈浅黄色。将上层清液轻轻倒入干燥的磨口锥形瓶中，瓶口塞翻口塞密封，放置在干燥器中备用，制备得到的正丁基锂浓度约为 7mol/L。

2. SBS 的制备

（1）取一个干燥的 500mL 圆底烧瓶作为反应瓶，瓶口塞翻口塞，用不锈钢导管插入橡皮塞，另一端接入待抽气和氮气充气系统的双排管（氮气通过氮气流干燥系统后进入双排管），连续抽空烘干充氮三次后冷却，用玻璃注射器注入 50mL 环己烷、4mL（0.038mol）苯乙烯，摇匀，充氮气使系统成正压，用注射器向反应瓶内先缓慢注入少量正丁基锂，时时摇动，以消除体系中的少量残余杂质，直至略微出现微橘黄色为止，接着加入 0.26mmol 正丁基锂。PS 分子量预计在 15000 左右。此时溶液立即出现红色，在 50℃油浴中加热 30min，红色不褪，为活性聚苯乙烯。

（2）另取一个 250mL 圆底烧瓶，配上单孔橡皮塞和短玻管并套上一段橡胶管，照上法抽真空通氮气，以除去瓶中空气。然后加入 100mL 环己烷，再通入丁二烯约 17g（0.314mol）（烧瓶可放在 -5℃冰盐浴中）。用注射器缓慢注入少量正丁基锂以消除残余杂质，体系呈微黄色，然后用注射器将丁二烯溶液加入活性聚苯乙烯溶液中，50℃条件下，磁力搅拌反应 2h，得到二嵌段共聚物溶液。

（3）再取一个 250mL 圆底烧瓶，按步骤（1）连续抽真空通氮气 3 次后，注入 50mL 环己烷、4mL（0.038mol）苯乙烯，摇匀，充氮气使系统成正压，用注射器向反应瓶内先缓慢注入少量正丁基锂，时时摇动，以消除体系中的少量残余杂质，直至略微出现微橘黄色为止，然后用注射器将该苯乙烯溶液加入上述二嵌段共聚物溶液中，50℃条件下，磁力搅拌反应 30min，得到 SBS 溶液。

（4）称取 0.5g 防老剂 264，溶于少量环己烷中，加入 500mL 反应瓶内摇匀。将黏稠物倾倒入盛有 500mL 水的圆底烧瓶中，接上蒸馏装置，在搅拌下加热，环己烷及水一并蒸出，待环己烷几乎蒸完、产物呈半固体时，停止蒸馏。趁热取出产物并剪碎，用去离子水漂洗一次，吸干水分，放在 50℃烘箱内烘干，即为热塑性弹性体 SBS 三段共聚物。环己烷和水的蒸馏液用分液漏斗分出水层，上层环己烷经干燥、蒸馏后可重新使用。计算产量和测定 GPC，观察 GPC 峰的形状。产物进行加工成型和机械性能测定。

五、注意事项

（1）反应瓶及全部反应系统须绝对干燥，并保持无水无氧。

（2）正丁基锂的化学反应活性很高，与空气接触会着火。与水、醇类、卤素类、酸类和胺类接触，会发生强烈反应，发生燃烧和爆炸。因此取用时必须严格按操作步骤进行，并做好个人防护。

（3）加入丁二烯后注意反应变化，在 50℃水浴中发现反应有些发热或略变黏时，应立即取出放在室温中冷却，勿使反应过于剧烈，以致冲破橡胶管冲出。反应剧烈时，切勿把反应瓶放在冷水中冷却，以免反应瓶因骤冷碎裂、爆炸。夏天室温较高时，加丁二烯后不必立即放在 50℃水浴中，放在室温中时时摇动，待反应高潮过后，再放入 50℃水浴中加热。

（4）在使用丁二烯时室内禁止明火。

（5）反应时应特别注意安全防护。

六、思考题

（1）比较设计分子量与 GPC 测定分子量的差别，分析原因及影响因素。

（2）如何控制所合成的 SBS 中两嵌段 SB 的含量在 5％以内？

拓展知识

苯乙烯-丁二烯-苯乙烯三嵌段共聚物

SBS 是热塑性橡胶，具有拉伸强度高、表面摩擦系数大、低温性能好、电性能优良和加工性能好等特点，还具有隔音、耐油、耐水、耐溶剂、耐屈挠、耐老化等优良性能。SBS 产品工业化生产始于 20 世纪 60 年代。1963 年美国 Philips 石油公司首次用偶联法生产出线型 SBS 共聚物，商品名 Solprene。我国从 20 世纪 70 年代中期开始对 SBS 进行研究开发，北京燕山石油化工公司研究院、兰州石油化工公司研究院等单位对 SBS 产品科研开发做了大量的工作。工业上采用锂系引发剂阴离子溶液聚合工艺，聚合物溶液经凝聚脱除溶剂后成为固体产物，常规生产方法采用间歇聚合、湿法凝聚工艺等。

实验十 开环聚合法制备聚己内酯

一、实验目的

(1) 掌握开环聚合制备聚己内酯的原理。

(2) 熟悉用 ε-己内酯制备不同分子量的聚己内酯的方法。

二、实验原理

聚 ε-己内酯（polycaprolactone，PCL）是一种半结晶型聚合物，由 ε-己内酯（ε-CL）在引发剂存在下在本体或者溶液中开环聚合得到，其熔点为 59～64℃，玻璃化温度为−60℃。PCL 重复的结构单元中有五个非极性的亚甲基—CH_2—和一个极性的酯基—COO—，分子链中的 C—C 键和 C—O 键能够自由旋转，使得 PCL 具有很好的柔性和加工性。酯基的存在使 PCL 具有生物相容性，同时也具有优良的药物通过性，可以用于体内植入材料以及药物的缓释胶囊等。

近年来有关 ε-CL 聚合的报道已有不少，通常引发 ε-CL 开环聚合的体系包括：活泼氢引发体系、阳离子型催化剂、阴离子型催化剂和配位聚合型催化剂等。水、醇或酸等含有活泼氢的化合物均可以引发 ε-CL 的开环聚合，但反应速率慢，需要较高的温度（200～250℃），聚合产物的分子末端含有羟基，分子量为 500～1000，而且分布较宽。

阳离子型催化剂有甲基氟磺酸、乙基氟磺酸、甲基硝基苯磺酸、甲基磺酸甲酯等。阳离子进攻碳氧键发生亲核反应，如图 1-10-1(a) 所示。由于阳离子聚合中存在不可避免的副反应，ε-CL 的阳离子聚合呈现如下的特征：①高活性引发剂同样有利于聚合中副反应，如解聚，因而不一定是最有效的催化剂。例如氟磺酸甲酯中的氟比三氟甲基磺酸甲酯中的氟活性高，也更容易引起副反应，反而降低了引发剂的有效性。②聚合和解聚作为一对竞争反应，在过高的反应温度下，解聚程度变得明显，从而得不到高产率的聚合物，所以应严格控制反应温度。③由于聚合物解聚的影响，产物的平均聚合度不严格遵守活性聚合的特征。

典型的阴离子型催化剂有叔丁基锂、叔丁氧基锂等。阴离子催化内酯开环聚合的机理为：负离子进攻羰基碳，然后发生酰氧键的断裂开环进一步形成链增长反应，如图 1-10-1(b) 所示。此催化体系在无终止剂时活性聚合，聚合反应速率受溶剂及反离子的影响很大，其根本原因在于活性种与反离子的缔合效应。阴离子聚合后期，容易发生分子间或分子内的酯交换，即"回咬"作用，导致聚合物分子量较低，以及生成环状低聚物等情况。环状低聚物的生成是一个动力学控制的环链平衡系统，平衡产物主要由熵决定，并随着聚合系统的稀释或浓缩而迅速改变。

配位插入开环聚合，是目前最常用的开环聚合方法，可以看作是一种准阴离子开环聚合。链增长过程中，单体插入催化剂分子的金属-氧键，增长链通过烷氧键与金属连接，如图 1-10-1(c) 所示。

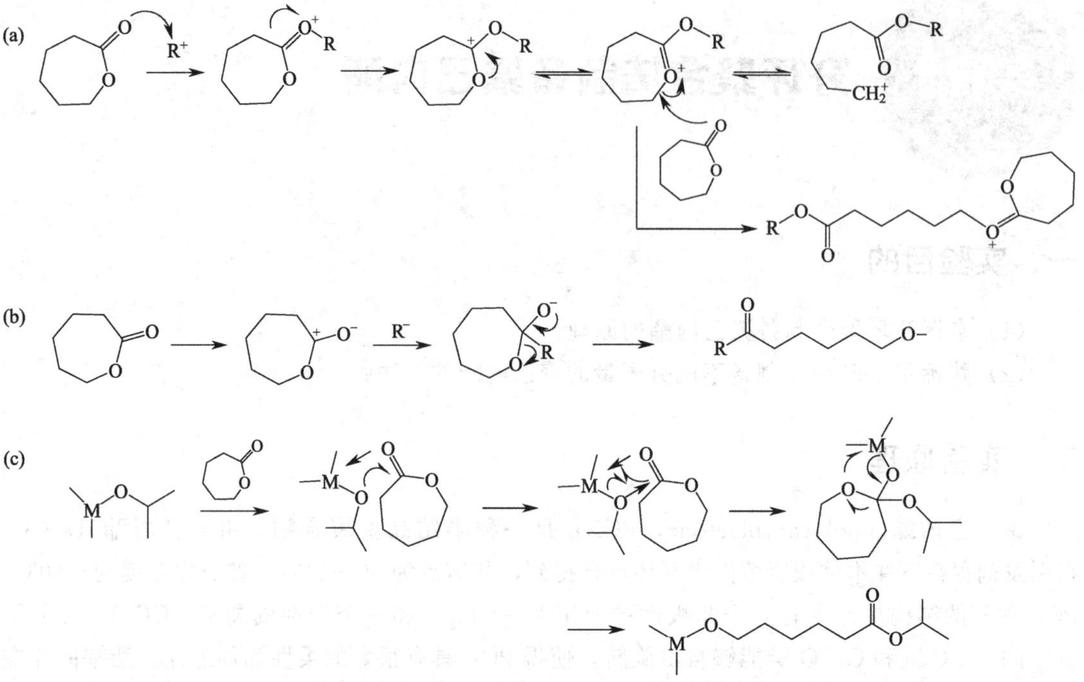

图 1-10-1　ε-CL 开环聚合的几种引发机理
(a) 阳离子开环聚合；(b) 阴离子开环聚合；(c) 配位插入开环聚合

　　本实验中，采用异辛酸亚锡 [Sn(Oct)$_2$] 作为催化剂来进行 ε-CL 的开环聚合。这是目前常用的一类 ε-CL 开环聚合催化剂，可溶于大部分有机溶剂。其引发机理有多种方式，大部分情况下将 Sn(Oct)$_2$ 和含羟基或氨基的化合物一起引发聚合。反应温度一般为 110℃，反应溶剂为甲苯。

　　该反应条件下的开环聚合为活性聚合过程，反应方程式如图 1-10-2 所示（本实验中 R—OH 为四乙基乙二醇单甲酯），聚合的第一步是醇与催化剂反应生成活性物质，同时产生乙基己酸。添加醇可增加活性种的数量，提高聚合速率，活化后的催化剂引发单体聚合，链增长过程中单体不断插入锡氧键，生成增长链。而体系中存在的乙基己酸会将生长中的活性聚合物链转化为休眠分链，导致聚合速率降低，这个平衡一直存在于聚合反应中，使聚合期间增长链物种浓度保持恒定。若聚合反应在没有含羟基的引发剂下进行时，辛酸锡（Ⅱ）催化剂中存在的杂质 [在高真空下连续两次蒸馏后约占 1.8%（摩尔分数）的 OH 基] 似乎起了作用，但是如果不添加亲核化合物，即使可以发生聚合，也不是可控聚合。

三、试剂和仪器

1. 主要试剂

　　ε-CL（AR）、异辛酸亚锡（96%）、四乙基乙二醇单甲酯（AR），甲苯（AR），二氯甲烷（AR），冰醋酸（AR），甲醇（AR），氢化钙（CP），高纯氮气。

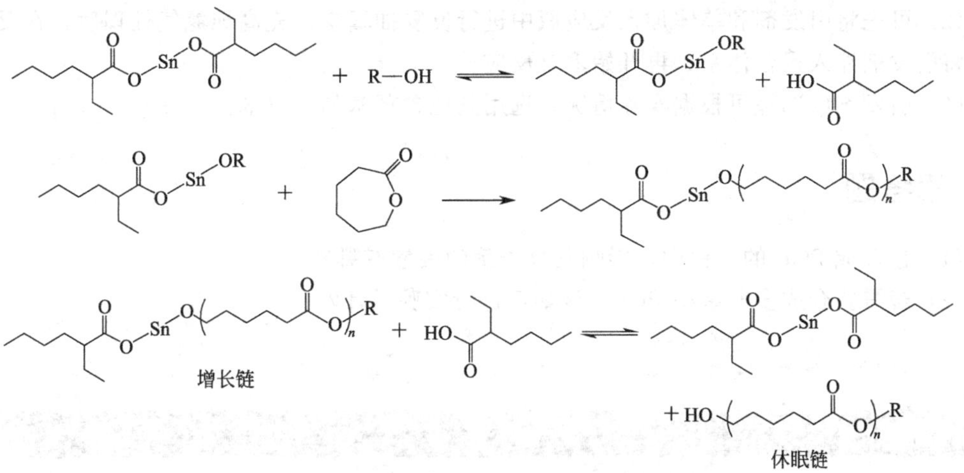

图 1-10-2　异辛酸亚锡催化 ε-CL 开环聚合反应方程式

2. 主要仪器

油浴锅，电磁搅拌器，量筒，减压蒸馏装置，施兰克（Schlenk）瓶，注射器，布氏漏斗，抽滤瓶，循环水泵，电子天平，真空烘箱。

四、实验步骤

1. ε-己内酯单体的提纯

将少量氢化钙加入 200mL ε-CL 中，加热回流 3h 后，进行减压蒸馏，收集馏分（80℃/1mbar）。

2. 开环聚合

（1）将施兰克瓶和搅拌子预先放于 120℃烘箱中干燥 12h，在反应前将反应瓶取出放于保干器中冷却至室温。

（2）氮气保护下，向瓶中分别加入四乙基乙二醇单甲酯（0.125g，0.600mmol）和 ε-CL（1.71g，15.00mmol），经搅拌完全溶解后，用注射器注入催化剂 $Sn(Oct)_2$（0.8mL 甲苯溶液，0.16mmol），然后将反应瓶密封移至油浴中，在 110℃反应 12h。

（3）反应结束后，将黏稠状反应物冷却至室温，并向其中加入少量二氯甲烷使其溶解，加 2～3 滴冰醋酸终止反应，然后在甲醇中沉淀 3 次，抽滤收集产物放入 30℃真空烘箱中干燥 24h，得到白色粉末，并计算产率。

（4）可通过控制引发剂以及单体的比例，合成不同分子量的 PCL。

3. 测试和表征

（1）进行 GPC 测试，考察聚合物分子量。

（2）通过差示扫描量热法（DSC）对所合成的 PCL 样品进行相行为测试，确定其结晶和熔融温度。

五、注意事项

（1）反应前单体、引发剂以及聚合所用仪器必须经过充分干燥处理。

（2）可先将引发剂和单体加入反应瓶中进行反复抽真空、充高纯氮气处理后，在反应开始前将引发剂注入聚合体系，再开始聚合反应。

（3）引发剂的选择可根据实际情况，选用其他含羟基的引发剂。

六、思考题

（1）在合成 PCL 的过程中，影响其分子量的因素有哪些？

（2）若需要合成多臂星型 PCL，该如何进行实验设计？

拓展知识

聚己内酯

PCL 是一种生物相容性很好的可降解材料，同时也具有优良的药物通过性，可以用于体内植入材料以及药物的缓释胶囊。由于其分子链比较规整而且柔顺，结晶性很强，五个亚甲基的存在使得 PCL 的亲水性较差，具有比聚乙交酯、聚丙交酯更好的疏水性，在体内降解较慢，是植入材料的理想选择。常用多种生物相容性的单体与 ε-CL 共聚来改善甚至控制共聚产物的降解速率，以适应不同药物载体在人体内的吸收。此外 PCL 还具有形状记忆性。目前，PCL 已在很多领域得到应用，尤其是在医疗方面，如胶带、绷带、矫正器、缝合线、药物缓释剂等。

 实验十一 **聚 *N*-异丙基丙烯酰胺的制备**

一、实验目的

（1）掌握聚 *N*-异丙基丙烯酰胺的制备方法。

（2）熟悉温敏性聚合物的特点和温敏原理。

二、实验原理

聚 *N*-异丙基丙烯酰胺［poly（*N*-isopropylacrylamide），PNIPAm］是一类具有温度敏感性的聚合物，其发生相变的临界温度约为 33℃，当温度低于该值时，聚合物溶于水，溶液呈透明态，而温度高于该值时，聚合物迅速发生相变，溶液呈浑浊状，即表现出低转变温度（lower critical solution temperature，LCST）的温敏现象。单体 *N*-异丙基丙烯酰胺（NIPAm）含碳碳双键，可在自由基引发剂存在下，很容易打开双键进行自由基聚合得到 PNIPAm，其合成反应式如下：

$$n CH_2=CH \xrightarrow{AIBN} \text{-[}CH_2-CH\text{-]}_n$$

同丙烯酰胺单体相比，NIPAm 只是把丙烯酰胺单体 N 上的一个 H 换上了异丙基，正是由于这一点差别，使两者在单体性能以及所形成聚合物的性能上存在巨大的不同。20 世纪 50 年代，人们即开始了对 PNIPAm 水溶液温敏行为的研究，1978 年 Tanaka 第一个提出了关于凝胶相转变的热力学理论。目前较容易被人接受的观点是：PNIPAm 的侧链同时具有亲水性的酰胺基和疏水性的异丙基。它们与水在分子内、分子间会产生相互作用，该相互作用易受到温度的影响。在 LCST 以下，PNIPAm 与水之间的相互作用主要是酰胺基团与水分子间氢键作用，大分子链周围的水分子形成一种由氢键连接的、有序化程度较高的溶剂化壳层，使高分子表现为一种伸展的线团结构，PNIPAm 分子链溶于水。随着温度上升，PNIPAm 与水的相互作用参数发生突变，部分氢键被破坏，大分子链疏水部分的溶剂化层被破坏。温度的升高对疏水基团的影响表现在两个方面：一方面疏水基团间的相互作用是吸热的"熵驱动"过程，随着温度升高，聚合物溶液体系的熵增加，疏水基团的缔合作用增强；另外，疏水基团的热运动加剧，疏水缔合作用被削弱，同时，水分子的热运动加剧，从而改变了疏水基团周围水分子结构与状态，使水-疏水基团的作用发生变化，疏水缔合作用进一步被削弱。总的结果是 PNIPAm 大分子内及分子间疏水相互作用加强，形成疏水层，水分子从溶剂化层排出。此时高分子由疏松的线团结构变为紧密的胶粒状结构，发生了线团-球体转变，从而产生温敏性。PNIPAm 的水凝胶温敏性相转变是由交联网络的亲水性/疏水性平衡受外界条件变化而引起的，是大分子链构象变化的表现。

线型均聚 PNIPAm 可采用常用的聚合方法，如本体聚合、溶液聚合、悬浮聚合以及乳液聚合等方法来进行制备。在实验室中，通常选用溶液聚合方法来进行 PNIPAm 的制备。以过氧化苯甲酰、过氧乙酸等过氧化物，偶氮二异丁腈（AIBN）等偶氮化合物为自由基聚合引发剂，聚合引发剂的用量占总质量的 0.001%～2% 为宜。所用溶剂如水、醇类、醚、丙酮、四氢呋喃、氯仿、苯等，浓度在 1%～80%。在 PNIPAm 的合成过程中加入交联剂，则可以得到 PNIPAm 凝胶，常用的交联剂有 N,N-亚甲基双丙烯酰胺、二甲基丙烯酸乙二醇酯、二甲基丙烯酸二甘醇酯等。也可以通过紫外线、放射线、电子射线、等离子体等活性射线进行引发交联，得到 PNIPAm 凝胶。

三、试剂和仪器

1. 主要试剂

NIPAm（AR），AIBN（99%，重结晶），叔丁醇（AR），四氢呋喃（AR），乙醚（AR），高纯氮气。

2. 主要仪器

圆底烧瓶，玻璃试管，磁力搅拌器，旋转蒸发器，真空干燥箱，保干器，油浴锅，量筒，电子天平。

四、实验步骤

1. 均聚物的合成

（1）将 4g NIPAm 单体加入盛有 25mL 叔丁醇溶剂的 50mL 圆底烧瓶中，把烧瓶放在磁力搅拌器上，使 NIPAm 单体完全溶解。

（2）加入 18.1mg AIBN，使其完全溶解。

（3）通入氮气匀速鼓泡并搅拌 30min，关闭通氮气管，使反应装置处于密闭状态。

（4）将反应装置放入 70℃ 的恒温油浴中，在氮气保护下反应 10h。

（5）反应结束后，将所得物料经旋转蒸发器除去溶剂。

（6）加入适量四氢呋喃溶解产物，然后将其逐滴滴入大量的乙醚中沉淀。

（7）将沉淀产物分离出来，放入真空干燥箱中室温真空干燥 3 天，60℃ 干燥 80h。

（8）干燥完成后放入保干器备用。

2. 聚合物温敏性观察

取一支小试管，加入少量 PNIPAm 溶于水中（控制浓度为 2%），溶解至澄清透明，然后观察其在不同温度下溶液的状态。

五、注意事项

(1) 通氮气的影响：聚合过程中如果有氧存在，氧分子是极易和增长链反应形成更加稳定的过氧自由基，而过氧自由基的引发能力很低，使聚合速率减慢，甚至会阻止聚合。

(2) 引发剂浓度的影响：当 AIBN 浓度降到 0.2% 时，体系不能进行聚合反应。在较低的 AIBN 浓度下，AIBN 分子被较多的溶剂分子所包围，像处于"笼子"中一样。AIBN 受热分解成初级自由基后，必须扩散出这些溶剂分子进入单体才能引发单体聚合。自由基在溶剂包裹的笼子内的平均寿命约 $10^{-11} \sim 10^{-9}$ s，如来不及扩散出去就可能发生副反应。

(3) 溶液聚合法的优点是聚合温度易控制，能消除聚合中的自动加速现象，所得聚合物分子量较均匀，不易生成交联或支化的产物。溶剂选择的原则是选用可以溶解单体 NIPAm、引发剂 AIBN 及聚合物 PNIPAm 的溶剂，通过分别采用叔丁醇、丙酮、四氢呋喃和苯等作为溶剂进行聚合，发现这四种溶剂都可以聚合成功。但极性较强的溶剂在溶液聚合中往往会起到链转移剂的作用，而降低聚合反应产物的分子量。因此，采用不同溶剂聚合能得到不同分子量的 PNIPAm。

六、思考题

(1) 简要概述温敏性聚合物的分子结构特点，除了 PNIPAm，还有哪些温敏性聚合物？它们实现温敏的原理是什么？

(2) 如何改变 PNIPAm 的 LCST？

拓展知识

温敏性聚合物

温敏性聚合物是指对温度具有响应性，具有较低临界溶解温度（LCST）的一类高分子材料，常见的有聚异丙基丙烯酰胺（PNIPAm）、聚乙烯基吡咯烷酮（PVP）等。PNIPAm 水溶液或水凝胶的相变温度在 33℃ 左右，接近人体生理温度（37℃），相变温度略高于环境温度，易于控制，因此在生物医学工程上有着重要的应用。以药物的控释为例：利用 PNIPAm 凝胶对药物进行控制释放有多种模式，例如：在低温状态下将 PNIPAm 水凝胶放入药物溶液中溶胀吸附药物，当达到一定的温度 PNIPAm 凝胶突然收缩，药物分子连同溶剂一起被挤出，迅速释放出药物。也可以利用 PNIPAm 水凝胶在 LCST 以上时的收缩状态，将药物包裹在水凝胶内部，收缩的水凝胶的表面会形成一个薄而致密的表层，阻止水凝胶内部的水分和药物向外释放，即处于"关"的状态。而当温度低于 LCST 时表层溶胀消失，水凝胶处于"开"的状态，内部药物以自由扩散的形式向外恒速释放。此外，PNIPAm 还可以以支链形式存在于接枝聚合物微球中，在 LCST 以下，接枝链在水中舒展开来，彼此交叉覆盖，阻塞了微球的孔洞，处于"关"状态，被包封的药物释放受阻。温度升至 LCST 以上时，接枝链自身收缩，孔洞显现出来，处于"开"状态，使药物顺利扩散到水中。除了药物的控制释放，PNIPAm 还可用于酶的固定、免疫分析，以及用作细胞培养支持体材料等。

PNIPAm 还可用于遮光材料、温度控制及指示、热记录和热标记、金属粒子的富集和分离、增稠剂、絮凝剂、形状可控凝胶等的制备，在温度敏感性能的功能膜、温度控制凝胶的渗透色谱、液相色谱的填料、易用冷水除去的皮肤黏附带、温度敏感的增稠剂、防染剂、电阻墨水、电泳母体、化妆品等方面也有应用。

实验十二 聚乙烯醇的制备及其缩醛化反应

一、实验目的

（1）了解高分子的化学反应特点。

（2）制备聚乙烯醇及其缩醛化产物。

二、实验原理

聚乙烯醇（polyvinyl alcohol，PVA）是一种重要的水溶性高分子，其分子链含有大量羟基。由于单体乙烯醇易异构化为乙醛，实际上并不存在，工业上应用的 PVA 是通过聚醋酸乙烯酯（PVAc）醇解（或水解）反应而制备的。PVAc 的醇解反应实质是 PVAc 与甲醇之间的酯交换反应，PVAc 的醇解反应机理（酯交换反应）和低分子酯的酯交换反应相同。PVA 的物理性质受化学结构、醇解度、聚合度的影响。

醇解可以在酸性或碱性催化下进行，通常用乙醇或甲醇做溶剂。酸性醇解时，由于痕量的酸极难自 PVA 中除去，残留在产物中的酸可能加速 PVA 的脱水作用，使产物变黄或不溶于水。目前工业上都采用碱性醇解法。醇解在搅拌下进行，初始时微量 PVA 先在瓶壁析出，当约有 60％的乙酰氧基被羟基取代后，PVA 即从溶液中大量析出。在反应过程中，除了醋酸根被醇解外，还存在支链的断裂，因此 PVAc 的支化度愈高，醇解后分子量降低就愈多。

本实验采用甲醇为醇解剂，NaOH 为催化剂，在碱性条件下进行 PVAc 的醇解反应，反应方程式如下：

$$\begin{array}{c}\text{—}\!\!\left[\!\text{CH}_2\text{—CH}\right]_{\!\!n}^{} + n\,\text{CH}_3\text{OH} \xrightarrow{\text{NaOH}} \text{—}\!\!\left[\!\text{CH}_2\text{—CH}\right]_{\!\!n}^{} + n\,\text{CH}_3\text{COOCH}_3 \\ \quad\quad\quad\; | \quad\quad\quad\quad\quad\quad\quad\quad\quad\quad\quad\quad\quad\quad\quad | \\ \quad\quad\quad O \quad\quad\quad\quad\quad\quad\quad\quad\quad\quad\quad\quad\quad\quad\quad OH \\ \quad\quad\quad | \\ \quad\quad\quad C\!\!=\!\!O \\ \quad\quad\quad | \\ \quad\quad\quad CH_3 \end{array}$$

从反应式可看出，这是甲醇和 PVAc 之间的酯交换反应。这种聚合物链上的官能团发生变化的化学反应称为高分子的化学反应，由于高分子骨架的影响，其反应速率和转化率不同于发生在相应的小分子同系物的有机反应。在本实验中，影响醇解反应的因素主要有：

1. PVAc 溶液含量

在实验条件确定的情况下，PVAc 的含量过高则体系黏度大，流动性差，不利于与碱的均匀混合，导致醇解度下降；而 PVAc 的含量过低则会导致溶剂用量大，溶剂的损失和回收量大。通常选用的 PVAc 甲醇溶液的质量分数为 20％～30％。

2. 碱用量

碱的用量过高对醇解速率和醇解度的影响并不大，但会增加体系中醋酸钠的含量，影响产品质量。目前，工业上 NaOH 用量约为 NaOH：VAc＝0.12：1（摩尔比）。

3. 醇解温度

提高反应温度会加速醇解反应进行，但也会促进副反应的进行，导致碱的消耗量增加，使 PVA 产品中残留的醋酸根量增加，影响产品的质量。目前工业上常用的醇解温度为 45～48℃。

4. 相转变

PVAc 溶于甲醇，而 PVA 不溶于甲醇，当反应进行到一定程度时体系会转变成非均相。相转变后，析出的 PVA 脱离了溶液体系，将无法再度醇解。如果生成了冻胶，同样会影响反应进程，此时必须强烈地搅拌，将冻胶打碎，才能确保醇解反应进行得较为完全。

PVA 由于具有水溶性而在某些应用上会受到限制，利用"缩醛化"可以减少其水溶性。聚乙烯醇缩甲醛通常是利用 PVA 与甲醛在酸催化下反应得到。本实验合成水溶性聚乙烯醇缩甲醛，用作胶水，反应过程中需控制较低的缩醛度，以保证产物的水溶性，如果反应程度过高，则会呈凝胶化。因此，在反应过程中应严格控制反应物配比、溶液的酸碱度、反应时间和反应温度，避免凝胶化。以聚乙烯醇缩甲醛制备为例，反应式如下：

$$\sim\!\!\sim\!\!CH_2-CH-CH_2-CH\sim\!\!\sim + HCHO \xrightarrow{HCl} \sim\!\!\sim\!\!CH_2-CH-CH_2-CH\sim\!\!\sim$$

（结构式中 OH 基团及缩醛环 O—CH₂—O）

三、试剂和仪器

1. 主要试剂

PVAc（自制，或市售工业品），甲醇（AR），氢氧化钠（AR），PVA-1799（工业级），40％甲醛水溶液，盐酸（AR），去离子水，酚酞指示剂。

2. 主要仪器

三口烧瓶，电动搅拌器，回流冷凝管，恒温水浴锅，酸式滴定管，滴液漏斗，布氏漏斗，抽滤瓶，循环水泵，电子天平，真空烘箱，pH 计，酸式滴定管。

四、实验步骤

1. 聚乙烯醇的制备

在装有电动搅拌器、回流冷凝管和滴液漏斗的 250mL 三口烧瓶中加入 10g PVAc（剪碎以促进其溶解）和 100mL 甲醇，加热回流搅拌直至聚合物完全溶解。将溶液温度降至 30℃，用滴液漏斗逐滴加入 8mL 5％的氢氧化钠-甲醇溶液，控制反应温度不超过 45℃，当体系出现胶冻（醇解度约 60％）时，加速搅拌将胶冻打碎，继续搅拌 1h 后，再加入 5mL 氢氧化钠-甲醇溶液，反应 0.5h，然后升温至 65℃反应 1h。反应结束后，冷却至室温，用布氏漏斗抽滤得到白色沉淀产物，用甲醇洗涤 3~4 次（10mL/次），减压抽干后，置于真空烘箱中在 50~60℃烘干。

2. 醇解度的测定

PVAc 经过醇解后，大部分醋酸根醇解为羟基，但仍有少部分残留的醋酸根。醇解度是 PVA 的一个重要质量指标，所谓醇解度就是已醇解的醋酸根与醇解前分子链上全部醋酸根的摩尔比，其测定方法如下：

在分析天平上称 1g 左右的 PVA，置于 500mL 锥形瓶中，倒入 200mL 去离子水，装上回流冷凝管。用水浴加热，使之全部溶解。冷却至室温，用少量去离子水冲洗锥形瓶内壁。加入 0.5mol/L 的氢氧化钠水溶液 25mL，水浴回流 1h，冷却至室温，加入几滴酚酞指示剂，用 0.5mol/L 盐酸滴定至无色。同时做一空白试验。滴定出的醋酸物质的量为 $(V_2-V_1)N/1000$，其中 V_2 为空白试验（仅仅无样品，其余完全不变）所消耗盐酸的体积（mL），V_1 为试样所消耗盐酸的体积（mL），N 为盐酸标准溶液的摩尔浓度。由此可求出滴定出的醋酸根在质量为 W（g）的 PVA 中所占的质量比 Q 为：

$$Q=\frac{(V_2-V_1)N\times 60}{1000\times W}\times 100\%$$ (1-12-1)

根据醇解度的定义可以导出醇解度 D 的公式：

$$D=\left(1-\frac{44Q}{60\times 100-42Q}\right)\times 100\%$$ (1-12-2)

3. 聚乙烯醇缩甲醛的制备

往 250mL 三口烧瓶中加入去离子水 50mL，PVA 7g，加热并充分搅拌使聚合物溶解。90℃下，加入 40%甲醛水溶液 4.6mL，搅拌 15min 后加入 2.5mol/L 盐酸 0.5mL，溶液 pH 值控制在 1~3 范围内，持续恒温搅拌 0.5h，体系逐渐变稠。当有气泡或絮状物产生时，迅速加入 8%氢氧化钠溶液 1.5mL，再加 30~40mL 去离子水，调节 pH 值至 8~9，冷却降温，得透明黏稠液，即为一种聚乙烯醇缩甲醛胶水。

五、注意事项

（1）聚合物的分子量很高，结构层次多样，其凝聚态结构和溶液行为与小分子的差异很大，使得高分子的化学反应具有自身的一些特性。一般来讲，聚合物中的官能团活性低，在支链反应时不能完全转化，产物多为混合物，较难分离。因此，高分子的支链反应常用基团转化程度来表示反应进行的程度。

（2）PVA 的制备实验中，可采用第一篇实验一的方法，由溶液聚合法制备得到的 PVAc 溶液经稀释至 26%浓度后进行该步实验，也可用市售 PVAc 用甲醇溶解后进行实验。

六、思考题

（1）试根据大分子反应的特点，阐述如何在反应过程中提高转化率？
（2）请扼要总结一下 pH 值对 PVA 缩醛化的影响。
（3）缩醛化的反应原料可以使用市售 PVA，比较自己合成的 PVA 与市售 PVA 为原料制备的缩甲醛溶液，即胶水的黏性有何差异。

聚乙烯醇

PVA 的外观为白色粉末或絮状固体，易溶于水，根据其性能要求，有不同水解度和不同聚合度的商品牌号。大致可分为高醇解度（醇解度 98%～99%，仅溶于热水或沸水中）、中等醇解度（醇解度 87%～89%，室温下可溶于水）、低醇解度（醇解度 79%～83%，仅在 10～40℃溶于水）三类商品，平均聚合度则主要分为 500～600、1400～1800、2400～2500 等几种。中国主要生产商品牌号为 1799 和 1788 的 PVA，表示聚合度为 1700，醇解度分别为 99% 和 88%。PVA 仅在少数有机溶剂（如热的二甲基甲酰胺）中溶解或溶胀。PVA 最主要的用途是生产纤维，将 PVA 水溶液自纺丝头喷入凝固液中，PVA 纤维即沉淀析出，再用甲醛处理就得到强度高、密度大的聚乙烯醇缩甲醛纤维，商品名维纶。其他还可用于纺织浆料、涂料、分散剂等。

聚酯纤维接枝丙烯酰胺

一、实验目的

（1）了解大分子链接枝反应的原理。

（2）掌握制备亲水性聚酯纤维的实验方法。

二、实验原理

所谓大分子接枝反应，就是在聚合体主链上，以化学或物理的方法，形成接枝反应活性点，然后将单体接枝至活性点上，得到带支链的聚合体。这样将两种性质不同的聚合物结合在一起所形成的产物称为接枝共聚物，其一般的命名方式为：主链聚合物-g-接枝单体，如：聚对苯二甲酸乙二醇酯（PET）纤维接枝丙烯酰胺（AAm）可以写作 PET-g-AAm 纤维。聚合物的接枝改性已成为扩大其应用领域、改善其性能的一种简单又行之有效的方法。PET 纤维是一种性能优良的合成纤维，但 PET 纤维分子结构上缺乏亲水性基团，因此其吸湿性差，影响了穿着的舒适性。AAm 是一种亲水性单体，通过引发剂引发，可以在 PET 分子链上产生活性点，从而通过自由基机理，将 AAm 接枝到 PET 大分子链上，得到目标聚合物，其接枝反应示意图如图 1-13-1 所示。

图 1-13-1　丙烯酰胺接枝聚酯

三、试剂和仪器

1. 主要试剂

PET 纤维，AAm（CP），丙酮（CP），过氧化二苯甲酰（BPO，CP），二甲基亚砜（DMSO，AR），氯仿（AR），甲醇（AR），苯（AR），高纯氮气，去离子水。

2. 主要仪器

三口烧瓶，索氏萃取器，烧杯，回流冷凝管，电子天平，量筒，真空烘箱。

四、实验步骤

（1）将 PET 纤维放在沸水中煮 6h，再经反复清洗后晾干待用。

（2）将 AAm 溶于丙酮中，经重结晶提纯后待用。

（3）将 BPO 溶于体积比为 1∶4 的氯仿和甲醇混合液中，冷却结晶后，干燥待用。

（4）将上述 PET 纤维放入盛有 DMSO 的三口烧瓶中，140℃溶胀 2h 后，取出并用滤纸吸干纤维表面的溶剂。

（5）将 0.1g 的 BPO 溶于 5mL 苯中，与 10g 溶胀后的 PET 纤维一起加入三口烧瓶中，在 75℃水浴中加热 15min；将 2g 提纯后的 AAm 溶于 45mL 去离子水中，加入上述烧瓶中反应一定时间（见表 1-13-1），保持反应温度 75℃，充入氮气并搅拌。反应结束时，将从烧瓶中取出的纤维在去离子水中煮沸 4h，并每隔 30min 换一次水，然后将水洗后的纤维放入索氏萃取器中用去离子水萃取，最后置于真空烘箱中（120℃）烘至恒重，得到干燥的 PET-g-AAm 纤维。

（6）相关参数测定。

① 接枝率　通过下式计算 PET-g-AAm 纤维接枝率 G（%）：

$$G = \frac{M_g - M_0}{M_0} \times 100\%$$

(1-13-1)

式中，M_0 与 M_g 分别为接枝前后干燥至恒重的 PET 纤维质量，g。

② 接枝效率　接枝效率 E_g（%）按下式计算：

$$E_g = \frac{G}{G_a} \times 100\%$$

(1-13-2)

式中，G 为 PET-g-AAm 纤维的接枝率，%；G_a 为所添加的 AAm 占接枝前纤维质量分数，%。

③ 亲水性　纤维亲水性用回潮率 R 表示，可以按下式计算得到：

$$R = \frac{W - W_0}{W_0} \times 100\%$$

(1-13-3)

式中，W_0 为干燥至恒重的 PET-g-AAm 纤维质量，g；W 为 20℃、65%恒温恒湿下放置 12h 后的 PET-g-AAm 纤维质量，g。

五、实验记录与数据处理

将实验计算得到的数据填入表 1-13-1 中。

表 1-13-1　不同反应时间下的实验结果

反应时间/h	0	0.5	1	3	4
接枝率/%					
接枝效率/%					
回潮率/%					

六、注意事项

（1）保持纤维处于松散状态，以免纤维处理和接枝反应时出现不均匀。

（2）BPO 可能会部分分解，因此在聚合前要先进行精制，精制后得到的晶体室温下真空干燥，避光保存。

七、思考题

（1）PET 纤维接枝前在沸水中长时间煮的目的是什么？

（2）接枝率和接枝效率的区别是什么？

（3）如何测定接枝链分子量及其分子量分布？

拓展知识

聚合物接枝改性

　　聚合物改性的方法很多，有共混改性、填充改性、接枝及嵌段共聚改性等。与传统的合成新型聚合物相比，对已有的聚合物进行改性来获取具有优良新性能的聚合物，工艺简单，可操作性强，生产周期短，生产成本低。化学接枝改性既保留了母体材料的优异性能，同时接枝侧链又赋予材料新的性能，因此广受青睐。接枝产物的性能与接枝单体的性质密切相关，接枝单体一般是选择含有乙烯基的有机化合物，它具有在工艺操作条件下不易分解、挥发性低、对环境和人体危害小等特点。接枝物的性能在很大程度上与接枝率有关，研究接枝方法、接枝率大小对接枝产物结构和性能的影响，对于改进配方、指导实际生产具有重要意义。聚合物通过接枝改性，可用作黏合剂、相容剂，改善聚合物与其他极性材料的相容性等，进一步拓宽其应用领域。

　　按物料状态接枝改性的方法有：溶液接枝法、固相接枝法、熔融接枝法、悬浮接枝法；按引发的方式有：引发剂引发、辐射引发、等离子体技术引发、超声波引发等。

实验十四 二步法聚酰亚胺的制备

一、实验目的

(1) 掌握聚酰胺酸的合成及其分子量控制方法。

(2) 掌握聚酰胺酸转化成聚酰亚胺的方法。

二、实验原理

聚酰亚胺 (PI) 是综合性能优良的高分子材料之一,具有卓越的机械、绝缘、耐辐射、耐腐蚀、耐高温、耐低温等性能,不论是作为结构材料还是作为功能材料,均有广阔的应用前景。PI 可以通过二胺和二酐在高沸点溶剂中同时进行加热缩聚、脱水环化一步获得,该方法较简单且反应温和,但由于受溶解性能的限制,合成 PI 的种类有限,且溶剂通常为毒性较大的高沸点溶剂 (如苯酚类),去溶剂较困难,对环境污染比较严重,制备的 PI 树脂或制品容易残留有毒溶剂。所以现在大多采用二步法制备 PI,先由二酐和二胺获得前驱体聚酰胺酸 (PAA),再通过热亚胺化或化学亚胺化,使分子内脱水闭环生成 PI。亚胺化反应使聚合物的性质从 PAA 到 PI 发生了根本性的变化,热亚胺化是通过高温使 PAA 的酰胺和处于邻位的羧基发生脱水环化反应,形成具有亚胺结构的 PI,热亚胺化中 PAA 转变为 PI 可以达到 92%~99%,这被认为是通过热亚胺化达到的最大值。化学环化则是 PAA 在酸酐和叔胺混合物等脱水环化试剂的作用下发生的酰亚胺化过程,使 PAA 部分转化为 PI。本实验将一步法和二步法相结合,先由二酐和二胺形成 PAA,然后形成稳定的聚酰胺酸-聚酰胺酸盐 (PAA-PAAS),再经化学亚胺化得到部分亚胺化的 PAAS,即 PI-PAAS,最后经热亚胺化得到 PI,如图 1-14-1 所示。

PAA

三乙胺→

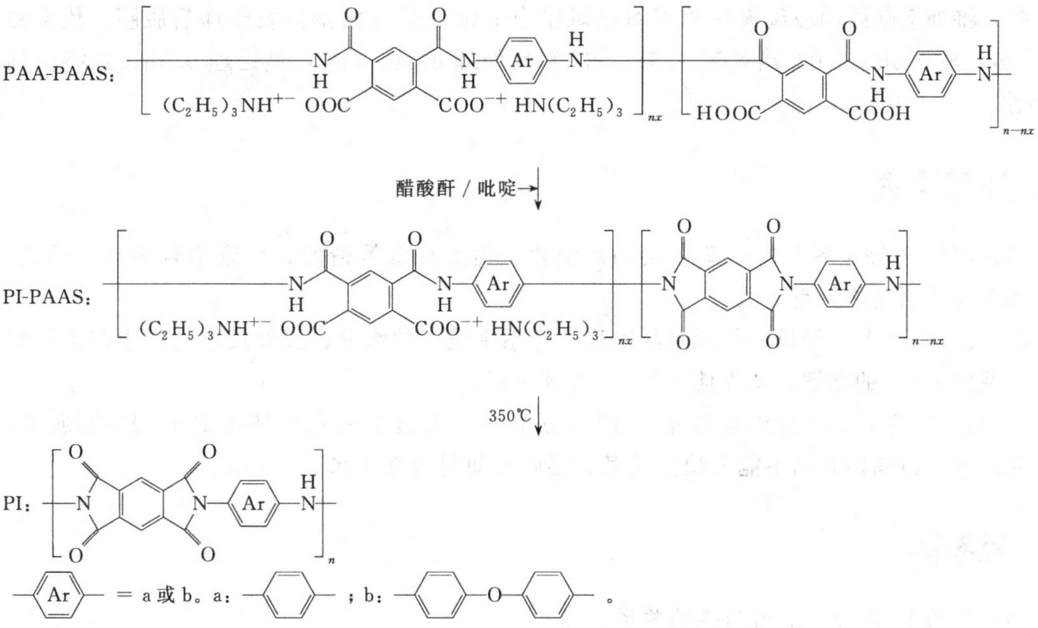

图 1-14-1　聚酰亚胺制备路线

三、试剂和仪器

1. 主要试剂

均苯四甲酸酐（PMDA，CP），4,4′-二氨基二苯醚（ODA，CP），对苯二胺（PDA，CP），N,N-二乙基甲酰胺（DMAc，AR），三乙胺（TEA，CP），醋酸酐（Ac₂O，CP），吡啶（Py，AR），高纯氮气。

2. 主要仪器

三口烧瓶，成膜玻璃板，搅拌器，高温鼓风干燥箱，真空干燥箱，水浴锅，电子天平。

四、实验步骤

（1）在 250mL 三口烧瓶中加入 3.2g ODA 和 0.44g PDA（ODA：PDA 的摩尔比为 8：2）并溶解于 50mL DMAc 中，在氮气保护下快速搅拌，烧瓶置于（0±1）℃冰水浴中。

（2）PMDA 提前烘干（120℃真空干燥）至白亮结晶，待烧瓶中 ODA 和 PDA 完全溶解后，分三次向烧瓶中加入 4.44g PMDA（PDA：ODA：PMDA 的摩尔比 2：8：10），每次间隔 0.5h，全部加完后继续反应 3h 得到淡黄色且均一的 PAA 溶液。

（3）在氮气保护下向上述合成的 PAA 溶液中加入 4.04g TEA（TEA：PAA 重复单元的摩尔比为 2：1），在搅拌下反应 3h 后得到 PAA-PAAS 溶液。

（4）将 1.63g Ac₂O 与 1.27g Py（Py：Ac₂O 摩尔比 1：1）溶于约 20mL DMAc 中，然后加入上述 PAA-PAAS 溶液中，反应 4h 后得到棕色黏稠状的 PI-PAAS 溶液。

（5）将 PI-PAAS 溶液倒在 20cm×30cm 的光滑平整的玻璃板上，刮平，得到厚度 5～20μm 的薄膜。

（6）将铺上薄膜的玻璃板在 60℃真空烘箱中干燥 1h，待溶剂挥发干净后脱膜，依次在 100℃热处理 0.5h、200℃热处理 0.5h，300℃热处理 0.5h，350℃热处理 0.5h，最终得到 PI 薄膜。

五、注意事项

（1）PMDA 等原料存放时间长会引起吸水、纯度降低等情况，导致聚合困难，因此，最好用新鲜的原料并真空干燥。

（2）保持 PAA 共聚反应体系高纯净度。体系中残留的水分，以及反应过程中产生的水分，会造成 PAA 的水解，从而使 PAA 的黏度下降。

（3）在 PAA-PAAS 亚胺化脱水成 PI 的过程中，大量溶剂和水是在 100～150℃脱除，所以在此温度范围内升温不能太快，让其有足够时间脱溶剂和水。

六、思考题

（1）分析 PI 优异性能与结构的关系。

（2）分析 PAA 合成中影响黏度提高的因素。

拓展知识

聚酰亚胺

聚酰亚胺（PI）是指主链上含有酰亚胺环的一类聚合物。1955 年美国杜邦公司申请了世界上第一个有关 PI 在材料应用方面的专利，但真正作为一种材料而且实现商品化则是在 20 世纪 60 年代，1961 年开发出聚均苯四甲酰亚胺薄膜（Kapton），后来又开发出聚均苯四甲酰亚胺塑料（Vespel），之后与 PI 相关的黏合剂、涂料、泡沫和纤维材料相继被报道，从此 PI 材料得到了迅速的发展。因其在性能和合成方面的突出特点，不论是作为结构材料或作为功能性材料，都有非常好的应用前景，研究人员认为它是 21 世纪最有希望的工程塑料之一。PI 具有优异的机械性能、化学稳定性、耐极低温性能、防辐射性能以及高弹性模量，其产品有薄膜、纤维、涂料、黏合剂、工程塑料等。PI 薄膜是其最早的商品之一，用于电机的槽绝缘及电缆绕包材料，透明的 PI 薄膜可作为柔软的太阳能电池底板。PI 纤维是弹性模量仅次于碳纤维，在国内已成功产业化，可以用作高温介质及放射性物质的过滤材料和防弹、防火织物。

实验十五 界面缩聚法制备尼龙610

一、实验目的

（1）了解界面缩聚的原理和特点。

（2）掌握界面缩聚法制备尼龙610的实验方法。

二、实验原理

界面缩聚（interfacial polycondensation）是缩聚反应特有的一种聚合方法，将两种单体分别溶解于互不相溶的两种溶剂中，然后将两种溶液混合，缩聚反应在两种溶液界面上进行（图1-15-1），通常在有机相一侧进行，得到的聚合产物通常不溶于溶剂。界面缩聚可使许多在高温下不稳定因而不能采用熔融缩聚方法的单体顺利地进行缩聚反应，由此扩大了缩聚单体的范围。这种方法在实验室和工业上都有应用，聚酰胺、聚芳酯、聚碳酸酯、聚亚胺酯等的制备均可采用界面缩聚法来进行。例如，利用界面缩聚方法进行工业生产的聚碳酸酯，它是在搅拌下将光气通入惰性溶剂与双酚A的氢氧化钠水溶液中进行反应得到的。

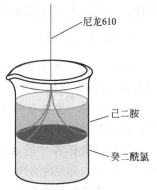

图1-15-1 尼龙610界面缩聚示意图

在缩聚反应过程中，为使聚合反应不断进行，要及时将生成的聚合物移走，同时为了提高反应效率，可以通过搅拌提高界面总面积，反应过程若有酸性物质生成，需在体系中加入适量的碱中和，有机溶剂应仅能溶解低分子量的聚合物，而使高分子量的聚合物沉淀。界面缩聚具有以下特点：

（1）界面缩聚是一种非均相缩聚反应，反应速率受单体扩散速率控制；

（2）和普通缩聚相比，对单体纯度和配比要求低，反应只取决于界面处反应物的浓度；

（3）单体具有高的反应活性，通常为不可逆反应，聚合物在界面迅速生成，其分子量与总的反应程度无关；

（4）反应可在较低温度下进行，一般在0～50℃，可避免因高温而导致的副反应。

本实验中，选用癸二酰氯和己二胺为单体，通过界面缩聚反应制备尼龙610，反应式如下：

$$n\text{ClC(CH}_2)_8\text{CCl} + n\text{NH}_2\text{(CH}_2)_6\text{NH}_2 \longrightarrow \text{[NH(CH}_2)_6\text{NH—C(CH}_2)_8\text{C]}_n + 2n\text{HCl}$$

三、试剂和仪器

1. 主要试剂

癸二酸（AR），二氯亚砜（AR），二甲基甲酰胺（AR），己二胺（AR），四氯化碳（AR），氢氧化钠（AR），盐酸（AR），去离子水。

2. 主要仪器

圆底烧瓶，回流冷凝管，氯化钙干燥管，水浴锅，油浴锅，减压蒸馏装置，氯化氢吸收装置，量筒，烧杯，玻璃棒，电子天平，真空烘箱。

四、实验步骤

1. 癸二酰氯的制备

在回流冷凝管上方装氯化钙干燥管，然后接氯化氢吸收装置，最后装在圆底烧瓶上。在圆底烧瓶内加入癸二酸 10g 和二氯亚砜 20mL，并加入两滴二甲基甲酰胺作为催化剂，在水浴锅中加热回流反应 2h 左右，直到没有氯化氢放出。然后将回流装置改为蒸馏装置，常压下蒸馏出未反应的二氯亚砜。再将水浴改换成油浴（60～80℃），真空减压蒸馏至无二氯亚砜析出。继续进行减压蒸馏，将癸二酰氯完全蒸出（常压下沸点 160～168℃）。

2. 尼龙 610 的制备

（1）在烧杯 A 中加入 100mL 去离子水、4.4g（0.038mol）己二胺和 3g 氢氧化钠，搅拌使固体溶解，配成水相。

（2）在另一烧杯 B 中加入精制过的四氯化碳 100mL 和 3g（0.014mol）合成好的癸二酰氯，摇荡使其溶解配成有机相。

（3）将烧杯 A 中的水溶液沿玻璃棒缓慢倒入烧杯 B 中，可观察到在界面处形成一层半透明的薄膜，即尼龙 610。

（4）将产物用玻璃棒小心拉出，缠绕在玻璃棒上，转动玻璃棒，将持续生成的聚合物不断拉出。

（5）反应结束后，将所得聚合物放入盛有 200mL 的 2% 盐酸溶液中浸泡，然后用去离子水洗涤至中性，压干，于 80℃真空干燥，计算产率。

五、注意事项

反应过程中需要用到的四氯化碳、癸二酰氯、己二胺等化学试剂均具有一定的毒性，而且挥发性较大。在进行称量、转移等操作时，一定要在通风橱中进行。避免因吸入这些试剂而引起急性中毒，注意防护。

六、思考题

（1）比较熔融缩聚和界面缩聚的差别？
（2）为什么在水相中要加入氢氧化钠？聚合产物为什么要在盐酸溶液中浸泡？

（3）在反应过程中，如果停止拉出聚合物，缩聚反应将发生何种变化？如果停止几个小时后再将聚合物拉出，反应还会继续进行吗？

（4）如何测定聚合反应的反应程度和分子量大小？

拓展知识

尼龙

　　尼龙（Nylon）是聚酰胺的一种别称，是美国 DuPont 公司最先开发用于纤维的树脂，于 1939 年实现工业化。聚酰胺的英文名称 polyamide（简称 PA），是分子主链上含有重复酰胺基团—NHCO—的热塑性树脂总称，包括脂肪族尼龙、脂肪芳香族尼龙和芳香族尼龙等。其中，脂肪族尼龙品种多，产量大，应用广泛。根据所用的二元胺和二元酸的碳原子数不同，可得到不同的尼龙产品，一般在尼龙后加数字来进行区别。前一数字是二元胺的碳原子数，后一数字是二元酸的碳原子数。如果只有一个数字意味着是通过 ω-氨基酸或内酰胺开环聚合而得的产品。尼龙中的主要品种尼龙 6 和尼龙 66 占绝对主导地位，其他常用的品种还有尼龙 11、尼龙 12、尼龙 610、尼龙 612、尼龙 1010、尼龙 7、尼龙 9、尼龙 MXD6，以及生物质来源的尼龙 56 等。

　　尼龙 610 是一种热塑型工程塑料，具有较高的强度和良好的冲击韧性，刚性很大，耐磨，耐油以及自润滑性，熔点 210～220℃。广泛用于各种机械和电器零件、高压耐油密封圈、耐磨件及传动件等，如齿轮、润滑轴承、储油容器、输油管等。

实验十六　酚醛树脂的制备

一、实验目的

（1）了解反应物的配比和反应条件对酚醛树脂结构的影响。

（2）掌握酸性和碱性酚醛树脂的制备方法。

（3）掌握不同预聚体的交联方法。

二、实验原理

酚醛树脂是最早实现工业化生产的树脂，由酚和醛在酸或碱催化作用下缩聚得到，通常指的是苯酚和甲醛缩合聚合得到的树脂。不同反应条件下得到的酚醛树脂的结构不同，交联固化的条件也有所差异。强碱催化条件下得到的聚合产物为甲阶酚醛树脂（resoles），反应时甲醛过量，其与苯酚摩尔比为（1.2～3.0）∶1，甲醛用 36%～50% 的水溶液，催化剂为 1%～5% 的 NaOH、Ca(OH)$_2$ 或 Ba(OH)$_2$，在 80～95℃ 加热反应 3h，就得到了预聚物，中和使之呈微酸性，聚合暂停，然后真空脱水冷却后得到甲阶酚醛树脂。预聚物为固体或液体，分子量一般为 500～5000，其水溶性与分子量和组成有关。酚醛树脂在成型阶段受热，继续反应，发生交联固化。交联反应常在 180℃ 进行，在两个苯环间形成亚甲基和二苄基醚键，升高反应温度会有利于亚甲基桥的形成。其交联结构如图 1-16-1 所示。

图 1-16-1　碱性酚醛树脂的交联结构

酸催化作用下，过量苯酚和甲醛进行缩聚反应，可得到线型酚醛树脂（novolac）。甲醛和苯酚的摩尔比一般为（0.75～0.8）∶1。催化剂可以是草酸、盐酸、硫酸和对甲苯磺酸等。催化剂的用量为每 100 份苯酚加 1～2 份草酸或不足 1 份的硫酸。加热回流 2～4h，聚合反应即可完成。由于加入甲醛的量少，只能生成低分子量线型聚合物，反应方程式如下：

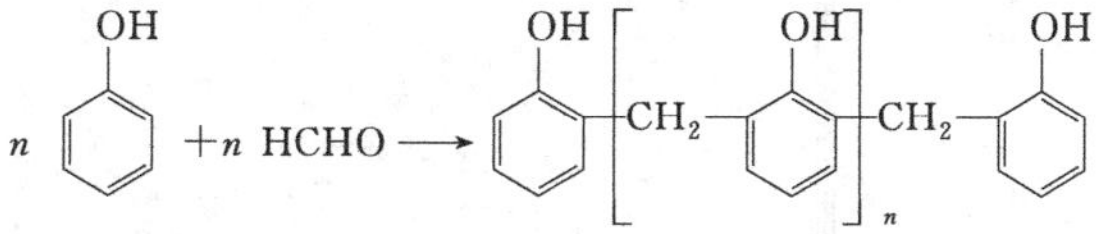

从反应式可看出预聚物中含有可反应的羟甲基极少，需要加入交联剂，如 5％～15％的六亚甲基四胺，混合均匀后，加热交联，亚甲基和苄胺桥连呈网状结构，结构式如图 1-16-2 所示。

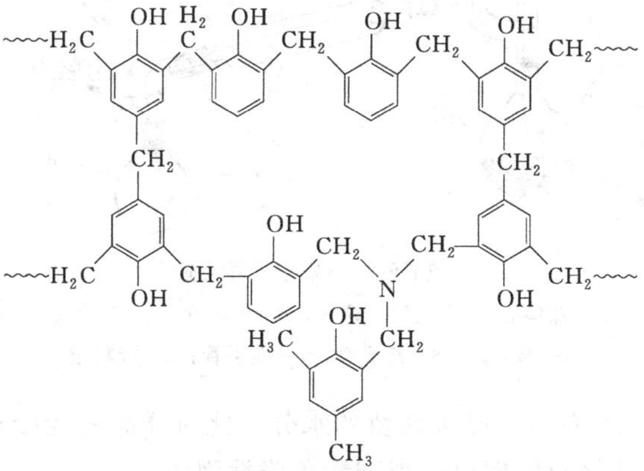

图 1-16-2　酚醛树脂交联结构

线型酚醛树脂可作为合成改性环氧树脂的原料，与环氧氯丙烷反应获得酚醛多环氧树脂，也可以作为环氧树脂的交联剂。酚醛树脂塑料具有高强度和尺寸稳定性、抗冲击、抗蠕变、耐湿气和耐腐蚀以及电绝缘性能良好等优点，在各个领域得到广泛应用。

三、试剂和仪器

1. 主要试剂

苯酚（AR），37％甲醛水溶液，25％氨水（AR），无水乙醇（AR），二水合草酸（AR），六亚甲基四胺（AR），去离子水。

2. 主要仪器

三口烧瓶，回流冷凝管，温度计，电动搅拌器，减压蒸馏装置（图 1-16-3），量筒，烧杯，电子天平，水浴锅，玛瑙研钵套装。

四、实验步骤

1. 线型酚醛树脂的制备

（1）向装有电动搅拌器、回流冷凝管和温度计的三口烧瓶中加入 40g 苯酚（0.414mol）、28g 37％甲醛水溶液（0.339mol）、5mL 去离子水（如果使用的甲醛溶液浓度偏低，可按比例减少水的加入量）和 0.6g 二水合草酸，水浴加热并开动搅拌，反应混合物回流 1.5h，加入 90mL 去离子水，搅拌均匀后，冷却至室温，分离出水层。

（2）实验装置改为减压蒸馏装置，剩余部分逐步升温至 150℃，同时减压至真空度为

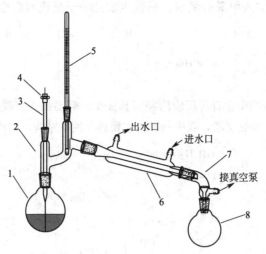

图 1-16-3　减压蒸馏装置

1—蒸馏瓶；2—克氏蒸馏头；3—毛细管；4—螺旋夹；
5—温度计；6—冷凝管；7—接引管；8—接收瓶

66.7～133.3kPa，保持 1h 左右，除去残留的水分，此时样品一经冷却即成固体。在产物保持可流动状态下，将其从烧瓶中倒出，得到无色脆性固体。

2. 线型酚醛树脂的固化

取 10g 线型酚醛树脂，加入六亚甲基四胺 0.5g，在研钵中研磨混合均匀。将粉末放入小烧杯中，小心加热使其熔融，观察混合物的流动性变化。

3. 碱性酚醛树脂的制备

在三口烧瓶中投入 100g 苯酚、112g 甲醛水溶液以及 5.5g 氨水，开动搅拌，加热升温至 70℃，此时反应体系开始放热，当温度升至 78℃时，控制温度上升速度，使其保持在 85～95℃。保温 1h 后，每隔 10min 取样测定凝胶化时间，当其值达到 90s/160℃时，终止反应，将反应装置接真空系统，减压脱水至透明，测定凝胶化时间达到 7s/160℃时，立即加入 55g 乙醇稀释溶解，然后出料。

五、注意事项

（1）酸性酚醛树脂减压蒸馏时，除了水还有未反应的苯酚等随之蒸出，注意该操作需在通风橱内进行。蒸馏后剩余物料要趁热及时从烧瓶中取出，冷却后得到脆性固体产物。

（2）碱性酚醛树脂的制备过程中，反应一旦开始会出现放热现象，因此要控制温度上升速度，不要过快。脱水过程中易出现凝胶现象，需要谨慎控制。

六、思考题

（1）环氧树脂能否作为线型酚醛树脂的交联剂，为什么？

（2）线型酚醛树脂和甲阶酚醛树脂在结构上有什么差异？

（3）酸性酚醛树脂制备反应结束后，加入 90mL 去离子水的目的是什么？

拓展知识

酚醛树脂

　　酚醛树脂，又称电木，是世界上第一个人工合成树脂。由于树脂中残留酚类导致原本为黄色透明的树脂呈现微红色。1872 年，德国人拜耳（A. von Bayer）发现苯酚与甲醛在酸催化下能生成酚醛树脂，1883 年发现在碱催化下也可得到酚醛树脂。1907 年美籍比利时人贝克兰（L. H. Baekeland）获得热压工艺专利，首次制出酚醛树脂制品，推动了酚醛树脂的应用。酚醛树脂用途广泛，主要用于电气绝缘制件，还可用于胶合板、纤维板和层压制品等。例如，酚醛树脂的耐热性和黏着性可用于刹车片、变速箱用离合器面片等摩擦材料；其快速固化、高强度、低膨胀等优点可用于型壳材料的制造；其耐高温、耐化学腐蚀、难燃、自熄、高温分解时无有毒气体等优点可用于制备新型环保绿色泡沫树脂保温材料。近年来，酚醛树脂具有的高残碳率的性质使其在耐高温烧蚀材料、碳纤维原料等方面得到应用。

第二篇

高分子物理实验

实验一 黏度法测定聚合物分子量

一、实验目的

(1) 掌握黏度法测定聚合物分子量的基本原理。

(2) 掌握用乌氏黏度计测定聚合物特性黏度的方法。

二、实验原理

分子量是用来表征聚合物分子大小的一个重要指标。对于可溶性聚合物而言,相同浓度条件下溶液的黏度值与平均分子量有关,利用这一点可以通过测定聚合物的黏度计算其平均分子量。聚合物稀溶液的黏度 (η) 是其在流动时摩擦力大小的反映,这种流动过程中摩擦力主要为以下三种:溶剂之间的内摩擦,聚合物分子与溶剂分子之间的内摩擦,以及聚合物分子之间的内摩擦,这三种内摩擦的共同作用便体现为聚合物溶液的 η,但是对于纯溶剂而言仅有其自身的内摩擦,因此,在相同温度下其黏度 (η_0) 应小于 η。将溶液相对于溶剂黏度增加的比例,称为增比黏度,记作 η_{sp},则 η_{sp} 可以表示为:

$$\eta_{sp} = \frac{\eta - \eta_0}{\eta_0} = \eta_r - 1 \tag{2-1-1}$$

式中,η_r 为相对黏度,即聚合物溶液黏度与纯溶剂黏度的比值。一般来说,聚合物的 η_{sp} 会随着溶液浓度的增大而增大。因此,将单位浓度的增比黏度定义为比浓黏度 (η_{sp}/C),表示浓度为 C 的情况下,单位浓度的增加对增比黏度的贡献。对 η_r 取自然对数,则得到比浓对数黏度 ($\ln\eta_r/C$),表示在浓度为 C 的情况下,单位浓度增加对溶液相对黏度自然对数值的贡献。当聚合物溶液被无限稀释之后,高分子溶液的浓度趋近于 0,分子间有足够远的距离,则聚合物分子间的内摩擦作用可以忽略不计,此时的 η_{sp}/C 和 $\ln\eta_r/C$ 均趋近于一个极限值,这个值便称为特性黏度 ($[\eta]$),表示高分子溶液浓度 $C \to 0$ 时,单位浓度的增加对溶液增比黏度或相对黏度对数的贡献,其数值已不再随溶液的浓度而变化。$[\eta]$ 的单位是浓度单位的倒数,为 dL/g 或者 mL/g。

聚合物溶液的黏度不仅与其分子量有关,同时对浓度也有很大的依赖性。聚合物溶液的比浓黏度和比浓对数黏度与浓度的关系分别符合 Huggins 和 Kramer 发现的经验关系式:

$$\frac{\eta_{sp}}{C} = [\eta] + \kappa [\eta]^2 C \tag{2-1-2}$$

$$\frac{\ln\eta_r}{C} = [\eta] - \beta [\eta]^2 C \tag{2-1-3}$$

式中,κ 和 β 都是常数。实验证明,当聚合物、溶剂和温度确定之后,$[\eta]$ 的数值只与聚合物的平均分子量有关，它们之间可用 Mark-Houwink 方程来表示：

$$[\eta]=KM_\eta^\alpha \tag{2-1-4}$$

式中，M_η 为聚合物的黏均分子量；K 为比例常数；α 是与分子形状有关的经验参数。它们的值与聚合物-溶剂体系及温度有关；K 值受温度影响明显，而 α 值主要取决于高分子在某温度下、某溶剂中舒展的程度，表 2-1-1 列出了部分聚合物-溶剂体系的 K 和 α 值。因此可以通过测定聚合物溶液的 $[\eta]$ 来求取分子量。

表 2-1-1　部分聚合物溶剂体系的 *K* 和 *α* 值

聚合物名称	溶剂	温度/℃	$K\times10^2$	α	分子量范围$\times10^{-3}$	测定方法
高压聚乙烯	十氢萘	70	3.873	0.738	2～35	O
	对二甲苯	105	1.76	0.83	11.2～180	O
低压聚乙烯	α-氯萘	125	4.3	0.67	48～950	L
	十氢萘	135	6.77	0.67	30～1000	L
聚丙烯	十氢萘	135	1.00	0.80	100～1100	L
	四氢萘	135	0.80	0.80	40～650	O
聚异丁烯	环己烷	30	2.76	0.69	37.8～700	O
聚丁二烯	甲苯	30	3.05	0.725	53～490	O
聚苯乙烯	苯	20	1.23	0.72	1.2～540	L，S，D
聚氯乙烯	环己酮	25	0.204	0.56	19～150	O
聚甲基丙烯酸甲酯	丙酮	20	0.55	0.73	40～8000	S，D
聚丙烯腈	二甲基甲酰胺	25	3.92	0.75	28～1000	O
尼龙 66	甲酸(90%)	25	11	0.72	6.5～26	E
聚二甲基硅氧烷	苯	20	2.00	0.78	33.9～114	L
聚甲醛	二甲基甲酰胺	150	4.4	0.66	89～285	L
聚碳酸酯	四氢呋喃	20	3.99	0.7	8～270	S，D
天然橡胶	甲苯	25	5.02	0.67		
丁苯橡胶(50℃聚合)	甲苯	30	1.65	0.78	26～1740	O
聚对苯二甲酸乙二醇酯	苯酚-四氯乙烷(质量比 1∶1)	25	2.1	0.82	3～25	E
双酚 A 型聚砜	氯仿	25	2.4	0.72	20～100	L

注：E—端基分析；O—渗透压；L—光散射；S，D—超速离心沉降和扩散。

聚合物稀溶液在毛细管黏度计中因受到重力作用而流动，假设液体流动时没有湍流发生，即重力全部被用于克服液体对流动的黏滞阻力，则可将 Newton 黏性流动定律用于高分子稀溶液在毛细管中的流动，得到 Poiseuille 方程：

$$\eta=\frac{\pi PR^4}{8LV}\times t=\frac{\pi hg\rho R^4}{8LV}\times t \tag{2-1-5}$$

式中，P 为毛细管两边的压力差；h 为毛细管液柱的平均高度；V 为在时间 t 内流出液体的体积；t 为液体流出的时间；R 为黏度计毛细管的直径；L 为毛细管的长度；ρ 为被测液体的密度。而实际上促使液体流动的力除了克服液体间的摩擦力外，液体还获得了动能，在计算中这部分能量消耗必须进行修正，校正后的方程如下：

$$\eta=\frac{\pi hg\rho R^4}{8LV}\times t-m\,\frac{\rho V}{8L\pi}\times\frac{1}{t} \tag{2-1-6}$$

式中，m 为黏度计的仪器常数，视毛细管两端液体流动的情况而定。令 $A=\dfrac{\pi hgR^4}{8LV}$，

$B = m \dfrac{V}{8L\pi}$，由于每只黏度计都有确定的数值，因此 A 和 B 都是与黏度有关的常数，将 A 和 B 代入式（2-1-6）后得到：

$$\frac{\eta}{\rho} = At - \frac{B}{t} \tag{2-1-7}$$

式中，$\dfrac{\eta}{\rho}$ 是液体的比密黏度，又称为运动黏度。根据式（2-1-7）可以进一步得到 η_r：

$$\eta_r = \frac{\rho}{\rho_0} \times \frac{At - \dfrac{B}{t}}{At_0 - \dfrac{B}{t_0}} \tag{2-1-8}$$

式中，ρ_0、t_0 分别表示纯溶剂的密度和流出时间。当毛细管太粗，溶剂流出时间小于 100s，或者溶剂的 $\dfrac{\eta}{\rho}$ 太高，必须考虑动能修正项。因为所测高分子溶液的浓度通常很小（$C < 0.01\text{g/mL}$），溶液的密度与溶剂的密度近似相等（$\rho \approx \rho_0$），所以可以简化为：

$$\eta_r = \frac{t}{t_0} \tag{2-1-9}$$

因此，只要在一定温度下测定纯溶剂和一系列不同浓度的聚合物稀溶液流经乌氏黏度计 a、b 刻度线的时间，就可以算出各浓度下聚合物溶液的 η_r 和 η_{sp}，以 η_{sp}/C 和 $\ln\eta_r/C$ 为同一纵坐标，对浓度 C 作图，得到两条直线，分别外推到浓度为 0 处，两条直线应该在 y 轴交汇于一点 [如图 2-1-1(a) 所示]，y 轴的截距即为 $[\eta]$，再根据 Mark-Houwink 方程计算出 $\overline{M}_\eta$。图 2-1-1(b) 和图 2-1-1(c) 为两种浓度配置异常时的外推曲线。

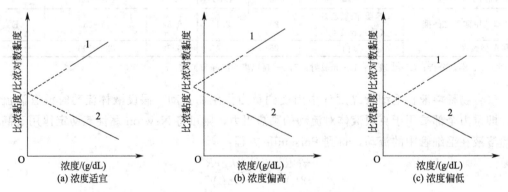

图 2-1-1　不同浓度时外推法求取特性黏度 $[\eta]$

1—比浓黏度；2—比浓对数黏度

在实际操作中，对于一般的线型柔性聚合物-良溶剂体系，为了简化实验操作，可以在一个浓度下测定 η_r 或 η_{sp}，直接求出 $[\eta]$，而不需要做浓度外推，称为"一点法"，其 $[\eta]$ 的计算方法如下：

$$[\eta] = \frac{\sqrt{2(\eta_{sp} - \ln\eta_r)}}{C} \tag{2-1-10}$$

三、试剂和仪器

1. 主要试剂

聚对苯二甲酸乙二醇酯（PET）切片（工业级），苯酚（AR），1,1,2,2-四氯乙烷（AR）。

2. 主要仪器

乌氏黏度计，恒温水浴装置，恒温振荡器，分析天平，玻璃仪器气流烘干器，秒表（最小读数精度至少0.2s），容量瓶，砂芯漏斗，乳胶管，洗耳球，夹子（固定黏度计用），弹簧夹（夹乳胶管用），烧杯，移液管。

四、实验步骤

（1）溶剂准备：准确称取苯酚、1,1,2,2-四氯乙烷各100g，置入烧杯中混合，然后放入25℃恒温振荡器中待用。

（2）准确称取0.25g左右PET，全部倒入干燥洁净的50mL容量瓶中，移液管准确移取50mL溶剂，25℃下恒温振荡直至完全溶解，用2号砂芯漏斗过滤后，恒温待用。

（3）将乌氏黏度计（如图2-1-2所示）用夹子固定在恒温水浴中，使其垂直于水面，并使水面浸没B管a线上方的球体。打开电源，开动搅拌器，控制水浴温度恒定在（25±0.1）℃。

（4）用移液管从烧杯中移取10mL苯酚/1,1,2,2-四氯乙烷混合溶剂，从乌氏黏度计的A管管口注入黏度计中，恒温10min。

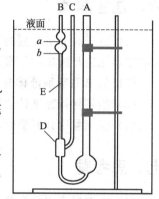

图 2-1-2　乌氏黏度计

（5）用弹簧夹夹住C管上的乳胶管，用洗耳球将A管下部大球中的液体吸入B管上方的球体中，当液面到达a线上方球体中的一半时停止吸液。移开洗耳球后迅速打开C管上的弹簧夹，让空气沿C管进入D球，同时水平注视B管中的液面下降，用秒表准确记录液面流经a、b两条刻度线之间的时间，即为溶剂的流出时间。重复上述操作5次，5次的平行数据应相差不超过0.2s，取其平均值作为t_0值。

（6）从恒温水浴中取出黏度计，将其中的溶剂倒入回收瓶中，用玻璃仪器气流烘干器将黏度计烘干。

（7）将烘干的黏度计重新装入恒温水浴中，用移液管移取10mL已经恒温的溶液，从A管注入黏度计中，用和步骤（5）中同样的方法测定该溶液的流出时间5次，取其平均值作为t。

（8）向A管中继续加入溶剂，将浓度分别稀释至原来的1/2、1/3、1/4和1/5，重复步骤（5），记录溶液稀释至相应浓度后流经毛细管的时间。

（9）全部测定完毕后，将黏度计中的溶液倒入回收瓶中，用溶剂洗3次，然后用玻璃仪器气流烘干器烘干，或倒挂晾干。

（10）关闭恒温水浴装置的电源。

五、实验记录与数据处理

（1）数据记录　将测得数据逐项填入表2-1-2中。

表 2-1-2　实验数据记录

项目	流经时间/s					
	1	2	3	4	5	平均
溶剂						
C						
$1/2C$						
$1/3C$						
$1/4C$						
$1/5C$						

（2）作比浓黏度/比浓对数黏度-浓度曲线，并外推至浓度为 0，求取 $[\eta]$。

（3）分别根据一点法和稀释法计算 PET 的黏均分子量。

六、注意事项

（1）由于高分子溶液的黏度测定中要求浓度准确，因而测定中所用的容量瓶、黏度计等都必须事先进行清洗和干燥。

（2）从 B 管吸取液体时，不可将液体吸入洗耳球或者乳胶管。

（3）始终保持黏度计的毛细管与恒温浴的水面垂直。

（4）使用黏度计时要轻拿轻放，防止折断黏度计的支管。

七、思考题

（1）影响黏度法测定分子量准确性的因素有哪些？

（2）当把溶剂加入黏度计中稀释原有的溶液时，如何才能使其混合均匀？若不均匀会对实验结果有什么影响？

（3）用"一点法"求分子量有什么优越性？假设 κ（Huggins 公式常数）和 β（Kramer 公式常数）符合"一点法"公式的要求，则用 C_0 浓度的溶液测定的数据计算出的黏均分子量为多少？

实验二 旋转黏度计测定聚合物溶液的黏度

一、实验目的

（1）掌握旋转黏度计测定聚合物溶液黏度的原理。
（2）掌握旋转黏度计测定聚合物溶液黏度的操作方法。

二、实验原理

根据液体流动时速度的不同，可以分为层流和湍流。在低速情况下，黏性液体处于层流状态；而当流动速率增加或者遇到障碍物的时候，液体会形成旋涡，流动状态就由层流转变成为湍流。层流可以看作是在一定作用力下有一定速度梯度的薄层流动，而反抗或者阻碍这种流动的薄层之间流动的内摩擦力被称为切黏度。

对于层流而言，相当于相距为 dy 的两薄层流体的流动，如图 2-2-1 所示。坐标系中 x 轴方向表示液体的流动方向，上下两层液体之间的距离为 dy，在纵坐标任一点 y 处受到剪切力为 F 的作用，流体以速度 $v = \dfrac{dx}{dt}$ 沿着 x 轴方向流动，在（$y + dy$）处薄层以速度（$v + dv$）沿 x 轴方向流动，即上层流体比下层流体速度大 dv。由于流体间有内摩擦力影响，使下层流体比紧贴的上一层流体的流速稍慢

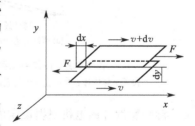

图 2-2-1 切应力和切变速率示意图

一些，至静止处流体的速度为零，其流速变化呈线性，形成速度梯度 $\dfrac{dv}{dy}$。薄层在流动的过程产生了剪切形变（γ），则有 $\gamma = \dfrac{dx}{dy}$，进而将 γ 对时间（t）求导，则可以得到切变速率（$\dot{\gamma}$），将 $\gamma = \dfrac{dx}{dy}$ 代入计算并调整求导次序，则可以得到如下关系式：

$$\dot{\gamma} = \frac{d\gamma}{dt} = \frac{d}{dt}\left(\frac{dx}{dy}\right) = \frac{d}{dy}\left(\frac{dx}{dt}\right) = \frac{dv}{dy} \tag{2-2-1}$$

从而可以发现，切变速率 $\dot{\gamma}$ 即为速度梯度 $\dfrac{dv}{dy}$。

定义垂直于 y 轴的单位面积液层上的作用力为切应力（τ）。当液体流动时，受到的 τ 越大，产生的 $\dot{\gamma}$ 越大。对于流体来说，如果 τ 与 $\dot{\gamma}$ 成正比，则可以得到牛顿流动定律，即如下所示：

$$\tau = \eta \frac{dv}{dy} = \eta \dot{\gamma} \tag{2-2-2}$$

式中，η 为比例常数，不随剪切速率的变化而变化，被称为黏度系数，简称黏度。其值反映了液体分子间由于相互作用而产生的流动阻力即内摩擦力的大小，单位为帕·秒（Pa·s）。根据切应力与剪切速率的关系，可以将流体分为牛顿流体、宾汉流体（包括理想宾汉流体和假塑性宾汉流体）、切力变稀流体和切力增稠流体。

以剪切应力 τ 对剪切速率 $\dot{\gamma}$ 作图，所得图线称为剪切流动曲线，简称流动曲线。由图 2-2-2 所示，剪切应力和黏度不随剪切速率变化的为牛顿流体，流动曲线为经过坐标原点的直线；剪切应力随着剪切速率的增加而增加，而且剪切应力比牛顿流体的增加更为强烈，且黏度随着剪切速率的增大而增大的为假塑性流体，流动曲线为经过坐标原点的曲线；在低剪切速率时为牛顿流体，随着剪切速率增加，黏度降低，但是又没有实际屈服应力的称为切力变稀流体，流动曲线为经过坐标原点的曲线；在流动前需要一个屈服剪切应力值 τ_y，在 τ_y 以上流动行为类似牛顿流体的称为理想宾汉流体，类似非牛顿流体则为假塑性宾汉流体。

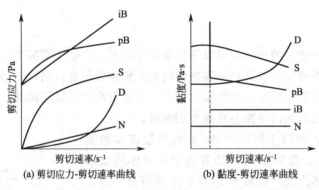

(a) 剪切应力-剪切速率曲线　　　(b) 黏度-剪切速率曲线

图 2-2-2　各种类型流体的剪切应力-剪切速率曲线和黏度-剪切速率曲线

N—牛顿流体；D—切力增稠流体；S—切力变稀流体；iB—理想宾汉流体；pB—假塑性宾汉流体

旋转黏度计的电机根据设定的转速带动转子在聚合物溶液中做旋转运动，由于聚合物溶液的黏滞性，转子受到一个与黏度成正比的扭力，通过测定扭力的大小从而计算出聚合物溶液的黏度。一般旋转黏度计都配有若干转子以及用于低黏适配器的 LCP 转子，如图 2-2-3 所示。在进行黏度测试前，首先应预判黏度的范围，再选择相应的转子，对于水和酒精之类的极稀液体，需要选用 LCP 转子在低黏适配器中进行测试。

三、试剂和仪器

1. 主要试剂

聚乙烯吡咯烷酮（PVP，K-90，CP），无水乙醇（AR），去离子水。

2. 主要仪器

Fungilab Smart 型数字式旋转黏度计，低黏适配器，烧杯，电子天平。

四、实验步骤

（1）配制浓度为 1%、5%、10%、15% 和 20% 的 PVP 水溶液各一份，待用。

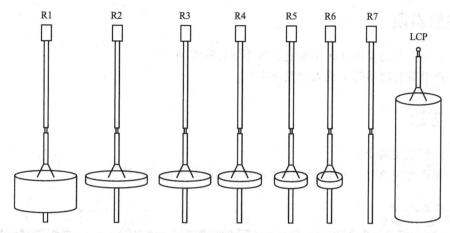

图 2-2-3　旋转黏度计的转子

（2）打开旋转黏度计电源，进入设置状态，初步判断溶液的黏度范围，选择适宜的转子旋入连接螺杆。对于水和酒精类低黏度液体，可直接使用低黏适配器进行黏度测试。

（3）输入选用转子号并输入转速，当屏幕显示为所选用转子号时，即完成输入。

（4）烧杯中注入 100mL PVP 水溶液，旋动升降架旋钮，使黏度计缓慢下降，转子逐渐浸入被测液体中，直至液面没过转子的液面标记处。

（5）按下测量键，适当时间后即可测得当前转子、转速下的黏度值和百分计标度。分别测试不同转速时的黏度值（单位 cP，$100cP=100mP \cdot s=1dyn \cdot s/cm^2$），判断被测样品的性质（牛顿流体还是非牛顿流体），记录每次对应的黏度，每次测量的百分计标度必须在 40%～60%，黏度值才为正常值。每测完一个数据后，用复位键停止，再设置成下一个转速测试。

（6）当测量的百分计标度低于 40% 时，则需要提高转速或者更换低黏度转子，反之，当测量的百分计标度高于 60% 时，则需要降低转速或者更换高黏度转子，重新进行测试，直到测试结果处于百分计标度范围内为止。

五、实验记录与数据处理

（1）记录被测样品在不同浓度下的黏度值，填入表 2-2-1 中。

表 2-2-1　实验数据记录

项目	无水乙醇	去离子水	PVP 水溶液				
			1%	5%	10%	15%	20%
转子							
转速							
黏度/cP							
百分比/%							

注：百分比为每个转子在相应转速实测值与对应转速下标准值的百分数。

（2）调整转速，绘制流动曲线。

六、注意事项

（1）测量开始前要保证转子垂直于被测液体的液面。

（2）严禁旋转时将转子浸入被测液中。

七、思考题

（1）如何选用转子？

（2）能否在湍流状况下用旋转黏度计测试样品的黏度？为什么？

拓展知识

凝胶渗透色谱法

凝胶渗透色谱（gel permeation chromatography，GPC）是 1964 年由 J. C. Moore 首先提出，它是一种体积排除色谱。凝胶具有化学惰性，它可以让被测量的聚合物溶液通过一根内装不同孔径凝胶颗粒的色谱柱，柱中可供分子通行的路径有粒子间的间隙和粒子内的通孔。前者可以让较大的分子通过，后者可以让较小的分子通过，经过一定长度的色谱柱，分子根据分子量被分开，分子量大的在前面（即淋洗时间短），分子量小的在后面（即淋洗时间长）。自试样进柱到被淋洗出来，所接受到的淋出液总体积称为该试样的淋出体积。当仪器和实验条件确定后，溶质（聚合物）的淋出体积与其分子量有关，分子量愈大，其淋出体积愈小。常用的凝胶为交联聚苯乙烯凝胶，洗脱溶剂为四氢呋喃等有机溶剂。GPC 仪由泵系统、（自动）进样系统、凝胶色谱柱、检测系统和数据采集与处理系统等组成。GPC 是快速、自动测定聚合物分子量和分子量分布的一种成熟分离方法。这种分离方法不但应用于科学实验研究，而且可以规模化地用于工业生产。

实验三　液体表面张力测定

一、实验目的

（1）了解表面张力仪的构造和使用方法。

（2）学会用拉脱法测定液体的表面张力系数。

（3）通过实验加深对液体表面现象的认识和理解。

二、实验原理

　　构成液体的分子在表面上与其本体内所受的力不相同，在本体内分子所受的力是对称的、平衡的，而在表面上的分子，仅受本体内分子吸引而无反向的平衡力，换言之，表面的分子受到的是拉入本体内的力，因此液体具有尽量缩小其表面的趋势，所以液滴总是趋于球形，这说明液体表面存在一种张力，这种沿着表面的、收缩液面的力称为表面张力（图2-3-1），又称为单位面积上的自由能（J/m^2），也就是形成或者扩张单位面积的界面所需要的最低能量。由于表面自由能和表面张力在数值上是一致的，因此也常用表面张力表示表面自由能，它对液体表面的物理化学现象起着至关重要的作用，利用它能够说明物质处于液态时所特有的许多现象，如泡沫的形成、润湿和毛细现象等。

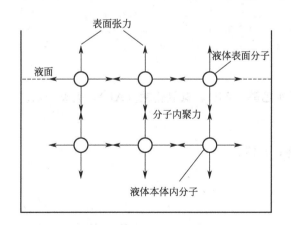

图 2-3-1　表面张力示意图

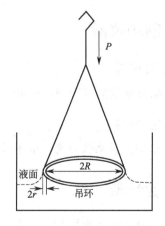

图 2-3-2　白金环法测表面张力

　　拉脱法是测量液体表面张力常用的方法之一，根据测试原理的不同可分为白金环法（图2-3-2）和白金板法（图2-3-3）两种。白金环法是一种传统的测试方法，它是由白金丝做成的周长一定的环，测试时先将白金环浸入两种不相混合液体的界面（或液面）下2～3mm，然后再慢慢将白金环向上提，环与液面会形成一个膜，膜对白金环会有一个向下拉的力，测量整个白金环上提过程中膜对环所作用的最大力值，再换算成真正的界面（表面）张力值。白金环法就是去感测液面被拉脱时的一个最高值，而这个最高值形成于白金环与液体将离而未离时。由于该方法常用于 du Nouy 表面张力仪，因此该方法又叫作 du Nouy 法，并因为该方法操作简便而被广泛使用。

根据白金环法测得的表面张力（γ）如下所示：

$$\gamma = \frac{P}{4\pi R} F \qquad (2\text{-}3\text{-}1)$$

式中，P 为作用于白金环向下的力；R 为白金环的内半径。

式（2-3-1）中的 F 是一个修正值，它的大小取决于白金环的直径与液体的性质，由于向下的力并不一定是垂直的，而且随着白金环拉起来的情况也很复杂，因此，一般通过 Zuidema & Waters 公式计算得到：

$$(F-a)^2 = \frac{4b}{\pi^2} \times \frac{1}{R^2} \times \frac{P}{4\pi R\rho} + C \qquad (2\text{-}3\text{-}2)$$

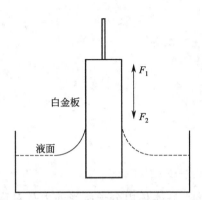

图 2-3-3　白金板法测表面张力示意图

式中，a 为 0.7250；b 为 0.09075s^2/m；C 为 $0.04534 - 1.679r/R$；R 为白金环的内径；ρ 为液体的密度。

白金板法是感测被液体拉入内部的最高值，当感测白金板浸入到被测液体后，由于感测白金板的表面张力远大于液体的表面张力，因此液体能够有效地浸润白金板并且沿着板向上爬，白金板周围会受到表面张力的作用，液体的表面张力会将白金板尽量往下拉。当液体的表面张力和其他相关的力达到平衡时，感测白金板就会停止向液体内部浸入，这时候仪器的平衡感应器就会测量浸入深度，并且转化成液体的表面张力值。

三、试剂和仪器

1. 主要试剂
聚乙烯吡咯烷酮（PVP，K-90，CP），无水乙醇（AR），氢氧化钠（AR），去离子水。

2. 主要仪器
JK99C 型全自动张力仪，电子天平，烧杯，量筒。

四、实验步骤

（1）用电子天平称量 PVP，配制浓度为 1%、2%、5% 和 10% 的 PVP 水溶液，待用。

（2）打开全自动张力仪开关，打开电脑，调出白金环法或者白金板法应用程序。

（3）待设备完成自检后将白金环或者白金板挂在挂钩上，设置白金环外径、中点偏移和密度差（密度差是界面处两种物质的密度之差），或者设置白金板宽度、触发张力和中点偏移。

（4）调节粗调以及细调旋钮，直到重力=±0.0。

（5）在张力仪自带的样品皿中加入待测液体，擦干样品皿外壁，并置于升降台上。

（6）升高升降台，将白金环或白金板轻轻浸入液体内。

（7）对于白金环法，将白金环慢慢往上拉，即液面相对而言下降，使得白金环下面形成一个液柱，并最终与白金环分离，从而得到表面张力并绘制整个表面张力值的变化曲线；对于白金板法，从白金板被浸润开始时记录表面张力值的变化曲线，等待白金板被待测液体浸润完成后，相关的力达到平衡时，即为被测液体的表面张力。

（8）待完成不同浓度的 PVP 水溶液表面张力测定后，换上无水乙醇或去离子水，按照上述步骤测定相应液体的表面张力。

五、实验记录与数据处理

将实验数值填入表 2-3-1 中，根据测试结果，做分析比较。

表 2-3-1　实验数据记录

项目	无水乙醇	去离子水	PVP 水溶液			
			1%	2%	5%	10%
表面张力（白金环法）						
表面张力（白金板法）						

六、注意事项

（1）每次实验前要用氢氧化钠溶液清洗玻璃皿和金属框，然后用去离子水冲洗多次才能使用。实验结束后用吸水纸将表面擦干，以免锈蚀。

（2）测试过程中动作要慢，防止仪器受震动，尤其液膜即将破裂时，更要特别注意。

七、思考题

（1）温度变化对表面张力有何影响？

（2）白金环法和白金板法测量表面张力分别有何优势和不足？

实验四 聚合物熔体流动速率测定

一、实验目的

（1）了解热塑性聚合物熔体流动速率的意义。
（2）掌握测定热塑性聚合物熔体流动速率的方法。
（3）了解热塑性聚合物熔体流动速率与加工性能的关系。

二、实验原理

热塑性聚合物的加工成型通常是在黏流态进行，因此加工温度一般需要高于聚合物的流动温度。但究竟高多少，要由聚合物的流动行为来决定，如果流动性能好，加工温度可略高于流动温度，所需压力也可小一些；如果聚合物流动性差，则加工温度需要适当高一些，施加的压力也需要大一些，以便改善流动性能。

聚合物加工成型中，衡量聚合物流动性能好坏的指标常用熔体流动速率（MFR）来表示。MFR 是指热塑性聚合物在一定的温度和压力下，熔体在 10min 内通过标准毛细管的质量（g/10min）。对于同一类的聚合物，MFR 可以用来比较分子量的大小，一般来说，同类聚合物的分子量越高，黏度越大，熔体流动性越差，MFR 越小；反之，分子量越小，黏度越小，熔体流动性越好，MFR 越大。

MFR 是一个选择聚合物原材料的重要参考依据，能使选用的原材料更好地适应加工工艺要求，使制品在成型的可靠性和质量上有所提高。聚合物成型加工过程中，流动性影响成型工艺，流动性太小，容易造成模腔内填充不紧或充模不满；流动性太大，导致聚合物溢出模具，造成上下模黏合或部件阻塞，影响制品精度。不同加工方法对流动性要求不同，表2-4-1 列举了部分不同加工方法对应的 MFR 值。

表 2-4-1　部分不同加工方法对应的 MFR 值

成型方式	产品	MFR 值/(g/10min)
挤出成型	薄膜	9～15
挤出成型	管材	<0.1
挤出成型	纤维	0.5～1
注射成型	模压	1～2
涂布	涂敷纸	9～15

对于相同结构的聚合物，测定 MFR 时所用的实验条件不同，所得的值也不同。所以，要比较相同结构的聚合物的 MFR，必须在相同的测试条件下进行。相同结构的聚合物 MFR 与分子量之间有一定的关系，它只能表示相同结构聚合物分子量的相对大小，而不能在结构不同的聚合物之间进行比较。表 2-4-2 为部分聚合物 MFR 测定的国家标准条件（GB/T 3682.1—2018）。

表 2-4-2　部分聚合物 MFR 测定的国家标准条件（GB/T 3682.1—2018）

材料	试验温度/℃	标准负荷/kg
PE	190	2.16
PP	230	2.16
PS	200	5
PMMA	230	3.8
PC	300	1.2
ABS	220	10

MFR 按以下公式求出：

$$\text{MFR} = \frac{m \times 600}{t} \qquad (2\text{-}4\text{-}1)$$

式中，m 为 5 次切割段的平均质量，g；t 为每次切割所用时间，s。

不同 MFR 的试样，其试样加入量和切样时间也不同。表 2-4-3 为试样加入量与切样时间间隔。

表 2-4-3　试样加入量与切样时间间隔

MFR/(g/10min)	试样加入量/g	切样时间/s
>0.1,≤0.15	3～5	240
>0.15,≤0.4	3～5	120
>0.4,≤1	4～6	40
>1,≤2	4～6	20
>2,≤5	4～8	10
>5	4～8	5

熔体流动速率仪主要结构有：炉体（含控温装置）、活塞（长度大于料筒）、标准口模（碳化钨制成）和砝码。结构示意图如图 2-4-1 所示。

三、试剂和仪器

1. 主要试剂

聚乙烯（PE，工业级），聚丙烯（PP，工业级）。

2. 主要仪器

熔体流动速率仪，剪刀，秒表，电子天平。

四、实验步骤

（1）接通熔体流动速率仪电源，根据 PE 的测试条件，将温度设定为 190℃。

（2）将标准口模和压料杆放入炉体中预热 5min。

（3）将预热的压料杆取出，将 PE 颗粒用漏斗放入料筒内，边放样品边压实，以排除气泡。

（4）将压料杆插入料筒并固定。待试样预热 5～10min 后，在压料杆顶部装上选定负荷砝码（含压料杆质量共为 2.16kg），试样即从毛细管中流出，用剪刀切除先流出的 15cm 料段，用秒表开始计时。

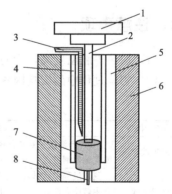

图 2-4-1　熔体流动速率仪结构示意图
1—砝码；2—压料杆；3—控温传感器；
4—加热器；5—料筒；6—保温层；
7—标准口模；8—出料口

（5）每隔 1min 或 2min，连续切割无气泡样条 5 段，称重后代入式（2-4-1）计算。5 个无气泡切割段分别称重，若最大值和最小值之差超过平均值的 15％，则需要重新取样进行测定。每个试样平行测定两次，分别求 MFR 值，以算术平均值作为该试样的 MFR 值。

（6）趁热立即将余料全部挤出，然后取出口模和压料杆，趁热清除口模和压料杆上残留的物料，将压料杆装上手柄，挂上纱布，边推边旋转清洗料筒直至料筒内壁清洁干净。

（7）根据 PP 的测试条件，将温度设置为 230℃，重复步骤（2）～（6）。

（8）实验完毕，停止加热，关闭电源，各种物件放回原处。

五、实验记录与数据处理

（1）实验数据

试样名称：＿＿＿＿＿＿＿；测试温度：＿＿＿＿＿＿＿＿；负荷：＿＿＿＿＿＿＿＿；切割样条间隔时间：＿＿＿＿＿＿＿＿。

（2）实验结果　将实验结果填入表 2-4-4 中。

表 2-4-4　实验结果

切割段序号	PE 质量/g		PP 质量/g	
	第一次	第二次	第一次	第二次
1				
2				
3				
4				
5				
平均质量				
MFR	平均 MFR=		平均 MFR=	

六、注意事项

（1）加热炉腔温度高，为防止烫伤，做实验时必须戴手套。

（2）实验过程中的影响因素及分析　详见表 2-4-5。

表 2-4-5　测试 MFR 的影响因素

影响因素	原因分析	解决方法
温度波动	MFR 与温度关系非常密切,温度偏高则 MFR 值偏大,温度偏低则反之	严格控制测试过程中的温度,保持温度稳定,波动尽量控制在±0.1℃以内
容量效应	测试过程中,熔体流速逐渐增大,表现出挤出速率与料筒中熔体高度有关,这可能是由于熔体与料筒间存在黏附力,阻碍压料杆下降	保持在同一高度截取样条
热降解	物料在料筒中受热易发生降解,空气中的氧气加速热降解,导致黏度降低,MFR 增大	粉状试样尽量压实。可考虑加入一些热稳定剂或通惰性气体保护
试样中水分	水的作用类似增塑剂,水分含量越大,MFR 越大	试验前,物料需充分干燥

七、思考题

（1）改变温度和负荷对 MFR 的测定有何影响？

（2）MFR 和分子量之间有何关系？MFR 在聚合物加工上有何意义？

实验五　转矩流变仪测定聚合物的流变性能

一、实验目的

（1）熟悉转矩流变仪的工作原理及操作方法。

（2）掌握聚合物流变性能与成型加工的关系。

二、实验原理

聚合物从合成到最终材料与制品的制备需要经历复杂的过程，在加工成型过程中涉及分散性能、流动性能以及稳定性能等。对于热塑性聚合物材料而言，加热熔融后可以看作是一种弹性液体，当受到外界的作用力时则会出现流动以及变形等流变行为，而且这种流变行为与聚合物材料本身的结构以及外界的条件相关性十分密切。聚合物的流变行为与其各种因素的关系是聚合物成型加工过程中最基本的工艺参数，对选材、成型工艺条件控制、设备选型、模具设计以及最终制品的性能均有重要的作用。通常采用流变仪对材料进行流变行为、性能测试，转矩流变仪是其中可以用于研究材料在模拟实际加工过程中的分散性能、流动性能以及结构变化（交联、热稳定性、剪切稳定性等）的设备，同时也可作为生产质量控制的有效手段。

转矩流变仪基本结构可分为三部分：微机控制系统，用于实验参数的设置及实验结果的显示；机电驱动系统，用于控制实验温度、转子速度、压力，并可记录温度、压力和转矩随时间的变化；可更换的实验部件，一般根据需要配备密闭式混合器或螺杆挤出器，用以完成物料的流变性测试与表征。转矩流变仪测试的基本原理是由于被测样品抵抗混合的阻力与样品黏度成正比，转矩流变仪通过作用在转子或螺杆上的反作用转矩从而测得这种作用力。

1. 密闭式混合模式

转矩流变仪的密闭式混合器相当于一个小型密炼机，由一个∞字形的可拆卸混合室和一对不同转速、相向旋转的转子所组成。在混合室内，两个转子平行排列，旋转范围相互切合。通过两个转子的相向旋转，对物料施加剪切作用力，从而物料可以在混合室内从固体状态经热、力共同作用而熔融塑化或者混合。

图 2-5-1 为聚合物的转矩流变曲线，又称作转矩谱。其中 OA 是在设定的温度的转速条件下，随着时间的延长，聚合物以松散状态加入，自由旋转的

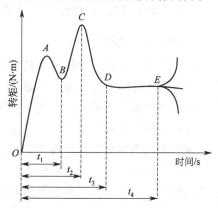

图 2-5-1　聚合物的转矩流变曲线

转子受到来自聚合物切片或者粉末的阻力作用，以及混合室内的加热作用，开始粘连，转矩快速上升到 A 点；AB 是受到加料杆的挤压以及转子的旋转作用，聚合物很快被压实，同时来自聚合物切片的阻力被克服，转矩会略有下降（有些样品的曲线上没有 AB 段），t_1 时间转矩降到 B 点；BC 段是物料在热和剪切、挤压等各种力进一步共同作用下开始塑化（软化或熔融），t_2 时间转矩从 B 点上升到 C 点；CD 是物料在混合器中逐步完全塑化并均匀化，t_3 时间转矩开始下降到 D 点；DE 是物料完全塑化后，混合室内的聚合物宏观上表现为连续性流体，并且维持平衡状态，此时转矩达到稳态，即 t_4 时间转矩为 E；E 点之后是由于塑化时间太长可能带来的物料分解、交联、固化等，从而导致转矩的上升或者下降。根据转矩-时间变化曲线，可以对聚合物的流变行为和加工性能进行评价。转矩的绝对值可以直接反应聚合物的性质以及表观黏度的大小，而转矩随时间的变化则反映加工过程中物料均匀化程度的变化及其化学、物理结构的改变。此外，通过设定不同的温度、不同的转速，可以了解到加工性能与温度、剪切速率的关系。

由于转子形状复杂，而且两个转子的转速也不相同，因此混合室内不同空间位置的物料单元所受到的剪切应力和剪切速率也不同，具体关系可以表示如下：

$$\bar{\tau} = C_2 M \tag{2-5-1}$$

$$\bar{\gamma} = C_1 N \tag{2-5-2}$$

式中，$\bar{\tau}$ 为平均剪切应力；$\bar{\gamma}$ 为平均剪切速率；M 是转矩；N 是转速；C_1 和 C_2 为常数。对于非牛顿流体而言，剪切应力与剪切速率之间存在如下关系：

$$\bar{\tau} = K \bar{\gamma}^n \tag{2-5-3}$$

采用幂律模型描述混合室内物料的流变行为，将式(2-5-1) 和式(2-5-2) 代入式(2-5-3) 并进行变形，则可以得到转矩与转速的关系：

$$M = \frac{K}{C_2} \bar{\gamma}^n = \frac{K}{C_2} (C_1 N)^n = K_0 e^{\frac{\Delta E}{RT}} k N^n = k' e^{\frac{\Delta E}{RT}} N^n \tag{2-5-4}$$

式中，$k' = K_0 k = K_0 \dfrac{C_1^n}{C_2}$；$\Delta E$ 为活化能，J；R 为气体常数，$R = 8.314 \text{J}/(\text{mol} \cdot \text{K})$；$T$ 为温度，K。等式两边取自然对数，则可以得到如下关系式：

$$\ln M = \ln k' + \frac{\Delta E}{RT} + n \ln N \tag{2-5-5}$$

因此，根据转矩 M、活化能 ΔE、温度 T 和转速 N，利用多元回归分析则可以得到 n 和 k'。

2. 螺杆挤出模式

转矩流变仪配备了螺杆挤出机，可以对各种热塑性材料进行挤出测试研究。在挤出过程中，物料对螺杆的阻力作用可以通过转矩表现出来，从而可以反映出聚合物在螺杆内熔融、塑化甚至是内部结构的变化。通过模拟挤出过程，可以评价聚合物的加工性能以及优化参数，在螺杆挤出机机头位置装上毛细管模具（如图 2-5-2 所示），则可以测量不同剪切速率下，聚合物的真实黏度与剪切速率的关系，全面表征聚合物的流变性。

在转矩流变仪螺杆挤出机机头上毛细管模具之后，就相当于毛细管流变仪。对于毛细管流变仪而言，可以在较宽的范围内调整切变速率和温度，一方面可以测定聚合物熔体的剪切应力和剪切速率的关系，另一方面还能够根据毛细管挤出物的直径和外观，以及在恒定压力作用下通过改变毛细管的长径比研究聚合物熔体的弹性以及不稳定流动现象。一个半径为

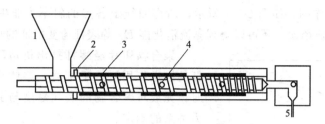

图 2-5-2　带毛细管模具的螺杆挤出机

1—加料斗；2—冷却系统；3—加热模块；4—测温点；5—毛细管

R 无限长的圆形毛细管中，在管中流动的聚合物熔体是一种不可压缩的黏性流体，如图 2-5-3 所示，在无限长的管中取一段长度为 L，两端的压力差为 ΔP 的液柱。由于是层流，所以图中虚线部分的圆柱流体所受到的力是平衡的，即在半径为 r 的圆柱面上，处于稳态流动时，阻碍流动的黏流阻力与液柱连续压差所产生的促进液柱流动的推动力相平衡，可以表示为：

$$\pi r^2 \Delta P = 2\pi r L \tau \tag{2-5-6}$$

式中，τ 即为圆柱表面的剪切应力。由此类推，对于毛细管的管壁处，$R = r$，因此管壁处的剪切应力可以表示为：

$$\tau = \frac{R \Delta P}{2L} \tag{2-5-7}$$

对于牛顿流体来说，由于 $\tau = \eta \dot{\gamma}$，因此，管壁处剪切速率 $\dot{\gamma}$ 可以表示为：

$$\dot{\gamma} = \frac{R \Delta P}{2\eta L} = \frac{4Q}{\pi R^3} \tag{2-5-8}$$

式中，Q 为熔体的流动速率，$\mathrm{cm^3/s}$。进一步变形可以得到表观黏度 η_{a}，具体表示为：

$$\eta_{\mathrm{a}} = \frac{\pi R^4 \Delta P}{8QL} \tag{2-5-9}$$

经推导可知，在温度和毛细管长径比一定的情况下，只要测出在不同的压力差 ΔP 作用下聚合物熔体通过毛细管的流动速率 Q，相应的就可以求出剪切应力 τ 和剪切速率 $\dot{\gamma}$。由于多数的聚合物熔体是非牛顿流体，因此需要进行非牛顿流体修正。对于非牛顿流体而言，剪切速率 $\dot{\gamma}'$ 可以表示为：

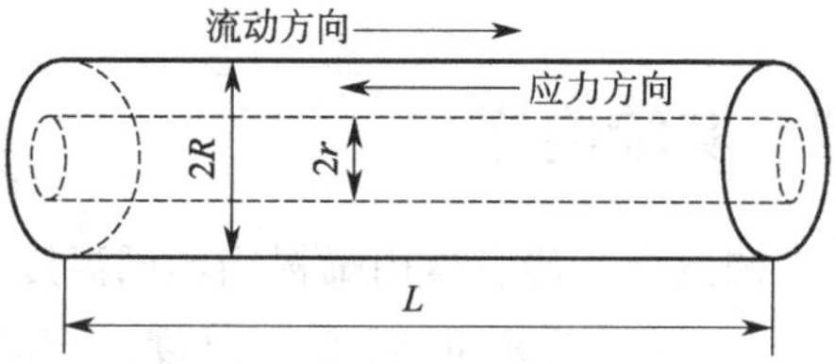

图 2-5-3　流体在毛细管中的流动

$$\dot{\gamma}' = \frac{3n+1}{4n} \dot{\gamma} \tag{2-5-10}$$

式中，n 为非牛顿指数。将非牛顿剪切速率 $\dot{\gamma}'$ 代入幂律方程，则可以得到非牛顿流体的剪切应力 τ'，具体表示为：

$$\tau' = K\dot{\gamma}'^n = K\left[\frac{3n+1}{4n}\dot{\gamma}\right]^n \tag{2-5-11}$$

令 $K' = \left(\frac{3n+1}{4n}\right)^n K$，为非牛顿流变系数。对等式两边取对数，则上式可以变形为：

$$\lg\tau' = \lg K' + n\lg\dot{\gamma} \tag{2-5-12}$$

以 $\lg\tau'$ 对 $\lg\dot\gamma$ 作图，如图 2-5-4 所示，所得曲线上各点的斜率为非牛顿指数 n。此外，改变温度和毛细管长径比，还可以得到黏流活化能 E_η 等表征流变特征的物理参数。

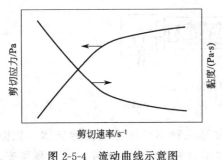

图 2-5-4　流动曲线示意图

聚合物切片经螺杆挤出机熔融塑化后，由于螺杆的推送作用进入毛细管。熔体从毛细管口被挤出时，完成对聚合物的表观黏度与剪切速率及剪切应力关系的测定。

转矩流变仪的数据与材料的黏度直接有关，但它不是绝对数据。绝对黏度只有在稳定的剪切速率下才能测得，在加工状态下材料是非牛顿流体，流动是非常复杂的湍流，有径向的流动也有轴向的流动，因此不可能将转矩数据与绝对黏度对应起来。但这种相对数据能提供聚合物材料的有关加工性能的重要信息，这种信息是绝对法的流变仪得不到的，因此，实际上相对法和绝对法的流变仪是相互协同的。从转矩流变仪可以得到在设定温度和转速（平均剪切速率）下转矩随时间变化的曲线，这种曲线常称为"转矩谱"，除此之外，还可同时得到温度曲线、压力曲线等信息。在不同温度和不同转速下进行测定，可以了解加工性能与温度、剪切速率的关系。

三、试剂和仪器

1. 主要试剂

聚乙烯（PE）颗粒（工业级），聚丙烯（PP）颗粒（工业级）。

2. 主要仪器

PolyLab QC 型转矩流变仪，密闭式混合室及其附件，单螺杆挤出机及其附件，毛细管口模，电子天平，铜铲，铜刷。

四、实验内容

测定聚乙烯、聚丙烯树脂不同温度下流变性能，具体如下：

（1）PE 转矩-时间谱　温度：170℃、180℃、190℃；转子转速：10r/min、20r/min、50r/min。

（2）PP 剪切应力-剪切速率谱　温度：190℃、195℃、200℃、205℃、210℃。

五、操作步骤

1. 转矩-时间谱测定

（1）将密闭式混合室安装在转矩流变仪主机上。

（2）打开电脑，按照实验要求设置密闭混合室温度为170℃。

（3）安装转子，预热混合室。

（4）混合室温度达到170℃后，插上混合室的安全钥匙。

（5）转矩清零，设定转速为 10r/min，并启动转子，用电子天平称取约 60g 的样品加入混合室。

（6）在压料杆顶端放置 5kg 砝码，并拉开柱塞，开始混炼，记录转矩-时间曲线。

（7）实验完成后，打开混合室，用铜铲和铜刷清理转子以及混合的物料，清理干净后关闭混合室。

（8）改变转速或温度，重复步骤（5）～（7），直到完成所有温度和所有转速的实验。

2. 剪切应力-剪切速率谱测定

（1）拆下密闭式混合室并装上单螺杆挤出机、毛细管口模，打开冷却水。

（2）将螺杆挤出机各区以及毛细管处温度均设定为 190℃ 并预热。

（3）将螺杆挤出机初始转速设定为 10r/min，设定 10 个测试速度，从 10r/min 等差递增到 100r/min。

（4）预热完成后，启动螺杆，加料。

（5）观察自口模流出的熔体带条的表面形态，直到无气泡或异物后，准备记录熔体流出时间和称重。

（6）待螺杆转速达到设定值后，在铲掉口模挤出物后开始计时，当熔体流出时间达到 1min 后，铲下挤出物并置于天平上称重，15s 内完成称重并输入电脑单击确认，螺杆自动切换到下一个设定转速。

（7）重复步骤（6），直到完成所有预设转速挤出物称量与输入计算机自动计算熔体流量的变化。

（8）将螺杆挤出机中的残料清除。

（9）设置新的温度，完成预热后，重复步骤（5）～（9），直到完成所有实验。

六、实验记录与数据处理

（1）根据计算机输出数据绘制不同温度下扭矩-时间曲线以及 $\lg\tau$-$\lg\dot{\gamma}$ 流动曲线。

（2）计算不同温度下非牛顿指数 n。

（3）绘制不同温度下表观黏度-剪切速率流动曲线。

（4）根据相同切变速率、不同温度下的 η 值，根据 Arrhenius 方程绘制 $\lg\eta$-$\frac{1}{T}$ 曲线，计算黏流活化能 E_η。

七、思考题

（1）为什么聚合物熔体随着剪切速率增大，表观黏度下降？

（2）流变曲线对加工工艺有何实际指导意义？

实验六 旋转流变仪测定聚合物溶液流变性能

一、实验目的

（1）熟悉旋转流变仪的工作原理及操作方法。

（2）掌握使用旋转流变仪进行流变性能测试方法。

二、实验原理

流变学是研究物质流动和变形的科学，主要研究材料在应力、应变、温湿度、辐射等条件下与时间因素有关的变形和流动规律，研究对象主要是流体和半固体。通过高分子材料中不同尺度分子链的响应，可以表征高分子材料的分子量和分子量分布，能快速、简便、有效地进行原材料、中间产品以及最终产品的质量检测和质量控制。由于流动是变形的特例（连续变形），变形是力作用的结果，因此也可以说流变学是研究形变与力之间关系的科学，研究应力和应变（应变速率）的关系。

旋转流变仪一般是通过一对夹具的相对运动产生流动。引入流动的方法有两种：一种是驱动一个夹具，测量产生的力矩，也称为应变控制型，即控制施加的应变，测量产生的应力；另一种是施加一定的力矩，测量产生的旋转速度，也称为应力控制型，即控制施加的应力，测量产生的应变。本实验采用的旋转流变仪是由驱动电机对样品施加一定的扭矩 M，在扭矩的作用下产生一定的角位移 θ 或者是转速 Ω，如图 2-6-1(a) 和图 2-6-1(b) 所示。设夹具的应变因子为 K_γ，则有 $\gamma = K_\gamma \times \theta$ 以及 $\dot{\gamma} = K_\gamma \times \Omega$，设夹具的应力因子为 K_σ，则有 $\sigma = K_\sigma \times M$。由于旋转流变仪的驱动电机对样品进行摆动剪切的时候，流变仪提供的原始数据是扭矩 M 和角位移 θ，由 M 和 θ 分别乘以相应的夹具因子 K，则可以计算出应力 σ 和应

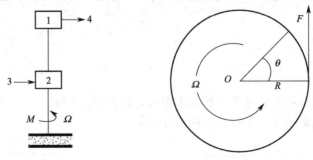

(a) 应力型旋转流变仪作用机理　　　　(b) 夹具运动方向

图 2-6-1　应力控制型旋转流变仪作用机理及夹具运动方向示意图

1—位移传感器；2—驱动电机；3—输入扭矩；4—角位移

变 γ，从而可以计算出材料的模量 G，即：

$$\frac{M \times K_\tau}{\theta \times K_\gamma} = \frac{\sigma}{\gamma} = G \tag{2-6-1}$$

由式(2-6-1) 可知，模量是材料在受力状态下应力与应变之比，是用来描述材料弹性的物理量，表示物质储存形变并回复原状的能力。同样，根据流变仪提供的原始数据 M 和转速 Ω，分别乘以各自的夹具因子 K，则可以计算出应力 σ 和应变速率 $\dot{\gamma}$，进一步计算则可以得到黏度 η，即：

$$\frac{M \times K_\tau}{\Omega \times K_\gamma} = \frac{\sigma}{\dot{\gamma}} = \eta \tag{2-6-2}$$

由式(2-6-2) 可知，黏度是受力状态下应力与应变速率的比值，是描述材料黏性的物理量，用来表示材料抵抗外力流动的能力。旋转流变仪常用的夹具有同心圆筒、锥板以及平行板三种，如图 2-6-2 所示，三种夹具的测量系统均有明确的几何形状和尺寸，其测量场可以精确量化；测量黏度用到的剪切速率和剪切应力均可由仪器控制和测量的角速率和扭矩精确换算得到。在旋转流变仪上测量黏度时，测量条件参数非常明确，且测量黏度用到的剪切应力和剪切速率均可精确控制和测量。在同轴圆筒式夹具中，液体装在两个同轴圆筒的环形空间，半径为 R_1 的转子以角速度 Ω 在半径为 R_2 的圆筒中匀速旋转，转子浸入液体部分的高度为 L，转子在旋转的过程产生扭矩 M，当体系达到力矩平衡时，可以求出剪切应力和剪切速率［如图 2-6-2(a) 所示］。锥板夹具中，液体置于圆形平行板和同心锥之间，半径为 R 的平行板与锥板的夹角为 α，平板以角速度 Ω 匀速旋转，测得锥体所受的转矩 M［如图 2-6-2(b) 所示］。

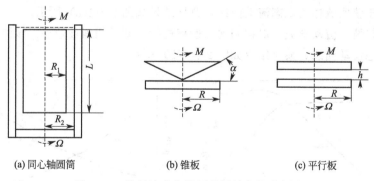

(a) 同心轴圆筒   (b) 锥板   (c) 平行板

图 2-6-2 旋转流变仪常用的测量夹具示意图

本实验选用的夹具如图 2-6-2(c) 所示的平行板夹具，它是由两个半径为 R 的同心圆盘构成，间距为 h，下圆盘固定，上圆盘旋转，扭矩和法向应力在上圆盘上测量。对于平行板夹具而言，从圆心到圆周，各点的角速度相同但是线速度不相等，换句话说，平行板夹具的流场存在径向线性依赖性。因此，平行板夹具原则上只适用于线性黏弹性能测试。针对平行板夹具，半径越大，则其应力因子越小，同样扭矩情况下应力越小，因此，大半径夹具更适用于低黏度、低模量样品的低剪切测试；反之，高黏度、高模量测试应选小半径夹具。间隙越小，应变因子越大，角速率相同时，小间隙可得到更大的表观剪切速率。

旋转流变仪主要有三种测试模式，分别是流动、振荡以及阶跃。其中，流动测试是电机以某个方向旋转对样品进行旋转剪切，主要提供扭矩和角速度，即应力和应变速率，是测量黏度的主要方式；振荡测试是驱动电机以零位左右摆动对样品进行剪切，主要提供扭矩和角位移，即应力和应变，是测量模量的主要方式；阶跃测试是驱动电机对样品施加一恒定扭力或让样品产生恒定形变并且形变保持一段时间，是测量应力松弛和蠕变的主要方式。每种测试模式又可以进一步细分，部分经典的测试曲线介绍如下。

1. 流动测试

（1）流动开始　流动开始一般控制剪切速率进行，即采用步阶速率。该测试主要用于获取流体流动开始时的瞬态响应特征，典型测试结果呈现如图 2-6-3(a) 所示，流动开始测试主要用来获取流动达到稳态（应力或黏度基本不变）所需要的时间。除此之外，"低-高-低"三段步阶速率组合测试常用来评估触变性，典型示例如图 2-6-3(b) 所示。

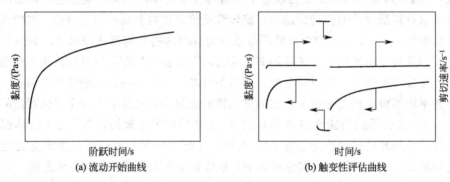

图 2-6-3　流动开始曲线和触变性评估典型曲线

（2）流动扫描　流动扫描一般控制剪切速率进行，即采用阶梯速率（步阶速率组合）。该测试主要用于获取流体的稳态流动曲线，典型结果如图 2-6-4(a) 所示。

（3）流动斜坡　流动斜坡一般控制剪切速率进行，即采用斜坡速率。该测试主要用于获取流体的非稳态流动曲线，典型结果如图 2-6-4(b) 所示。

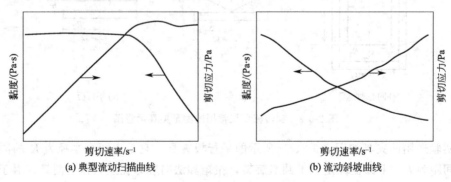

图 2-6-4　典型流动扫描曲线与流动斜坡曲线

2. 振荡测试

（1）振幅扫描　应变扫描主要用于获取被测样品的线性黏弹区，结果如图 2-6-5(a) 所示，在线性区内，动态模量等线性黏弹参数有明确的物理意义；而在非线性区内，没有明确的物理意义。

（2）小振幅频率扫描　频率扫描主要用于探测结构信息，结果如图 2-6-5(b) 所示。

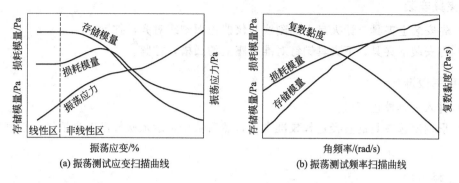

图 2-6-5 振荡测试应变扫描曲线和振荡测试频率扫描曲线

3. 阶跃测试

阶跃测试主要用来测量应力松弛和蠕变，如图 2-6-6(a) 和图 2-6-6(b) 所示。

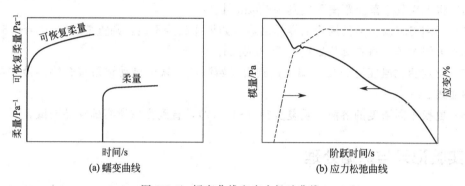

图 2-6-6 蠕变曲线和应力松弛曲线

三、试剂和仪器

1. 主要试剂

聚乙烯醇（PVA-124，AR），去离子水。

2. 主要仪器

DHR-Ⅰ型旋转流变仪，同心平行板夹具（直径 25mm），烧杯，吸管，刮刀，电子天平。

四、实验步骤

1. 开机

（1）开气，保证纯净的压缩空气压力为 30psi（1psi＝6894.76Pa）。由于旋转流变仪的电机为空气轴承，没有空气进入而旋转轴承，会造成空气轴承损害。

（2）解开保护盖，解开时，握住保护盖不动，转动机头上的拉杆。

（3）打开旋转流变仪的电源开关，自检结束后打开电脑。

（4）打开测试软件并与设备联机。

2. 夹具安装

（1）先安装上夹具，让夹具上的刻线与仪器正面刻线对齐，拧紧。

（2）再安装下夹具，下夹具销钉对准基座上的凹槽，拧紧。

3. 夹具校准

（1）进入夹具校正窗口。

（2）根据所选夹具的直径选择校准类型，然后依据提示依次校准夹具惯量、空气轴承摩擦力等。

4. 实验过程

（1）用天平称量 PVA，配制质量分数为 5％、10％、20％的 PVA 水溶液。

（2）设置样品信息并选择流动扫描模式，设定测试夹具间距为 $1000\mu m$。

（3）打开炉子，升起上夹具，用吸管吸取待测样品滴于下夹具上。

（4）将上夹具下落至距离下夹具 $1050\mu m$ 处。

（5）用刮刀将溢出夹具周边的样品刮除，如果样品量不足，则重复步骤（3）～（5）。

（6）关闭炉子，将夹具位置调整至 $1000\mu m$。

（7）设定测试温度为 25℃，温度达到后开始测试，软件自动记录聚合物溶液的黏度-剪切速率曲线。

（8）更换不同浓度的溶液，重复步骤（3）～（7），直到完成所有的样品测试。

五、实验记录与数据处理

在黏度-剪切速率曲线上对应剪切速率的剪切黏度值填入表 2-6-1，并比较浓度和剪切速率对剪切黏度的影响。

表 2-6-1　实验数据记录

剪切速率/s^{-1}	剪切黏度/Pa·s		
	5％PVA 水溶液	10％PVA 水溶液	20％PVA 水溶液
10^{-1}			
10^0			
10^1			
10^2			
10^3			

六、思考题

（1）从材料结构角度分析温度、剪切速率和浓度对聚合物溶液流动性能的影响规律。

（2）聚合物流变性能对成型加工有何指导意义？

实验七 偏光显微镜法观察聚合物的结晶形态

一、实验目的

（1）熟悉和了解偏光显微镜的结构及使用方法。

（2）了解聚合物球晶的生长特点。

二、实验原理

聚合物的性质不仅与高分子的链结构有关，还与高分子聚集态结构有很大关系。这里的聚集态结构是指高分子链间的排列和堆砌结构，是影响聚合物材料性能的主要因素。晶态和无定形态是聚合物聚集态结构的两种基本形式。聚合物的结晶过程是聚合物分子链由无序排列转变成在三维空间的有序规则排列的过程，是合成纤维和塑料加工成型过程中的一个重要环节。不同的结晶条件下，可得到不同形态的聚合物结晶，如单晶、球晶、折叠链片晶及伸直链片晶等。聚合物从熔融状态冷却，或从浓溶液中析出时，主要以球状多晶聚集体，即球晶的形态出现。在结晶聚合物材料的成型加工过程中，不同的加工条件通常会影响到材料的结晶形态、晶粒大小以及结晶完善程度等，而这些加工参数最后会影响到材料的实际使用性能。例如，较小尺寸的球晶可提高材料的强度和断裂伸长率。由于晶区的折射率大于非晶区，因此球晶的存在会造成光的散射而导致成品的透明度下降，若降低球晶尺寸到与光的波长相当即可得到透明的制品，而聚合物球晶的形态和尺寸与加工条件密切相关。

球晶是以晶核为中心向四面八方生长而成。如果在生长过程中不遇到阻碍，就形成了球形晶体，如果生长过程中碰到邻近的也在同时生长的球晶，就会在相遇处形成界面，成为多面体。球晶的基本结构单元是具有折叠链结构的晶片，晶片的厚度一般在 100nm 左右。晶片叠合构成微纤束，微纤束逐渐增长构成球晶，晶片之间、微纤束之间存在一定的非晶区。球晶的直径通常在 $0.5\sim100\mu m$，大的甚至可达厘米数量级，其尺寸不仅与聚合物的分子结构有关，还受到降温速度、结晶温度以及成核剂数量等因素的影响。球晶中聚合物分子链垂直于球晶半径方向，分子链的取向排列使球晶表现出光学性质上的各向异性，即在平行于分子链和垂直于分子链的方向上有不同的折射率。因此可用偏光显微镜来观察球晶的形态，在分子链平行于起偏镜或检偏镜的方向上，将产生消光现象，呈现出球晶特有的黑十字消光图案（称为 Maltese 十字）（图 2-7-1），当样品在自己的平面内旋转时，黑十字是保持不动的，这说明球晶是具有等效径向单元的多晶体。黑十字消光图像是聚合物球晶的双折射性质和对称性的反映。若球晶中链带或晶片沿径向呈放射状排列，称为放射状球晶，若除了黑十字消光图案外，还出现了很多同心圆消光，则为螺旋状球晶。

这里提到的偏光显微镜是利用光的偏振特性，对具有双折射性的物质进行研究鉴定的必

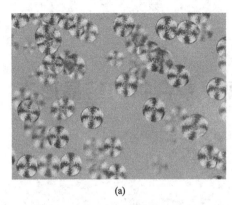
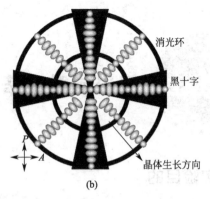

消光环

黑十字

晶体生长方向

(a)

(b)

图 2-7-1　聚丙烯熔体中生长球晶的偏光显微镜照片（a）以及球晶的黑十字消光图案示意图（b）

备仪器，在基础医学、药物学、检验学中具有广泛的用途，也是一种简便而实用的研究聚合物结晶形态的仪器。偏光显微镜的结构（图 2-7-2）与一般光学显微镜基本相同，只是在光路中多两块偏振器（镜）。自然光经平面反光镜反射，通过装在载物台下面固定不动的起偏器（镜）后变成偏振光。聚光器使光线集中在标本上，加强标本的亮度。载物台是中心有圆孔的圆盘，分为上下两层，上层可绕筒轴旋转，并在其边缘上刻有刻度，分度值为 1°；下层固定不动，边缘刻有游标，游标的格值为 0.1°，可以读出上层圆盘旋转的角度。载物台的旋转轴应相对于物镜光轴定心，以保证标本成像在中心。物镜的上面是位相推迟片，又称晶波片。在其上是检偏器（镜），能绕筒轴旋转。目前常见的偏光显微镜，两个偏振器均能旋转。少部分偏光显微镜会将起偏镜或检偏镜固定，而只有一个偏振器可以旋转。

偏光显微镜使用时，先将起偏器的振动面与检偏器的振动面调节在相互垂直的位置上，使显微镜的视场全部黑暗（称作正交）。如果载物台上没有标本或放的标本是各向同性的物体时，旋转载物台的视场一直保持暗场状态。如果载物台上放有各向异性的标本时，则会因为样品的双折射使我们能够在目镜中看到样品。在载物台上放置控温热台，可以通过程序控温，原位观察样品的熔融和结晶过程。

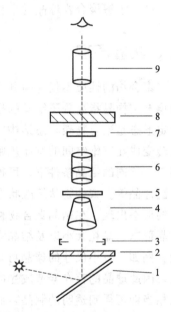

图 2-7-2　偏光显微镜结构示意图
1—反光镜；2—起偏镜；3—可变光阑；4—聚光片；5—样品；6—物镜；7—1/4λ晶波片；8—检偏镜；9—目镜

三、试剂和仪器

1. 主要试剂
聚丙烯（PP）。

2. 主要仪器
偏光显微镜及附件，载玻片，盖玻片，擦镜纸，热台，切刀。

四、实验步骤

1. 仪器准备

（1）打开偏光显微镜的光源开关，预热 10min，以获得稳定的光强，插入单色滤波片。

（2）旋转调整起偏片和检偏片，观察光强变化，起偏片和检偏片互相垂直时获得完全消光（视野尽可能暗）。

2. 聚丙烯的结晶形态观察

（1）取一小颗聚丙烯粒料，用切刀切下 1/5～1/4，放在已在 230℃热台上恒温的干净的载玻片上，待样品熔融变透明后，盖上盖玻片，加压使样品呈厚度均匀的薄膜，并排去气泡，再恒温 5min，然后冷却至 150℃，恒温 30min。

（2）将试样置于偏光显微镜下，选择合适的物镜，并调整焦距，观察球晶形貌、黑十字消光及干涉色。

（3）拉开摄像杆，微调至在屏幕上观察到清晰球晶体，保存图像。

3. 聚丙烯球晶尺寸的测定

（1）将带有分度尺的目镜插入镜筒内，将载物台显微尺置于载物台上，使视区内同时见两尺。

（2）调节焦距使两尺平行排列、刻度清楚。并使两零点相互重合，即可算出日镜分度尺的值。

（3）取走载物台显微尺，将预测样品置于载物台视域中心，观察并记录晶形，读出球晶在目镜分度尺上的刻度，即可算出球晶直径大小。

4. 球晶生长速度的测定

（1）将 PP 样品放置在干净的盖玻片上，置于热台上，然后将热台置于偏光显微镜载物台上，将热台升温至 200℃，待样品完全熔融后，再盖上盖玻片，压平，赶走气泡，然后将热台温度设定为 100℃，打开显微镜的录像功能，观察并记录 30min 内球晶生长情况。

（2）从开始结晶时计时，每隔 10s 截取一张步骤（1）录像中的照片，对照照片，测量出不同时间球晶的大小，用球晶半径对时间作图，得到球晶生长速度。

（3）实验完毕，关掉热台的电源，从显微镜上取下热台。

（4）关闭显微镜光源。

五、注意事项

（1）在制样时，样品要加热至全部熔融，热压形成均匀的薄膜，注意不要引入气泡。

（2）制样所用的盖玻片需要清洗干净后使用。

六、思考题

（1）在偏光显微镜正交条件下，观察 PP 球晶的光学效应，并解释出现黑十字和一系列同心圆环的结晶光学原理。

（2）聚合物晶体生长依赖什么条件？形态特征如何（包括球晶大小和分布、球晶的边界、球晶的颜色等）？在实际生产中如何控制晶体的形态？

实验八 光学解偏振法测定聚合物结晶动力学常数

一、实验目的

（1）了解光学解偏振仪的原理。

（2）掌握聚合物等温结晶曲线的测定方法。

（3）学会通过等温结晶曲线计算结晶动力学速率常数。

二、实验原理

结晶性聚合物因分子结构和结晶条件不同，其结晶速率有很大差别。通常结晶速率的大小影响材料的结晶程度和结晶状态，从而影响材料的性能（如机械强度、耐热性、光学透明性和耐溶剂性等）。高分子的结构是决定聚合物结晶快慢的根本原因。如聚乙烯结晶速率快，即使将其熔体骤冷，也得不到完全非晶的样品，而聚酯熔体在空气中就能得到完全非结晶态的样品。另外，聚合物的分子量或辅助添加剂、增塑剂等也会改变结晶速率。在材料确定的情况下，加工温度和时间是决定产品性能的关键因素，这就必须理解结晶速率与温度的关系。因此，研究聚合物的结晶动力学和结晶动力学参数的测定将有助于控制材料的结晶过程和改善性能，无论在理论上还是实际生产上都有十分重要的意义。

研究聚合物结晶速率的实验方法大体有两种：一种是在一定温度下观察试样总体的结晶速率，如膨胀计法、光学解偏振法和差示扫描量热法等。另一种是在一定温度下观察球晶半径随时间的变化，如热台偏光显微镜法和小角激光散射法等。

光学解偏振法测定聚合物结晶动力学参数是基于聚合物在结晶过程中光学性能发生变化的基础上发展起来的。根据结晶物质具有的双折射性质，即当聚合物样品置于正交偏振片之间时，如果结晶度或晶型发生变化，光学偏振光强度会随之发生改变。当自然光照射在偏振片上时，它只让某一特定方向的光通过，这个方向就叫作此偏振片的偏振化方向。光线通过起偏器和检偏器后的方向如图 2-8-1 所示。图 2-8-2 为光线进入偏振系统的分解示意图。当一束光照射置于正交偏振镜之间的样品时，光线首先碰到起偏片，只有与偏振片方向一致的 $P—P$ 方向振动的偏振光进入光学非等轴晶体时才发生双折射，分解成 N_e 和 N_o 两束偏振

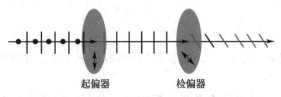

起偏器 检偏器

图 2-8-1 自然光通过起偏器和检偏器后的方向

光。从晶体出来后，光线继续在这两个方向上振动，但检偏镜只允许 $D{-}D$ 方向的光线通过，所以这两束光线在偏振片中将分别分解为 $P{-}P$ 和 $D{-}D$ 方向振动的光。N_e 分解为 $N_e\cos\alpha$ 和 $N_e\sin\alpha$；N_o 分解为 $N_o\cos\alpha$ 和 $N_o\sin\alpha$。其中 $P{-}P$ 方向振动的部分光线为检偏镜消光，$N_e\cos\alpha$ 和 $N_o\sin\alpha$ 相互干涉后通过检偏镜。

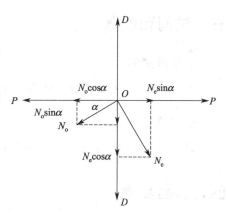

图 2-8-2　偏振光的分解示意图

当聚合物处在熔融状态时，其分子链是无序排列的，在光学上表现出各向同性。将其置于两个正交的偏振片之间时，透射光强度为零。当聚合物结晶时，晶区中的分子链是有序排列的，其在光学上呈现各向异性，具有双折射性质。将其置于两个正交的偏振片之间时，透射光强度不为零，透过的这一部分光称为解偏振光，且透射光的强度与结晶度成正比。因此，当聚合物置于两正交偏振片之间时，从熔融状态开始结晶，随着结晶的进行，解偏振光（透射光）强度会逐渐增大。

如果在开始结晶、时刻 t 和结晶完成时的解偏振光强度分别为 I_0、I_t 和 I_∞，则以 $(I_t-I_0)/(I_\infty-I_0)$ 对结晶时间作图，可得到如图 2-8-3 所示的等温结晶曲线。聚合物在等温结晶过程中，在结晶初期结晶速率很慢，称为结晶诱导期。在此期间没有解偏振光通过，光强为 I_0。而后随着结晶的进行，解偏振光强度增加速度越来越快，当速度增大到一定值后，逐渐减慢，最后光强趋于一个平衡值 I_∞。通过测定透射光强度的变化，就可以跟踪聚合物的结晶过程，研究聚合物的结晶动力学，并测定其结晶速率。

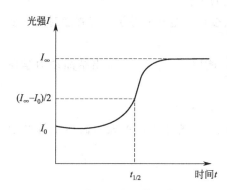

图 2-8-3　典型聚合物等温结晶解偏振光强度与时间的关系曲线

结晶速率通常采用结晶到一半程度时所用时间的倒数 $1/t_{1/2}$ 表示，$t_{1/2}$ 为解偏振光强达到 $(I_\infty-I_0)/2$ 时对应的时间。

聚合物的等温结晶过程可用 Avrami 方程来描述：

$$1-C=\exp(-Kt^n) \tag{2-8-1}$$

式中，C 为结晶时刻 t 时的结晶转化率；K 为结晶速率常数；n 为 Avrami 指数。

在 t 时刻，已结晶部分引起的偏振光强度变化为 (I_t-I_0)，结晶完成时，全部结晶引起的解偏振光光强为 $(I_\infty-I_0)$，则 t 时刻的结晶转化率为：

$$C=\frac{I_t-I_0}{I_\infty-I_0} \tag{2-8-2}$$

将 C 代入式(2-8-1) 并取对数，可得：

$$\lg\left[-\ln\left(\frac{I_t-I_0}{I_\infty-I_0}\right)\right]=\lg K+n\lg t \tag{2-8-3}$$

以式(2-8-3) 左边对 $\lg t$ 作图可得一直线，由直线截距可求得结晶速率常数 K，由直线斜率可求得 Avrami 指数 n。

三、试剂和仪器

1. 主要试剂

聚对苯二甲酸乙二醇酯（PET，工业级），聚丙烯（PP，工业级）。

2. 主要仪器

GJY-Ⅲ型光学解偏振仪，载玻片，盖玻片，镊子。

四、实验步骤

（1）打开光学解偏振仪的总电源，打开熔融热台、结晶室、高压电源和光源开关。

（2）根据聚合物的熔点和结晶温度，设置熔融热台和结晶室的温度。PP熔融热台温度设置为220℃，结晶室温度为110℃，PET熔融热台温度为280℃，结晶室温度为170℃。

（3）调节偏振光使之正交，此时输出光强信号最弱。

（4）打开软件，将样品名称、熔融温度和结晶温度输入软件。

（5）将一片载玻片放置熔融热台上，在载玻片上放上一粒待测样品（PET或PP）。当样品开始熔融，慢慢从不透明变透明时，盖上盖玻片，轻压盖玻片排出空气，树脂被压成薄片。

（6）将样品池从结晶室取出，用镊子迅速将熔融热台上的样品转入样品池，并快速将样品池重新插入结晶室中。此时，样品必须盖住样品池上的圆孔。

（7）样品池放入结晶室的同时，单击软件中的开始按钮，电脑开始记录光强随时间的变化曲线。

（8）结晶完成后，单击软件结束。根据软件说明，读取 I_0 和 I_∞，画出结晶动力学曲线，计算结晶动力学参数，结束试验。

（9）设置不同的等温结晶温度点，重复实验步骤（3）～（8）。

（10）实验结束后，先关闭光源、熔融热台和结晶室加热开关，再关闭高压电源和总电源。

五、实验记录及数据处理

（1）实验记录数据　将样品名称、熔融温度、结晶温度等逐项填入表2-8-1。

（2）由实验曲线求出 $t_{1/2}$，计算结晶速率常数 K 和 Avrami 指数 n。

表 2-8-1　试验记录及计算结果

样品名称	熔融温度/℃	结晶温度/℃	$t_{1/2}$/s	Avrami 指数 n	结晶速率常数 K
PP					
PET					

（3）比较不同等温结晶温度对结晶速率的影响。以结晶温度为横坐标，结晶速率常数为纵坐标，画出等温结晶速率常数与结晶温度之间的关系曲线。

六、注意事项

（1）实验熔融热台涉及高温，实验过程中防烫伤。

（2）盖玻片放入结晶室时，注意不要让样品池中样品掉出至结晶室中。

（3）将样品转移至结晶室时速度必须快。

七、思考题

（1）影响聚合物结晶速率的因素有哪些？

（2）测定聚合物结晶速率的方法有哪些？

拓展知识

一些常用高分子及其制品

透明硬质塑料：PMMA、PC、PS、PET；

真空模压容器：PS、PVC；

透明食品包装容器：PVC、PET；

模糊不透明食品包装容器：PE；

灰色塑料管和板材：硬 PVC、HDPE；

雨衣、台布、吹气玩具、拖鞋等：软 PVC、LDPE；

杯子、碗、食品袋、食品膜、微波炉用碗、药品包装等：PE、PP；

塑料地板、门窗：PVC；

包装仪器、家电的硬质泡沫：PS；

机械零件（如齿轮等）：ABS、尼龙；

眼镜框：PMMA、醋酸纤维素；

电视机、电脑、洗衣机、仪表的壳体：ABS；

输油管、冷却塔、储罐等：玻纤增强环氧树脂，玻纤增强不饱和聚酯；

人造革：软 PVC、聚氨酯；

饮料瓶：PET。

实验九 红外光谱法鉴别聚合物

一、实验目的

(1) 了解傅里叶变换型红外光谱仪的工作原理及操作方法。

(2) 学会对红外光谱进行解析并判定聚合物种类。

二、实验原理

构成物质的分子都是由原子通过化学键连接而成，分子中的原子与化学键受到光的辐照之后均处于不断的运动之中。这些运动除了原子外层价电子的跃迁之外，还有分子中原子的相对振动和分子本身的绕核转动。当一束红外线照射物质时，被照射物质的分子将吸收一部分相应的光能，转变为分子的振动和转动能量，使分子固有的振动和转动能级跃迁到较高的能级，光谱上即出现吸收谱带。红外线和可见光一样都是电磁波，而红外线是波长介于可见光和微波之间的一段电磁波。红外线又可依据波长范围分成近红外、中红外和远红外三个波区，其中中红外区（$2.5\sim25\mu m$；$4000\sim400cm^{-1}$）能很好地反映分子内部所进行的各种物理过程以及分子结构方面的特征，对解决分子结构和化学组成中的各种问题最为有效，因而中红外区是红外光谱中应用最广的区域，一般所说的红外光谱大多是指这一范围。

傅里叶变换红外光谱仪（FT-IR）是根据光的相干性原理设计的，因此是一种干涉型光谱仪，它主要由光源（硅碳棒、高压汞灯）、干涉仪、检测器、计算机和记录系统组成，大多数 FT-IR 使用了迈克尔逊（Michelson）干涉仪，因此实验测量的原始光谱图是光源的干涉图，工作原理框图如图 2-9-1 所示。

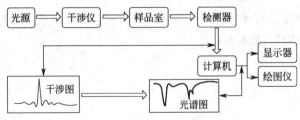

图 2-9-1　FT-IR 工作原理框图

图 2-9-2 为干涉仪的作用原理示意图。干涉仪是由固定不动的反射镜 A（定镜），可移动的反射镜 B（动镜）及分束器组成，A 和 B 是互相垂直的平面反射镜。分束器以 45°角置于 A 和 B 之间，能将来自光源的光束分成相等的两部分，一半光束经分束器后被反射，另一半光束则透射通过分束器。在迈克尔逊干涉仪中，当来自光源的入射光经光分束器分成两束光，经过两反射镜反射后又汇聚在一起，再投射到检测器上。由于动镜以一恒定速度作直

线运动，使两束光产生了光程差，当光程差为半波长的偶数倍时，发生相长干涉，产生明线；当光程差为半波长的奇数倍时，发生相消干涉，产生暗线，若光程差既不是半波长的偶数倍，也不是奇数倍时，则相干光强度介于前两种情况之间，当动镜连续移动，在检测器上记录的信号余弦变化，每移动四分之一波长的距离，信号则从明到暗周期性地改变一次。干涉光在分束器会合后通过样品室，通过样品后含有样品信息的干涉光到达检测器，然后通过傅里叶变换对信号进行处理，从而得到透过率或吸光度随波数或波长的红外吸收光谱图。

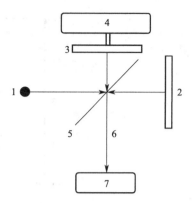

图 2-9-2 干涉仪原理示意图
1—光源；2—定镜 A；3—动镜 B；
4—动镜驱动装置；5—分束器；
6—合并后光束；7—样品室

FT-IR 有两种采样方式，分别是透射和反射。其中透射采样是最基本的方式，无论是固体、液体还是气体，几乎都可以用透射模式采样。分析固体样品时可采用 KBr 压片法，选用通用的样品夹将压片固定后，放到样品室的支架上进行测量。而对于液体样品，可采用液体池进行测量。有多种不同类型的液体池可供选用，如可拆式液体池、固定厚度液体池、可变厚度液体池和微量液体池等。

与常规的透过样品的干涉辐射所携带的物质信息分析该物质透射式采样不同，基于光内反射原理而设计的衰减全反射红外附件（ATR）从光源发出的红外线经过折射率大的晶体再投射到折射率小的试样表面上，当入射角大于临界角时，入射光线就会产生全反射。事实上红外线并不是全部被反射回来，而是穿透到试样表面内一定深度后再返回表面，在该过程中，试样在入射光频率区域内有选择吸收，反射光强度发生减弱，产生与透射吸收相类似干涉图，从而获得样品表层化学成分的结构信息。与透射相比，ATR-FTIR 具有以下特点：

（1）制样简单，无破坏性，对样品的大小、形状、含水量没有特殊要求。

（2）可以实现原位测试实时跟踪。

（3）检测灵敏度高，测量区域小，检测点可为数微米。

（4）能得到测量位置处物质分子的结构信息，某化合物或官能团空间分布的红外光谱图像微区的可见显微图像。

红外光谱最大的特点是具有特征性，复杂的分子中存在许多基团，基团在分子被激发后能够产生特征的振动。分子的振动实质是化学键的振动，研究表明，同一类型化学键的振动频率非常接近，总是在某个波数范围内，因此凡是能够用于鉴定基团存在的并且居于较高强度的吸收峰被称为特征峰，当然，一个基团除了特征峰之外，还有很多其他振动形式的吸收峰，一般被称为相关峰。如图 2-9-3 所示，$2916cm^{-1}$ 和 $2848cm^{-1}$ 为亚甲基的特征吸收峰，$730cm^{-1}$ 和 $718cm^{-1}$ 分裂双峰的出现，将聚乙烯和—CH_2—结构单元区分开来。

红外光谱作为"分子的指纹"广泛用于分子结构和物质化学组成的研究。根据分子对红外线吸收后得到谱带频率的位置、强度、形状以及吸收谱带和温度、聚集状态等的关系便可以确定分子的空间构型，求出化学键的力常数、键长和键角。从光谱分析的角度看主要是利用特征吸收谱带的频率推断分子中存在某一基团或键，由特征吸收谱带频率的变化推测临近的基团或键，进而确定分子的化学结构，当然也可由特征吸收谱带强度的改变对混合物及化合物进行定量分析。

根据红外光谱与分子结构的关系，谱图中每一个特征吸收谱带都对应于某化合物的质点

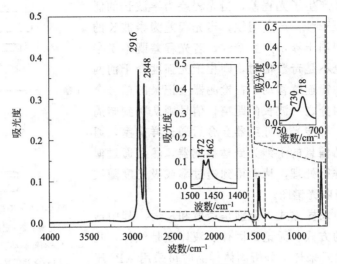

图 2-9-3　聚乙烯的红外吸收光谱

或基团振动的形式。只要掌握了各种基团的振动频率（基团频率）及其位移规律，即可利用基团振动频率与分子结构的关系，来确定吸收谱带的归属，确定分子中所含的基团或键，并进而由其特征振动频率的位移、谱带强度和形状的改变，推定分子结构，各区间如图 2-9-4 所示。

三、试剂和仪器

1. 主要试剂

溴化钾（GR），聚苯乙烯（PS，工业级），聚对苯二甲酸乙二醇酯（PET，工业级），聚乙烯（PE，工业级），聚丙烯（PP，工业级）。

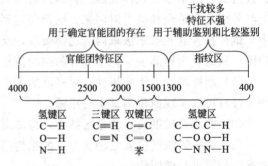

图 2-9-4　红外光谱功能分区示意图

2. 主要仪器

Nicolet iS20 型红外光谱仪，压片机，玛瑙研钵，红外灯。

四、实验步骤

（1）打开红外光谱仪电源并稳定大约 5min，同时进入对应的计算机工作站。

（2）测绘聚合物的红外吸收光谱

① 溴化钾压片法：取 1～2mg 聚合物粉末（PS、PET、PE、PP），加入在红外灯下烘干的 100～200mg 溴化钾粉末，在玛瑙研钵中充分磨细（颗粒约 2μm），使之混合均匀。取出约 80mg 混合物均匀铺撒在干净的压模内，于压片机上制成透明薄片。将此片装于固体样品架上，样品架插入红外光谱仪的样品池处，进行波数扫描，得到吸收光谱。

② ATR 法：将 ATR 模式去除背景后，直接将样品（PS、PET、PE、PP）置于金刚石工作台上，压紧，进行红外扫描。

五、实验记录与数据处理

（1）在红外光谱上标注特征峰位置（波数）并分析为何种基团。
（2）根据红外光谱判定样品为何种聚合物。

六、思考题

（1）影响基团振动频率的因素有哪些？
（2）根据红外吸收光谱，如何区分苯环的邻、间、对取代的化合物？

拓展知识

聚合物的鉴别

聚合物的鉴别，特别对未知聚合物试样的鉴别颇为复杂。聚合物往往需要纯化，即使经纯化的聚合物也往往不能用单一的方法进行鉴别。对于常见的聚合物通常使用红外、质谱、X射线衍射、气相色谱等仪器可以不同程度地进行定性和定量分析，而对少量的、组成复杂的聚合物样品，这些仪器分析方法往往具有许多局限性，不用化学方法加以验证可能会得出错误的结论。此外，基于聚合物的特性，日常生活中可以简单地通过外观、在水中的浮沉、燃烧、溶解性和密度等进行鉴别。

实验十 热重分析/傅里叶变换红外光谱联用研究
材料的裂解气氛

一、实验目的

（1）熟悉热重分析/傅里叶变换红外光谱联用的工作原理及操作方法。

（2）掌握分析热解气氛成分的方法。

二、实验原理

热重分析/傅里叶变换红外光谱联用法（TGA/FTIR），简称热/红联用法（TG/IR），是一种常见的热分析联用技术，它是通过可以加热的传输管道将热重分析仪与红外光谱仪串接起来的一种技术。

TG/IR 利用吹扫气（通常为氮气或空气）将热重分析仪在加热过程中产生的逸出产物通过设定温度下的传输管道（通常为 200～300℃ 的金属管道或石英管）进入到红外光谱仪光路中的气体池中，并通过红外光谱仪的检测器检验、分析判断逸出气体组分结构。实验时，随着 TGA 温度的变化，待测样品的质量将发生改变，红外光谱仪测量由于样品质量减少引起的气体产物的官能团随温度变化的特征峰信息。实验数据以热重曲线和红外光谱图的形式表示，通过实验可以得到不同温度下的样品的质量以及所产生气体的红外光谱图。

TG/IR 仪主要由 TGA 主机（主要包括程序温度控制系统、炉体、支持器组件、气氛控制系统、温度测量系统、称量系统等部分）、红外光谱仪主机（包括检测器、气体池等部分）、联用接口组件（包括加热器、隔热层等部分）、仪器辅助设备（主要包括自动进样器、冷却装置、机械泵等部分）、仪器控制和数据采集及处理各部分组成。数据采集流程如图 2-10-1 所示，所有从 TGA 中流出的气体都会流入红外光谱仪中的一个加热的气体池，红外光谱仪的检测器以非常快的速度（如每秒 1 次）记录下不同时刻或温度下产生的气体的红外光谱图，可将获得的光谱与气相红外光谱库中的光谱进行比对和分析。

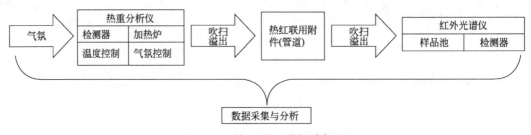

图 2-10-1 热/红联用数据采集流程

通过 TG/IR 实验除了可以得到热分析部分的数据外，还可以得到以下信息：

（1）Gram-Schmidt 曲线　通过软件可以在整个光谱范围内将每一个单独的 FTIR 光谱的光谱吸收积分，结果被显示成强度对时间的曲线，这就是通常所说的 Gram-Schmidt 曲线（简称 GS 曲线），GS 曲线是总红外吸收的定量度量，显示逸出气体浓度随温度的变化。

（2）不同温度或时间下的三维红外光谱图　是在程序控制温度下，由试样逸出的气体通过红外光谱仪实时检测到的三维红外光谱图。图 2-10-2 是由实验时所得到的所有的红外光谱图组成的，由图可以得到不同结构的气体分子所对应的官能团的总体变化过程。

（3）官能团剖面图（functional group profile，FGP）　FGP 常用来表示在实验过程中逸出的气体中特定的波数随测量时间或温度的变化关系，通常通过对实验过程中所选光谱区域上的红外光谱数据的吸光值积分来得到该剖面图。在软件中，一些这样的剖面图是可以实时计算得到的。通过 FGP 可以用来描述在具有某一官能团的物质在不同温度或时间下产生的气体量的变化，图 2-10-3 为产生的气体产物中在三个不同位置处有特征吸收的官能团随温度的变化曲线，由此可以得到该类物质在不同温度下的浓度变化信息。

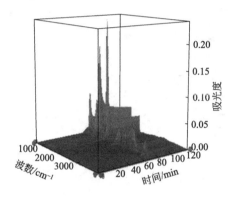

图 2-10-2　三维红外光谱

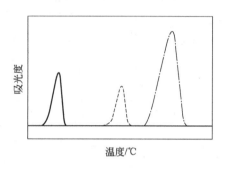

图 2-10-3　具有不同官能团的物质的
浓度随温度的变化曲线

三、试剂和仪器

1. 主要试剂

聚对苯二甲酸乙二醇酯（PET，工业级）。

2. 主要仪器

Discovery TGA 热重分析仪，iS20 型红外光谱仪，热/红联用装置及其附件。

四、实验步骤

（1）打开红外光谱仪电源并稳定大约 5min，同时进入对应的计算机工作站。

（2）设定热/红联用装置的气体池以及连接管道温度为 250℃，温度达到后将联用装置两端分别与 TGA 和 FTIR 连接，然后进行自检。

（3）设定 FTIR 的 Serials 实验测试参数。

（4）TGA 中放入 PET 样品并设置实验参数（升温速度：10℃/min，温度范围：室温至 600℃，氮气氛围）。

（5）采集气氛背景，然后开始 TGA 测试，并采集热解气体红外数据。

五、实验记录与数据处理

（1）在热重曲线上标注初始分解温度、分解速率最快区域，在 Gram-Schmidt 曲线上以及三维红外光谱上标注对应的特征峰。

（2）分析分解速率最快处逸出气体成分。

六、思考题

（1）热重和红外联用比单独使用有何优势？

（2）如何根据联用的热重曲线和红外光谱分析聚合物的分解机理？

实验十一　结晶聚合物的 X 射线衍射分析

一、实验目的

（1）掌握广角 X 射线衍射分析的基本原理。

（2）掌握广角 X 射线衍射仪的使用方法。

（3）学会计算多晶聚合物的结晶度和晶粒度。

二、实验原理

X 射线是波长范围在 0.01～10nm 的电磁波，而物质结构的基本组成——原子和分子，其大小和间距（0.1～1nm）正好落在 X 射线的波长范围内。由于晶体中原子呈周期排列，当一束特定波长的 X 射线穿过晶体时，在晶格内原子散射的 X 射线在空间产生干涉，导致在某些散射方向上相互加强，某些方向上相互抵消，从而出现衍射现象，即在特定的方向上出现散射加强而存在衍射斑点或德拜（Debye）环，其余方向则无，衍射信号的空间分布和强度与晶体结构中原子的种类和分布息息相关，所以物质（特别是晶体）对 X 射线的散射和衍射能够传递极为丰富的微观结构信息，是认识物质微观结构的重要途径。

每一种晶体都有自己特有的化学组成和周期性晶体结构。一个三维的晶体结构可以看成是一些完全相同的原子平面按一定的距离 d 平行排列而成。面间距 d 与晶胞的大小、形状有关，相对强度则与晶胞中所含原子的种类、数目及其在晶胞中的位置有关，因此当 X 射线通过晶体时，每一种晶体都可得到自己特征的衍射花样。

如图 2-11-1 所示，假定晶体中某一方向上的原子面之间的距离为 d，波长为 λ 的一束平行的 X 射线以夹角 θ 射入晶体。在同一原子面上，入射线与散射线所经过的光程相等，在相邻的两个原子面上散射出来的 X 射线有光程差，只有当光程差等于入射波长的整数倍时，才能产生加强的衍射信号，即

$$2d\sin\theta = n\lambda \qquad (2\text{-}11\text{-}1)$$

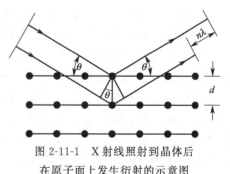

图 2-11-1　X 射线照射到晶体后在原子面上发生衍射的示意图

这就是布拉格（Bragg）公式。式中，n 是任意整数，称为反射级数。已知入射 X 射线的波长和实验测得衍射信号对应的夹角 θ，即可算出等同周期 d。

对大多数无机与有机结晶来说，其晶面间距 $d < 1.5$nm，因此当用 Cu-K$_\alpha$ 作为 X 射线源时，X 射线波长 $\lambda = 0.15418$nm，按布拉格公式（2-11-1）可得到相应的衍射角 2θ 为 $5°53'$。根据衍射角的大小范围，习惯上把 2θ 值在 $5°～180°$ 范围内的衍射称为广角 X 射线衍

射（WAXD），2θ 角小于 5°的称为小角 X 射线散射（SAXS）。

实验中不是将具有各种 d 值的被测面以 θ 夹角绕入射线旋转，而是将被测试样磨成粉末，制成粉末样品。样品中的晶体颗粒作完全无规则排列，存在着各种可能的晶面取向。X 射线衍射仪的探测器绕样品扫描一周，依次将记录晶体所产生的衍射峰的方向（θ）和强度（I）记录下来。这种测试方法称为粉末 X 射线衍射分析法，又称为多晶 X 射线衍射分析法。

多晶 X 射线衍射分析法是依据分析对象的晶体结构数据（一般是晶面间距数据）来进行固态物质的相组成分析，是物相分析最主要而有力的方法。物相分析在物质材料的组成分析、结构与性能关系的研究、材料制备、生产过程的控制或性能控制等方面都十分重要。多晶 X 射线衍射分析法不仅能完成对样品物相组成的定性鉴定，也能完成定量的分析，是一种完整的物相分析方法。多晶 X 射线衍射分析法可测定晶态物质的晶体结构参数以及物质的一些与晶体结构参数有关的物理常数或物理量，也是观测物质结构微小变化、研究物质的结构灵敏性质的有力工具。例如：研究薄膜的结构与性能的关系，研究亚微观晶粒的大小及其分布或晶粒中的缺陷等。此外，多晶 X 射线衍射分析法在高分子研究中有许多重要的应用，可用它来进行相分析、测定结晶度、结晶的择优取向、高分子的微结构（包括晶胞参数，空间群，分子的构型、构象、立体规整度等）以及晶粒度与晶格畸变等。

虽然根据聚合物聚集态的不同可以简单地将高分子分为结晶聚合物和非晶聚合物，但是聚合物很难得到足够大的单晶，多数为多晶体。聚合物的结晶和非晶并非像小分子那样完善，往往是非晶态的聚合物中有少量结晶，全结晶态的聚合物中也存在少量非晶区。聚合物主要由 C、H、O、N 等轻元素构成，其衍射峰强度相对无机化合物来说要弱。所以最后测得的聚合物样品的衍射峰都有比较大的宽度，同时又与非晶态的弥散物混在一起，测定晶胞参数不是很容易。聚合物的结晶有如下特点：

（1）聚合物的晶胞是由一个或若干个高分子链的链段构成，除少数天然蛋白质以分子链球堆砌成晶体外，绝大多数情况下高分子链以链段形式排入晶胞中，这与一般低分子以原子、离子或分子作为单一结构单元排入晶格有显著不同。

（2）高分子链内以共价键连接，分子链间以范德华力或氢键相互作用，结晶时自由运动受阻，妨碍其规整排列，聚合物只能部分结晶且极易产生畸变晶格和缺陷。

（3）因为聚合物结晶结构的复杂性及多重性，所以不仅要考虑如通常低分子结晶的微观结构参数，还要考虑结晶聚合物的宏观结构参数。

结晶度作为聚合物的一个宏观表征参数，具有重要的物理意义，它与材料的力学强度、溶解性、生物降解性等性能密切相关。在高分子材料结晶度的测定方法中，除常用的 IR、NMR、DSC、密度法等以外，还有一个重要方法就是 X 射线衍射法，X 射线衍射法不仅能测量聚合物的结晶度，还能测量聚合物的微晶尺寸和点阵畸变、取向情况等，是研究聚合物的晶体结构和结晶性能最有效的手段。在结晶聚合物体系中，结晶和非结晶两种结构对 X 射线衍射的贡献不同。结晶部分的衍射只发生在特定的 θ 角方向上，衍射光有很高的强度，出现很窄的衍射峰，其峰位置由晶面间距 d 决定，非晶部分会在全部角度内散射。把衍射峰分解为结晶和非结晶两部分，结晶峰面积与总面积之比就是结晶度 X_c：

$$X_c = \frac{I_c}{I_o} = \frac{I_c}{I_c + I_a} \tag{2-11-2}$$

式中，I_c 为结晶衍射的积分强度；I_a 为非晶散射的积分强度；I_o 为总衍射强度。

聚合物结晶的晶粒较小，当晶粒小于 10nm 时，晶体的 X 射线衍射峰就开始弥散变宽，晶粒大小和衍射宽度间的关系可用谢勒（Scherrer）方程计算：

$$L_{hkl} = \frac{K\lambda}{\beta_{hkl}\cos\theta_{hkl}} \qquad (2\text{-}11\text{-}3)$$

式中，L_{hkl} 为晶粒垂直于晶面 hkl 方向的平均尺寸——晶粒度，nm；β_{hkl} 为该晶面衍射峰的半峰高的宽度，rad；K 为 0.89～1 的常数，该值取决于结晶形状，通常取 1；θ 为衍射角，(°)。

X 射线衍射仪通常由以下几个部分构成：光源、入射光路、样品台、衍射光路、探测器。多晶粉末衍射仪一般采用 Bragg-Brentano 光路（图 2-11-2），即半聚焦光路，进行多晶样品的物相分析等测试。样品台在圆心，测试时，在测角仪控制下，X 射线管和探测器按一定扫描速度和步长，同时相向转动相同角度，探测器记录衍射信号，最后得到横坐标为 2θ、纵坐标为强度 I 的衍射谱图。

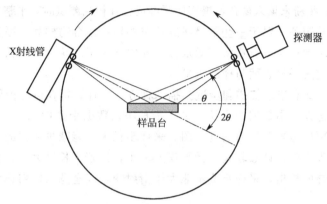

图 2-11-2　粉末衍射仪的 Bragg-Brentano 光路示意图

X 射线发生器的主要部件是 X 射线管，从 X 射线管得到的射线，既包含连续谱又包含特征谱，而特征谱与连续谱的强度比与加在 X 射线管上的高压有关，当所加高压为阳极靶激发电压的 3～5 倍时，特征谱对连续谱的强度比最大，所得谱线的噪声就比较小。选择适用的 X 射线波长（选靶）是实验成功的基础。不同阳极靶的 X 射线管可发射出不同波长的 X 射线，选靶的原则是要避免使用能被样品强烈吸收的波长，否则将使样品激发出强的荧光辐射，增高衍射图的背景。在聚合物样品测试时，通常选用铜靶 X 射线管，铜的激发电压为 8.98kV，一般施加的高压范围为 30～50kV。测角仪是多晶粉末衍射仪上最精密的机械部件，用来精确测量衍射角。测角仪两臂分别固定入射光路和衍射光路，两臂移动的角度可精确控制，中间的样品台在测试过程中静止不动。入射光路部分包含光源、滤光片、各类狭缝，衍射光路部分包括高灵敏探测器，探测器前方也配备了相应的狭缝。

光路中狭缝的大小对衍射强度和分辨率都有影响。大狭缝可得到较大的衍射强度，但降低分辨率，小狭缝可提高分辨率但强度会有所损失，一般情况下若需要提高强度时宜选大些的狭缝，需要高分辨率时宜选用小些的狭缝，尤其是接收狭缝对分辨率影响更大。每台衍射仪都配有各种狭缝以供选用。入射光路部分，X 射线管发出的光经过滤波片后需用发散狭缝来限制发散光束的宽度，限制光束不要照射到样品以外的地方，以免引起大量的附加散射。入射 X 射线束在扫描平面上的发散角大小和 X 射线入射角度以及狭缝宽度有关。例如：当起始扫描角度较低（低于 5°）时，需要选用较小的发散狭缝，防止部分 X 射线直射入探测器。衍射光路部分，接收狭缝是为了限制待测角度位置附近区域之外的 X 射线进入检测器，它的宽度对衍射仪的分辨能力、线的强度以及峰高/背底比有着重要的影响，防散射狭缝是光路中的辅助狭缝，它能限制由于不同原因产生的附加散射进入检测器，有助于减低背景。

在进行样品测试时，Bragg-Brentano 光路对样品表面的平整性以及样品表面是否在光路上有严格要求。样品制作上的差异对衍射结果所产生的影响，要比照相法中大得多。因此制备出符合要求的样品是 X 射线衍射实验中重要的一环。通常都是制成平板状样品，衍射仪均附有表面平整光滑铝质样品板［图 2-11-3(a)］或玻璃样品板［图 2-11-3(b)］上开有窗孔或不穿透的凹槽，样品填入凹槽，制成待测样品。

根据样品形态，可按如下方法制备。

(1) 粉末样品的制备　将待测试样研成 $10\mu m$ 左右的细粉，将适量研磨好的细粉填入凹槽，将槽外或高出样品板表面的多余粉末刮去，并用平整的玻璃板将其压紧，如图 2-11-3(c)所示，使样品表面与样品板面平整光滑。若是使用带有窗孔的样品板，则把样品板放在表面平整光滑的玻璃板上，将粉末填入窗孔，捣实压紧即成；在样品测试时，平整的那面对着光路。

(2) 特殊样品的制备　对于一些不易研成粉末的块状聚合物样品，可先将其锯成窗孔大小，磨平一面，再用橡皮泥或石蜡将其固定在窗孔内。对于片状、纤维状或薄膜样品可直接嵌固在窗孔内，且使其平整表面与样品板平齐。

X 衍射仪测量方式有连续扫描和步进扫描两种方式。计算机在进行衍射数据采集时，这两种方式都要适当选择采集数据的步长。采样步长小，数据个数增加，每步强度总计数小，计数误差大，但能更好地再现衍射的剖面图。采样步长大，能减少数据的个数，减少数据处理时的数据量，每步强度总计数较大，计数误差较小，但若步长过大，将影响衍射剖面图的再现。为保证衍射峰的检出，采样步宽不能大于衍射峰半高全宽（FWHM）的 1/2。

(a) 铝质样品板　　　　(b) 玻璃样品板　　　　(c) 样品板剖面图
图 2-11-3　粉末衍射仪常用的铝质样品板、玻璃样品板以及样品板剖面图

三、试剂和仪器

1. 主要试剂

无规聚丙烯（a-PP，工业级），等规聚丙烯（i-PP，工业级），乙醚（AR）。

2. 主要仪器

X pert 型 X 射线衍射仪。

四、实验步骤

1. 待测聚合物试样的预处理

(1) a-PP　用乙醚溶解，过滤除去不溶物，干燥、除尽溶剂。

（2）i-PP　在240℃热台上充分熔融后，热压成1～2mm厚的样片，然后进行不同的热处理：①在冰水中急冷；②取高温淬火样品在160℃等温结晶30min；③取高温淬火样品在105℃等温结晶30min；④热压后的样品在240℃恒温30min后，以10℃/h的速率冷却，进行非等温结晶。

待测聚合物样品处理完后，进行适当裁剪，制备符合XRD测试要求的平板状样品条。

2. 样品测试

（1）按照仪器厂家提供的X射线衍射仪的使用说明书，一定要在经过严格培训的仪器专业操作员的指导或带领下操作仪器。

（2）开启电源开关和循环冷却水系统，待仪器稳定后，开动X射线ON键，X射线指示灯亮，X射线正常启动，逐渐升高电压和电流至工作值，仪器进入测试状态。

（3）将制好的试样插入样品台，选择合适宽度的狭缝，插入光路中，检查无误后，关上仪器门。在计算机上选择起始角和扫描角度范围，对于PP样品，扫描范围为5°～35°，使用连续扫描，步长0.02°，扫描速度约0.1°/s，进行测试。

（4）测试完成后，降电压和电流至待机状态，按X射线OFF键，X射线关闭，关闭仪器的电源开关和循环冷却水系统，最后关闭仪器的总电源开关，实验结束。

五、实验记录与数据处理

（1）XRD的处理　获得样品的XRD图后，用计算机所带的软件系统对衍射图案进行寻峰，读出衍射峰对应的2θ角度和强度I，根据布拉格公式计算出各衍射峰的d值。

（2）聚合物结晶度的计算　将整个聚合物样品的X射线衍射峰分解为结晶和非结晶两部分（可以由计算机来完成），根据式(2-11-2)计算结晶度X_c。

对于结晶度很高的i-PP，由于其分子链规整度很高，结晶完善，得到的X射线衍射图很完美，可以通过衍射峰特征判断聚合物的晶型，找出各个衍射峰代表的晶面，然后再进行分峰处理，计算结晶度。如根据i-PP的X射线衍射图（图2-11-4），可以近似地把（110）、（040）两峰间的最低点的强度值作为非晶散射的最高值，由此分离出非晶散射部分，样品曲线下的总面积就相当于总的衍射强度I_0。此总面积减去非晶散射线下面的面积I_a就相当于结晶衍射的强度I_c，由式(2-11-2)可求得结晶度X_c。

（3）晶粒度的计算　由聚合物样品的X射线衍射图读出 $[hkl]$ 晶面的衍射峰的半高宽β_{hkl} 及峰位θ，再根据式(2-11-3)计算出该晶面方向的晶粒度。

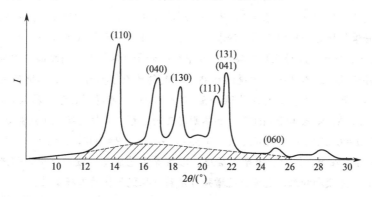

图 2-11-4　等规聚丙烯 α-晶体的 X 射线衍射图

（4）比较 a-PP、i-PP 的 XRD 图，以及不同结晶条件下得到的 i-PP 的 XRD 图，分析讨论结晶度的影响条件。

六、注意事项

（1）在进行试样测试时，一定要经过严格培训，或在专业操作员的指导下进行实验。

（2）试样的形状可分为板状、条带状和粉末样品，由于不同样品散射能力（X 射线对样品的穿透能力）不同，样品用量 30～200mg，样品量太少会影响到衍射信号的强度，样品制备要求厚度均匀，没有气泡。样品的厚度与样品池边缘齐平，不能高于或低于样品池的边缘，样品表面要尽可能平整，否则会因为样品制备问题造成衍射峰位偏移、衍射强度弱或衍射峰消失等数据异常。研磨后的粉末样品粒度最好约 1～10μm，有条件的话最好过 250～340 目的筛子。对于有机聚合物样品，在压制粉末时，在保证表面平整的前提下，垂直用力不能太大，这样容易产生择优取向，造成 XRD 图衍射峰的强度和位置出现偏差。

七、思考题

（1）根据所测得的实验结果，分析讨论影响 PP 结晶度的主要因素有哪些？
（2）X 射线穿过晶体产生衍射的条件是什么？
（3）聚合物的结晶度还有哪些测试方法？

拓展知识

聚丙烯

PP 是由丙烯聚合得到的高分子化合物，甲基的空间排列决定了其立构规整度，进而影响到其结晶结构、结晶度、密度以及物理力学性能。PP 有等规聚丙烯（i-PP）、间规聚丙烯（s-PP）和无规聚丙烯（a-PP）三类。i-PP 是高结晶的高立体定向性的热塑性树脂，结晶度 60%～70%，等规度＞90%，具有高强度、高耐磨性、高介电性等性质。s-PP 结晶度较低，为 20%～30%，密度低，熔点低。a-PP 分子量小，结构不规整，在室温下是非晶态蜡状固体，高于 50℃ 即可缓慢流动。i-PP 的主要结晶形式为 α 型，属单斜晶系，晶胞参数 $a=6.65Å$，$b=20.96Å$，$c=6.50Å$，$\beta=90°20'$，计算密度为 $0.939g/cm^3$，在热力学上比较稳定。如将熔体快速冷却到低温或冷拉，α 型结晶可得到准晶（或称为非晶相或近晶的排列），它是一种分子（或链段）聚集体，其中个别分子链保持像单斜结晶体中那样的螺旋构型，但有序程度还达不到一般所说的结晶，密度约为 $0.88g/cm^3$，加热则变成 α 型。此外，还有 β 和 γ 两种晶型。如将熔体骤冷至 100～130℃ 就可得到 β 型，属六方晶系，$a=19.08Å$，$c=6.49Å$，熔点 145～150℃，加热则转变为 α 型。熔体在高压下结晶则生成 γ 型，属三斜晶系，$a=6.54Å$，$b=21.40Å$，$c=6.50Å$，$\alpha=88°$，$\beta=100°$，$\gamma=99°$，其熔点较 α 型低 10℃。PP 可用注射、挤出、吹塑、层压、熔纺等工艺成型，被广泛用于制造容器、管道、包装材料、薄膜和纤维，也可通过增强方法获得性能优良的工程塑料。

实验十二　聚合物的热重分析

一、实验目的

（1）了解热重分析仪的结构与测试原理。
（2）掌握测定高分子材料热稳定性的方法。
（3）学会解析热重曲线。

二、实验原理

热重分析（thermogravimetric analysis，TGA）是在一定气氛中，通过程序控温测定样品的质量以及质量变化率随温度的变化关系，也可以测试在恒定温度下样品质量以及质量变化率随时间的变化关系。一般用于判定样品的热稳定性，即测试样品在发生分解、氧化、脱附以及吸附过程中的质量变化。其数学表达式为式(2-12-1)或者式(2-12-2)：

$$\Delta W = f(T) \tag{2-12-1}$$

或者

$$\Delta W = f(t) \tag{2-12-2}$$

式中，ΔW 为质量变化；T 为温度；t 为时间。以质量或质量分数为纵坐标，以温度或时间为横坐标，可以得到热重分析曲线或者 TGA 曲线。

热重分析仪实际上是一台热天平，其主要组成部分是天平、炉子、程序控温系统、记录仪等。图 2-12-1 为热重分析测试的基本原理。

热天平、炉子以及气氛是 TGA 测试的三个基本要素。作为仪器的核心组成部分之一，用于质量测量的热天平的横梁一端通过铂金挂丝置于气氛控制的加热炉中，待测样品置于坩埚中挂在挂丝上，热天平的另一端通过铂金挂丝挂一只空坩埚作为参比。实验过程中记录试样的质量随温度或时间的连续变化过程。温度的变化可通过程序控制温度的加热炉实现，试样周围的温度变化用热电偶实时测量，以减少试样与加热炉温度的差异。天平、热电偶等记录采集的数据经过一系列转换，在电脑上可以得到质量-温度曲线或者质量-时间曲线。由于热重分析测试的是样品的质量随温度或时间的变化关系，是一个动态连续的过程，因此用于热重分析的热天平有别于常规的天平，一方面要具有足够高的灵敏度，另一方面，由于是在动态气氛

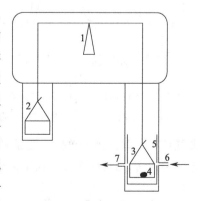

图 2-12-1　热重分析基本原理
1—热天平；2—参比坩埚；
3—样品坩埚；4—样品；5—加热炉；
6—进气口；7—出气口

中进行测试，热天平不能够受到减少气流、浮力、热辐射、加热时电流产生的磁场作用、气体腐蚀等作用的影响，否则必然影响到测试结果。

炉子是 TGA 实验中样品质量发生改变的主要场所，温度的变化主要是通过程序控温系统来实现，试样周围的温度测量系统（通常为热电偶）则记录下这种温度变化信号。

气氛是 TGA 实验必不可少的要素，TGA 实验一般可以通入氧化性气体以及惰性气体，通入气体的作用如下：

（1）吹扫，将实验过程中分解的气体产物及时带离炉体，既有利于热天平记录真实的质量变化，又能够促进反应的进一步进行；此外，对于实验过程中产生的一些有毒或腐蚀性的气体产物，及时吹扫则有利于保护仪器的天平以及热电偶等。

（2）保护，对于一些易与空气中成分发生反应的样品，在惰性气氛中实验则可以对样品起到保护作用。

（3）特殊性研究，如可以通过通入氧气将高分子材料全部分解，进而可以得到无机成分的添加量。

（4）将裂解气氛吹扫到联用设备中进行分析，如 TGA 可以与红外或者质谱等仪器联用，通过将逸出气体吹到联用设备的气体池中，可以实现在线分析裂解成分。

由于 TGA 反映的是温度和样品质量之间的关系，在温度变化过程中，存在质量变化的反应，基本都能够通过 TGA 曲线表现出来。在实际中这样的反应包括：①物理变化，如蒸发、升华、吸收、吸附和脱附等；②化学反应，TG 也可提供有关化学现象的信息，如化学吸附、脱溶剂（尤其是脱结晶水）、分解和固相-气相反应（如氧化或还原）等。TGA 技术在高分子材料中应用尤为广泛，具体来讲，TGA 主要用于以下四个方面：①通过分析材料的分解模式来解析其特性；②研究材料的降解机制及反应动力学；③测定样品中有机物的含量；④测定样品中无机物的含量。

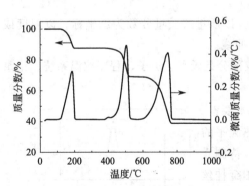

图 2-12-2　$CaC_2O_4 \cdot H_2O$（标样）在 20℃/min 的加热速度下得到的 TG-DTG 曲线

由热重法得到的实验曲线称为热重曲线（TG 曲线），为了突出"测量"的作用，TG 曲线一般以质量分数作为纵坐标，从上到下表示质量减少；以温度（或时间）作为横坐标，从左到右表示温度（或时间）的增加，以 TG 曲线对温度（或时间）进行一阶微分，可以得到微商热重曲线（DTG 曲线），图 2-12-2 是 $CaC_2O_4 \cdot H_2O$（标样）在 20℃/min 的加热速度下得到的 TG-DTG 曲线，DTG 曲线上的每一点对应于 TG 曲线对横坐标（温度）的变化速率，峰值对应于质量减小的最大速率。对于线性加热所得到的 DTG 曲线而言，其纵坐标单位一般是％/℃，表示温度每变化 1℃时质量变化的百分比。对于等温实验而言，DTG 曲线的纵坐标单位一般是％/s 或％/min。

三、试剂和仪器

1. 主要试剂

聚对苯二甲酸乙二醇酯（PET，工业级），高纯氮气。

2. 主要仪器

Discovery 型热重分析仪，铂金坩埚，镊子，酒精灯。

四、实验步骤

（1）依次开启氮气、热重分析仪主机电源、电脑电源。

（2）进入软件操作界面，将待机温度设置为 40℃。

（3）预热完成后，打开炉子，装载空坩埚，然后关闭炉子并称取空坩埚的质量（去皮）。

（4）软件中输入样品名称，并选择坩埚类型。

（5）编辑试验方法，一般采用 10℃/min 的升温速度从室温升到 800℃。

（6）待完成"去皮"后，打开炉子，在坩埚中放置 10mg 以内的样品，然后关闭炉子，热天平自动称出样品初始质量。

（7）开启加热，电脑记录样品质量随温度的变化曲线。

（8）测试完成后，取下坩埚，然后用镊子轻夹坩埚，在酒精灯上烧去残留物质。

五、实验结果及分析

（1）根据 TG 曲线分析样品的初始分解温度、残留率，标注各分解阶段的失重率。

（2）根据 DTG 曲线分析各阶段分解速率。

六、影响 TGA 数据的因素

（1）气体的浮力和对流

浮力的影响：样品周围的气体因温度升高而膨胀，密度减小，则 TGA 值增加。

对流的影响：对流的产生使得测量出现起伏。

（2）挥发物的再凝聚 物质分解产生的挥发物质可能凝聚在与挂丝或坩埚相连而又较冷的部位上，影响失重的测定结果。

（3）样品与坩埚的反应 某些物质在高温下会与坩埚发生化学反应而影响测定结果。

（4）升温速率的影响 升温速率太快，TGA 曲线会向高温移动；速度太慢，实验效率降低。

（5）样品用量和粒度 样品用量大，挥发物不易逸出，影响曲线的清晰度；样品粒度太小，反应会提前，分解温度向低温移动。

（6）环境气氛 气氛中氧气含量增高，分解温度会向低温移动。

七、思考题

（1）如何通过 TGA 评价材料的热稳定性？

（2）如何通过 TGA 测定材料组分含量？

实验十三　差示扫描量热法测定聚合物的热转变

一、实验目的

(1) 了解差示扫描量热法（DSC）的原理。

(2) 掌握 DSC 测定聚合物的 T_g、T_m 以及 T_c 的方法。

二、实验原理

物质经历温度变化的同时，通常伴随着另一种或几种物理性质（质量、能量、尺寸、力学、声、光、热、电等）的变化，因此这些物理性质的变化可表示为温度 T 的函数：$P = f(T)$。而温度的变化通常可以通过程序控制升降温速率、恒温时间等来实现，因此物理性质既是温度的函数也是时间的函数：$P = f(T,t)$。这种通过温度和时间的变化对物质物理性质的测试统称为热分析法。常用的热分析方法包括热重分析法（thermogravimetric analysis，TGA）、差示扫描量热法（differential scanning calorimetry，DSC）、静态热机械法（thermomechanical analysis，TMA）、动态机械分析（dynamic thermomechanical analysis，DMA）等。在程序控温的条件下，通过测量上述物理量的变化，对材料的物理化学性质进行表征和研究。自 1887 年，人们首次采用热电偶测温的方法研究黏土矿物在升温过程中的热性质的变化开始，现在热分析技术向自动化、定量化、微型化方向发展，已经广泛应用于研究物质的各种物理转变与化学反应。例如，当物质发生结晶熔化、蒸发、升华、化学吸附、脱结晶水、玻璃化转变、气态还原时就会出现吸热反应；当发生诸如气体吸附、氧化降解、气态氧化（燃烧）、爆炸、再结晶时就产生放热反应；当涉及结晶形态的转变、化学分解、氧化还原反应、固态反应等就可能发生放热或吸热反应。热分析法可用于测定聚合物的玻璃化转变温度（T_g）、相转变温度、结晶熔融温度（T_m）等，研究等温结晶动力学、非等温结晶动力学、聚合、固化、交联、氧化、分解等反应以及测定反应温度或反应热、反应动力学参数等，是研究聚合物结构、分子运动、热性能的有效手段。

热分析技术中差热分析（differential thermal analysis，DTA）是在程序控制温度变化下测量试样与热惰性参照物之间的温度差随温度变化的一种技术。当样品比热容发生改变（玻璃化转变），或发生相变以及其他化学反应时，DTA 曲线上出现温度差以及变化发生的方向（比热容的升降、热的吸收或释放等）。DTA 曲线一般以 ΔT 为纵坐标，温度 T（或时间 t）作横坐标，从左往右温度升高，放热峰向上，吸热峰向下。峰的位置确定发生热效应的温度，峰的面积确定热效应的大小，峰的形状与有关过程的动力学特征相关联。但是在实际测试过程中，由于试样和参比物的热容、热导率不同，其基线只能接近 $\Delta T = 0$，而不能完全等于 0，且在不同的升温速率下会发生不同程度的漂移。在 DTA 基础上发展出来的另一种技术称为 DSC，是在程序控温变化下，测量试样与参比物在单位时间内能量差随温度变化的一种技术。目前商品化的 DSC 仪器常见的有功率补偿型（power compensation）DSC，如 Perkin-Elmer 公司生产的各种型号的 DSC；热流型（heat flux）DSC，如美国 TA 公司和德国耐驰公司生产的 DSC。

1. 功率补偿型 DSC

试样和参比物分别放置在两个独立的具有相同热容及热导率的加热器里。参比物要求在测试温度范围内不具有任何热效应。功率补偿型 DSC 的工作原理是建立在零位平衡原理之上。在样品和参比保持相同温度的条件下，测定为满足此条件样品和参比两端所需的能量差，并直接作为信号 ΔQ（热量差）输出。在程序变温过程中，当试样由于热效应而造成参比和样品出现温差时，通过差热放大电路和差动热量放大器使流入补偿加热丝的电流发生变化，直到参比与样品两边的热量平衡、温差消失为止，样品池结构如图 2-13-1 所示。最终得到热流率为纵坐标、时间或温度为横坐标的 DSC 谱图。

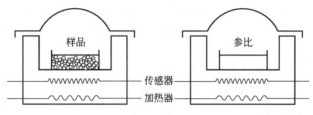

图 2-13-1　功率补偿型 DSC 样品池结构

2. 热流型 DSC

样品和参比物同时放在同一个加热盘上，并由一个热源加热，样品池结构如图 2-13-2 所示，在给予样品和参比相同的功率下，测定样品和参比两端的温度差 ΔT，再根据热流方程，将 ΔT 换算成 ΔQ 作为信号的输出。因此 DSC 不仅可以检测样品发生变化时的温度，而且还可以给出补偿功率或样品发生变化时焓变的大小（由峰面积进行计算，面积和焓变值之间的关系需要经过标定）。目前热流型 DSC 都带有计算机分析软件来执行该换算。

DSC 曲线不仅可记录样品的放热或吸热随温度的变化，也可以记录样品的热过程随时间的变化，比如等温结晶过程等，用于动力学的研究。常见的吸热过程有：玻璃化转变、熔融、蒸发、部分分解反应，常见的放热过程有：结晶、固化、氧化、分解等。但是 DSC/DTA 方法一般只能告知热效应发生和发生时的温度以及伴随的热流值，而不能直接告知具体是哪个变化，需要结合其他研究手段进行综合分析。

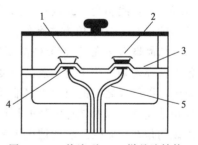

图 2-13-2　热流型 DSC 样品池结构

1—参比；2—样品；3—加热盘；
4—镍铬合金盘；5—热电偶

DSC 曲线的纵坐标代表试样放热或吸热的速度，即热流速度，单位是 mJ/s，横坐标为温度 T（或时间 t）自左向右增加。不同仪器给出的 DSC 曲线的吸热峰和放热峰的方向会不同，因此需要在纵坐标处标明放热（exothermic）或吸热（endothermic）的方向。图 2-13-3 给出了测试样品随温度升高可能会依次出现的一些典型的热力学变化在 DSC 曲线上的表现形式。纵坐标显

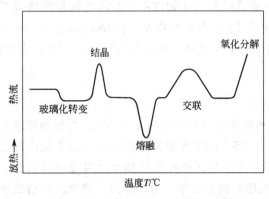

图 2-13-3　常见的热力学行为在DSC曲线上的表现形式

示该曲线中向上的峰为放热峰，向下为吸热峰。

（1）玻璃化转变在DSC曲线上表现出基线的偏移。玻璃化转变类似于二级转变，是二级热力学函数，因此，在DSC曲线上出现一个台阶。如图 2-13-4 所示，T_g 可以在升温曲线和降温曲线上确定，在玻璃化转变前后的直线部分取切线，再在曲线上取一点，使其平分两切线间的距离，该点对应的温度即为 T_g。需要注意的是物理老化可以使样品在升温过程中发生玻璃化转变时的曲线以吸热峰的形式表现出来（焓松弛）。在测试时，通常会先将聚合物样品升到 T_g 以上，然后降温至 T_g 以下至少30℃，来消除热历史。

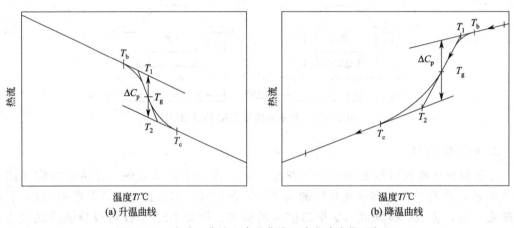

图 2-13-4　在升温曲线和降温曲线上确定玻璃化温度 T_g

（2）结晶和熔融为一级转变，在DSC曲线上出现结晶峰为放热峰，熔融峰为吸热峰。对于小分子材料（一般指分子量小于500的物质）来说，一般选用峰前部斜率最大处做切线与基线延长线相交，此点对应的温度为 T_m，在聚合物体系通常取峰值温度为 T_m。同理结晶温度（T_c）的取值方法类似。

结晶聚合物在进行DSC测试时需要进行升温-降温-升温过程，第一次升温的数据里包含了试样未知的热历史，最高温度需要高于其熔融温度，并且需要等温一段时间，使其熔融完全，以消除之前的热历史（非晶聚合物一般需要升温至 T_g 以上）。降温段数据提供了聚合物结晶性质以及试样清晰的热历史（确定降温速率下的结晶过程），因此第二次升温数据测试的是在已知热历史的情况下的熔融过程。

结晶聚合物通常由结晶部分和非晶部分组成，聚合物的结晶度是指其结晶部分占全部聚合物的比例。表征聚合物材料结晶度的手段有很多，DSC是其中之一。结晶度（C）的计算公式如式（2-13-1）所示：

$$C = \frac{\Delta H_m}{\Delta H_{lit}} \times 100\% \tag{2-13-1}$$

式中，ΔH_{lit} 为该聚合物100%结晶状态下的熔融焓；ΔH_m 是测试样品的熔融焓。如果为了消除 DSC 升温速率的影响，可考虑测试平衡熔融热，即采取不同升温速率分别测试得到聚合物的熔融热，以升温速率为横坐标，熔融热为纵坐标作图，得到一直线，外推至升温速率为 0℃/min 时即为平衡熔融热。DSC 测试聚合物结晶度时，使用样品量少，测试时间短，是聚合物结晶度测试最常用的方法。但需要注意的是，该方法虽然简单方便，但需要判断熔融热是否完全属于结晶部分，例如聚酯在升温过程中会出现冷结晶现象。

（3）随着温度升高，有些聚合物样品还会发生交联、分解等反应。由于这些反应可能会引起样品体积变化，或产生气体和小分子，导致样品从坩埚中溢出，从而污染样品池。一般在对样品的分解或交联反应不了解的情况下，不建议在 DSC 上进行此操作，即选择测试温度范围时，需尽量避开高温分解温度。

DSC 测试前，需要用校准物同时进行温度和热量校准。校准物的要求：高纯度（≥99.999%）、特性数据已知、不吸湿、对光稳定、不分解、无毒、与器皿或气氛不反应、非易燃易爆。校准前应彻底清洗器皿，确保校准物质无吸附层和氧化层，并且准确称重。国际热分析与量热学协会所建议的标准物质有环戊烷、水、铟、苯甲酸、锡、铝等。具体参数见表 2-13-1。

表 2-13-1　标准物质的熔点和熔融焓

标准物质	T_m/℃	H_f/(J/g)	标准物质	T_m/℃	H_f/(J/g)
汞	−38.8344	11.469	铋	271.40	53.83
镓	29.7646	79.88	铅	327.462	23.00
铟	156.5985	29.62	锌	419.527	108.60
锡	231.298	7.170	铝	660.323	398.10

三、试剂和仪器

1. 主要试剂

聚对苯二甲酸乙二醇酯（PET，工业级），高纯氮气。

2. 主要仪器

Q200 型差示扫描量热仪，分析天平，坩埚，镊子，压样机。

四、实验步骤

（1）仪器准备：检查 DSC 仪器、计算机以及高纯氮气钢瓶之间的连接，设置氮气流速，一般为 50mL/min。打开计算机，运行相关程序软件，使仪器处于待机状态。开启仪器制冷系统，保持 DSC 样品池的温度在 35℃。

（2）样品准备：用镊子夹取一个空坩埚，放置到天平上，归零后，称取 PET 样品 5～10mg，盖上盖子后将装样坩埚置于压样机中压合。

（3）DSC 测试：设置升降温程序，包括升降温速率（10～20℃/min），测试的温度范围（对于 PET 而言，温度范围：室温～280℃）等。将压制好的样品坩埚以及空白坩埚分别放入样品池。按设置好的测试程序开始进行测试。

（4）数据处理：在 DSC 曲线上确定 T_g、T_m 和 T_c。

五、注意事项

(1) 在进行 DSC 测试时要注意样品的分解温度,避免样品分解造成仪器的污染以及影响到测试结果。样品在进行 DSC 测试前,需要先进行 TGA 测试,确定样品的稳定性以及分解温度。DSC 测试温度的最高检测上限为起始分解温度以下 50℃。

(2) 试样的装填方式会影响到试样的传热情况,在进行聚合物样品测试时,最好采用薄膜或细粉状试样,并使样品均匀铺满坩埚底部。坩埚中装填的样品不宜过多,以避免因内部传热慢、温度梯度大而使 DSC 曲线峰形扩大和分辨率下降,以及在测试过程中样品溢出坩埚,污染样品池。通常来说,聚合物样品称 5～10mg 为宜。同时注意选用合适大小的坩埚。试样粒度不同时,由于传热和扩散的影响,会引起实验结果的差别。通常粒度越细,出峰温度越低,峰宽越小,但是其相应的热反应是不变的,只是反应速率有变化。粒度过细时,由于失水很快,也会影响曲线形状。

(3) 在进行测试时,升降温速率也会对实验结果产生一定的影响。一般认为 DSC 的定量测定主要热力学参数是热焓,受升温速率影响很小,但实际测试的结果表明,升温速率太高会引起试样内部温度分布不均匀,炉体和试样也会产生热不平衡状态,所以升温速率的影响很复杂。一般主要影响 DSC 的峰值、峰形的大小和宽窄。初始测试可以 10℃/min 进行试验。

(4) 气氛:不同气体热导性不同,会影响炉壁和试样之间的热阻,从而影响出峰的温度和热焓值。

六、思考题

(1) DSC 的基本原理是什么?DTA 与 DSC 的区别在哪里?
(2) 为什么在计算聚合物样品的热焓时需要准确称量样品的质量?
(3) 玻璃化转变的本质是什么?有哪些影响因素?

实验十四　聚合物动态热机械性能测定

一、实验目的

（1）了解动态热机械分析仪的结构与测试原理。

（2）掌握测定聚合物的储能模量、损耗模量和阻尼模量的方法。

二、实验原理

当聚合物受到变化着的外力作用时，会产生相应的应变。在外力作用下，对聚合物试样的应力-应变关系随温度等条件的变化进行分析，即为动态热力学分析，又称为动态热机械分析（dynamic thermomechanical analysis，DMA）。DMA 测量样品在周期振动应力下，随温度或频率变化的力学性能和黏弹性能，能得到聚合物的储能模量（E'）、损耗模量（E''）和力学损耗（$\tan\delta$），这些物理量是决定聚合物使用特性的重要参数。同时 DMA 对聚合物分子运动状态的反应十分灵敏，考察模量和力学损耗随温度、频率以及其他条件的变化的特性可得到聚合物结构和性能的许多信息，如阻尼特性、相结构及相转变、分子松弛过程、聚合反应动力学等。DMA 的标准测量方式为：在程序控温（线性升温、恒温及其组合等）过程中，给样品施加一定频率、一定振幅的正弦波形式的动态振荡力，于是相应地试样产生一定频率、一定幅度，以及伴随着一定滞后（相对于力的波形的相位差）的动态振荡应变。试样受力后，一般表现为拉伸、压缩以及弯曲等三种行为，如图 2-14-1 所示。

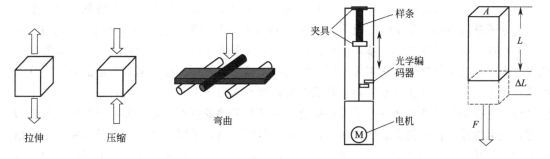

图 2-14-1　DMA 的施力模式　　　　　图 2-14-2　DMA 作用原理

以拉伸模式为例进一步阐述 DMA 的作用原理，如图 2-14-2 所示，左图为拉伸模式的原理简图，其中电机给样品施加轴向拉伸力，光学编码器用来测量样条的形变，固定住的样条在一定频率下上下振动，右图是对截面积为 A 的样条施加了作用力 F，样条增加了 ΔL 的长度，可得应力 σ 和应变 ε，如下所示：

$$\sigma = \frac{F}{A} \tag{2-14-1}$$

$$\varepsilon = \frac{\Delta L}{L} \tag{2-14-2}$$

当材料受到正弦交变外力作用时，因材料的性质将作出不同的应变响应，此时的交变应力如下：

$$\sigma(t) = \sigma_0 \sin\omega t \tag{2-14-3}$$

式中，ω 为角频率；σ_0 为应力振幅（应力最大值）；t 为时间。对于理想弹性体而言，应变可以瞬间响应应力，因此对正交应变响应是与应力相同相位的正弦函数，即：

$$\varepsilon(t) = \varepsilon_0 \sin\omega t \tag{2-14-4}$$

式中，ε_0 为应变振幅（应变最大值）。

对于理想黏性体，应变响应比应力滞后 $\frac{\pi}{2}$ 相位角，即：

$$\varepsilon(t) = \varepsilon_0 \sin\left(\omega t - \frac{\pi}{2}\right) \tag{2-14-5}$$

对于黏弹性体，应变始终比应力滞后了 $0 \sim \frac{\pi}{2}$ 的相位角 δ，即：

$$\varepsilon(t) = \varepsilon_0 \sin(\omega t - \delta) \tag{2-14-6}$$

将应变表达式展开，则有：

$$\varepsilon(t) = \varepsilon_0 \cos\delta \sin\omega t - \varepsilon_0 \sin\delta \cos\omega t \tag{2-14-7}$$

应变可分解为两部分，一部分与应力同相位，峰值为 $\varepsilon_0 \cos\delta$，与储存的弹性能有关，以 E' 表示，另一部分与应力有 $\frac{\pi}{2}$ 的相位差，峰值为 $\varepsilon_0 \sin\delta$，与能量的损耗有关，以 E'' 表示。E'，E'' 和 $\tan\delta$ 可用下式表示：

$$E' = (\sigma_0/\varepsilon_0)\cos\delta \tag{2-14-8}$$

$$E'' = (\sigma_0/\varepsilon_0)\sin\delta \tag{2-14-9}$$

$$\tan\delta = \frac{\sin\delta}{\cos\delta} = \frac{E''}{E'} \tag{2-14-10}$$

对于大部分线型高分子而言，均具有玻璃态、高弹态以及黏流态。在足够低的温度条件下，高分子链被冻结，分子链中仅有键长和键角运动，此时聚合物的存储模量最高，应力-应变关系符合虎克弹性定律，整体表现出硬而脆的物理力学性能，聚合物处于玻璃态温度区域内，聚合物的存储模量变化不大，因此在曲线上近乎为一条直线。随着温度的上升，分子的热运动逐步增加，存储模量出现下降的趋势，而力学损耗则有峰的出现，这表明在这个温度区域内聚合物分子的运动发生了某种变化，即某种运动的解冻，对于非晶态的线型聚合物而言，这个阶段的转变就是玻璃化转变，所以储能模量明显下降，同时分子链段由于克服黏性运动而消耗能量，因此出现力学损耗的高峰，如图 2-14-3 所示。随着温度进一步升高，聚合物进入高弹态，此时存储模量处于一个平台期，力学损耗持续增大，当温度持续上升到黏流温度时，整个分子链都能自由移动，聚合物进入黏流态，将产生不可逆形变。

利用 DMA 可以研究材料的黏弹性能、应力与应变关系，测量玻璃化转变、相转变、软化温度，跟踪固化过程，以及进行蠕变、松弛、热膨胀等特殊测试。其特点是只需很小的样品即可在很宽的温度或频率范围测定材料的动态力学性能，材料的加载模式有剪切、拉伸、

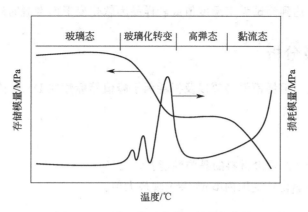

图 2-14-3 典型的动态热机械分析曲线

三点弯曲、单/双悬臂、压缩/针入等，是研究高分子结构变化-运动-性能三者间关系的简便而有效的重要方法，根据材料表观形式的不同，可以选择不同的测试模式。

样品通过夹具（拉伸、压缩、剪切、悬臂梁、三点弯曲等夹具）、空气轴承与驱动器、应力传感器和位移检测器相连接。试样在预张力（最大值：18N）的作用下由驱动器施加一固定频率的正弦伸缩振动。预张力的作用是使试样在受到伸缩振动时始终产生张应力。应力传感器和位移检测器分别检测到同样振动频率的正弦应力和应变信号，经仪器信号处理器处理，直接给出 $\tan\delta$ 和 E'' 值。

三、试剂和仪器

1. 主要试剂

聚丙烯（PP）薄膜及其注射成型样条（工业级）。

2. 主要仪器

Q800 型动态热机械分析仪（DMA），扭力扳手，拉伸、弯曲、单/双悬臂梁、三点弯曲等夹具。

四、实验步骤

（1）打开空压机电源、DMA 主机电源和电脑电源，预热 30 min。

（2）预热完成后，开始位置校正。

（3）根据测试要求，选择合适的夹具，按照校正的要求安装并完成夹具校正。

① 对于柔性材料，如薄膜，一般选用拉伸模式进行测量；

② 对于海绵类材料，一般选用压缩模式进行测量；

③ 对于刚性材料，一般选用单/双悬臂梁或者弯曲模式进行测量。

（4）根据所选的夹具，制样、装载样品并关闭炉子。

（5）输入样品信息，并设定测试程序。一般选用 3℃/min 的升温速度，对于热塑性材料，最高温度应低于样品的熔点，而对于热固性材料，应低于分解温度。振动频率既可选用单频，也可选用多频。

（6）开始测试，达到测试设定温度值或者样品因软化变形而滑脱时结束。

五、实验结果及分析

将存储模量拐点、损耗模量峰值以及损耗因子峰值等标注在 DMA 曲线上相应位置。

六、思考题

（1）如何通过 DMA 评价材料的黏弹性能？
（2）为什么在玻璃化转变区内 tanδ 会出现最大值？

拓展知识

分子运动与热性能

在玻璃态下，由于温度较低，分子运动的能量很低，不足以克服主链内旋转的位垒，因此不足以激发分子链段运动，链段处于冻结状态，当受到外力时，只能使主链的键长和键角有微小改变，形变很小，当外力去除后形变能立即回复；随着温度的升高，分子热运动的能量提高，当达到某一温度（T_g）时，链段运动被激发，高分子进入高弹态，在该阶段链段可以通过单链的内旋转和链段的运动不断改变分子构象，但整个分子仍然不能运动，当受到外力时，分子链可以从卷曲状态变为伸直状态，从而发生较大形变；温度继续升高，整个分子链开始运动，高分子进入黏流态，大分子发生黏流运动，这是大分子间发生相互滑移的宏观表现，当外力去除后形变不能回复。

聚合物热机械曲线测定

一、实验目的

（1）掌握热机械分析仪的结构与测试原理。
（2）掌握热机械性能的测试方法。

二、实验原理

结构不同的聚合物具有不同的物理力学性能，而材料的性能往往是要通过分子运动才能够展现出来。即使是同一结构的聚合物，由于环境的改变也有可能发生运动方式的改变，从而表现出不同的性能，换言之，聚合物的分子运动是微观结构和宏观性能的桥梁。由于结构是决定分子运动的内在条件，而性能是分子运动的宏观表现，因此了解聚合物分子热运动规律、聚合物在不同温度下呈现的力学状态、热转变与松弛以及影响热转变的各种因素，对于合理地选用材料、确定加工工艺条件以及材料改性均具有重要的意义。

研究物质形变或力学性质与温度关系的方法，常称为热机械分析法（thermomechanical analysis，TMA），该法包括热膨胀法、静态热机械分析和动态热机械分析三种技术，它们之间的差别最主要的来自它们测量时负载力的不同。热膨胀法是测量试样负载力为零，即仅有自身重力而无外力作用时，在程序温度控制下，膨胀或收缩引起的体积或长度的变化；静态热机械分析是测量材料在静态负载力（非交变负荷）作用下，形变与温度间关系的技术；动态热机械分析是在程序控制温度下，测量材料在动态负载力（交变负荷）下动态模量和力学阻尼（或称力学内耗）与温度关系的一种技术。TMA 专指静态热机械分析。

TMA 按机械结构形式不同，可以分为天平式和直筒式两大类。天平式 TMA 的施力方向（拉伸还是压缩）和大小是通过刀口式天平来控制的。直筒式 TMA 根据施力控制原理、方式不同可分为三种：弹簧型、磁力型和浮子型。TMA 实验时需要对具有一定形状的聚合物样品施加恒定的外力，在一定的范围内改变温度，观察样品随温度变化而发生形变的情况，以形变或者相对形变对温度作图，所得到的曲线通常被称为温度-形变曲线，或者是热机械曲线。TMA 是在热膨胀仪的基础上发展起来的，它的基本原理和热膨胀仪相同，实验中将需要测试的样品放在一个加热炉内的石英平台上，传感器置于样品上面，并对样品施加一定的力，加热炉根据设定的程序开始加热，这样连接在传感器上的线性差动变压器记录样品在控制的变温环境中膨胀或收缩结果。图 2-15-1 为 TMA 的三种探头结构。

此外，TMA 可以设定试样所受负荷的大小，改变负荷会得到不同的热形变曲线，因此负荷大小成为一个重要的实验参数。而且将负荷大小设置为与材料实际使用中所受的力相近，热形变曲线更有实用价值。TMA 所测的形变，除了一部分是样品自身膨胀或收缩引起

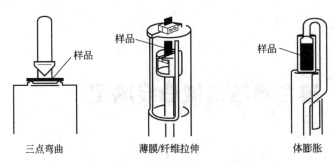

图 2-15-1　TMA 的三种测试探头

的形变之外，还有一部分是应力引起的，这部分形变是分子相对移动时释放能量（黏性响应）或储藏能量（弹性响应）的结果，因此 TMA 所测形变实际上是膨胀行为和黏弹效应的加和。

实验中，TMA 有三种操作模式用于测量，分别如下：

（1）标准模式，如果线性升温时保持力恒定，监测位移的变化则得到最经典的热膨胀曲线；线性升温保持应变恒定，监测力的变化可用于评价薄膜或纤维的收缩力；如果恒温条件下，力呈线性变化，监测其所产生的应变则可获得力-位移曲线和模量信息。

（2）应力-应变模式，在恒温条件下，施加线性变化的应力或应变，测量对应的应变或应力，从而可得到应力-应变图谱及相关的模量信息。

（3）蠕变-应力松弛模式，对于蠕变实验，即应力保持恒定，监测应变随时间的变化，获得柔量数据；对于应力松弛实验，即应变保持恒定，监测应力的衰减，获得松弛模量数据。二者均为瞬态测试，可评估材料形变及回复性质。

三、试剂和仪器

1. 主要试剂

聚对苯二甲酸乙二醇酯（PET）纤维。

2. 主要仪器

Discovery 450EM 型热机械分析仪（TMA）。

四、实验步骤

（1）打开空压机电源。

（2）接通 TMA 电源与仪器控制软件，预热 30 min。

（3）根据引导，依次进行探针校正、炉子常数校正、温度校正、探针安装校正。

（4）根据样品选择探头种类，本实验选用拉伸探头。

（5）选择测试模式（包括标准模式、应力-应变模式和蠕变-应力松弛模式），本实验选用标准模式。

（6）采用直接升温的模式设定测试程序，其中力值为 0.05N，起始温度室温，终止温度为 200℃，升温速度 5℃/min。

（7）打开炉子，将样品装入测试台。

（8）设置样品的尺寸等相关信息，关闭炉子，开始测试。

（9）当完成升温-降温-升温程序后，电脑自动记录热变形-温度曲线，完成实验。

五、实验结果及分析

将玻璃化转变温度标记于曲线上并计算膨胀系数。

六、注意事项

（1）由于探头为石英制品，放样时必须小心谨慎，避免碰坏探头。

（2）测试运行期间严禁碰撞实验台或仪器，以免因为振动造成测试结果错误。

（3）由于 TMA 是研究形变的技术，因此样品尺寸是否准确计量、是否稳定很重要，选用样品要求形状规整、无缺陷（气泡或裂纹），块状样品上下两面要求平行且光滑，复合材料尤其是聚合物中添加了无机填料要考虑两相间是否相容，必要时类似于 DSC 测试要考虑去除热历史的影响。

（4）由于 TMA 的样品用量相比 TGA 和 DSC 要大，扫描速率设定相对慢一些为好，一般 5℃/min；保护气体常用氮气或空气，流量 10～50mL/min。

（5）此外，由于 TMA 配备有各种探头，了解这些探头的功能以及何种形态的样品适用于何种探头；了解测试的目的，在多种实验模式中选择合适的实验程序；力是 TMA 测试的一个重要参数，其大小的设定等往往依赖于实验人员的经验。对于块状样品，一般适用的探头有：压缩探头、三点弯曲探头、针入（或称穿透）探头，所测参数：线膨胀系数、玻璃化转变温度、软化点、熔点、蠕变和松弛等。对于膜和纤维样品，一般适用的探头有：拉伸探头、针入探头，所测参数：杨氏模量、玻璃化转变温度、软化点、蠕变、固化、交联密度和硬度等。对于黏性流体和胶体，一般适用的探头有：剪切探头和针入式探头，所测参数：黏性、凝胶化、胶体-熔体转变温度、固化和剪切模量。

七、思考题

（1）如何通过 TMA 评价材料力学性能？

（2）有哪些方法可以测聚合物的玻璃化转变温度？各有什么特点？

实验十六　聚合物温度-形变曲线测定

一、实验目的

(1) 了解线型非晶态聚合物的三个力学状态和两个转变温度。

(2) 掌握用热变形仪对聚合物温度-形变曲线的测试方法。

(3) 掌握利用温度-形变曲线求线型非结晶聚合物两个转变温度的方法。

二、实验原理

聚合物的结构复杂，分子运动单元具有多重性，它们的运动又具有温度依赖性。即使结构一样，但只要处于不同的状态，分子的运动方式也会不一样，从而显示出不同的物理和力学性能。聚合物许多结构因素的改变（如化学结构、分子量、结晶性、交联、增塑或老化等），都会在温度-形变曲线上有明显的反映。因此测定聚合物的温度-形变曲线，可以提供试样许多内部结构信息，了解聚合物分子运动和力学性能的关系，分析聚合物的结构形态。

聚合物试样上施加恒定负载，并在一定范围内改变温度，试样形变会随着温度的变化而变化。记录聚合物形变随温度的变化，即可得聚合物的温度-形变曲线，又称为热机械曲线。聚合物温度-形变曲线是研究聚合物力学状态的重要手段。通过曲线还能得到聚合物的特性转变温度，如玻璃化转变温度（T_g）、流动温度（T_f）和熔点（T_m）。这些参数对聚合物的加工条件和使用范围具有重要的指导意义。在实际应用时，聚合物的温度-形变曲线可以用来评价材料的耐热性、使用温度范围及加工温度等。

1. 线型非晶聚合物的温度-形变曲线

图 2-16-1 是线型非晶聚合物的温度-形变曲线，具有"三态""两转变"的特征。三态指玻璃态、高弹态和黏流态，两转变指玻璃化转变和黏流态转变。

线型非晶聚合物存在以下三种力学状态。

(1) 玻璃态　当温度足够低时，高分子链和链段的运动被"冻结"，外力作用只能引起比链段小的运动单元运动，如侧基、短支链或链长链角的改变。此时，聚合物形变量很小，弹性模量大，其机械性能与玻璃相似，表现出硬而脆的力学性质。

(2) 玻璃化转变区　随着温度的升高，分子热运动加剧，链段开始解冻。链段构象开始

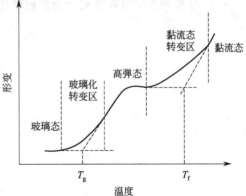

图 2-16-1　线型非结晶聚合物的温度-形变曲线

改变，聚合物的弹性模量骤降，形变量增加，表现出韧性特征。此时去除外力后，形变可恢复。

（3）高弹态 聚合物受力后发生高弹形变。此时，聚合物分子链可以通过单键的内旋转使链段运动，来适应外力的作用。外力撤除后，分子链通过内旋转回复到卷曲状态。高弹态时，表现为高弹性。此时，聚合物形变量较大，模量低，在温度-形变曲线上表现为一个平台，一般聚合物分子量越高，平台越长。

（4）黏流态转变区 在此区域，链段的运动加剧，分子链能进行重心位移，模量继续下降，表现出黏弹性特征。受力后，聚合物发生塑性形变，形变量大且不可逆。

（5）黏流态 温度进一步升高，直至整个高分子链能克服相互作用和链缠结而运动。

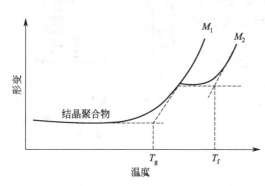

图 2-16-2 结晶聚合物的温度-形变曲线

2. 结晶聚合物

结晶聚合物的晶区中，微晶起到类似交联点的作用，高分子受晶格的束缚，链段和分子链都不易运动。如图 2-16-2 所示，当结晶度低时，聚合物中非晶部分在温度 T_g 后仍可表现出高弹性；当结晶度高时，链段运动受抑制，当温度升高到结晶熔融时，热运动克服晶格能，分子链和链段突然活动起来。如果分子量不大，直接进入黏流态，形变量剧增，曲线如图转折向上弯曲（曲线 M_1）。如果分子量很大，$T_f > T_g$，结晶熔融后，聚合物整个分子还是不能运动，只有链段可以运动。此时，温度-形变曲线出现高弹态，只有达到更高的温度时，聚合物进入黏流态（曲线 M_2）。

热机械曲线的形状取决于聚合物的分子量、链段结构、聚集体结构、添加剂、升温速率等诸多因素。由于力学状态的改变是一个松弛过程，因此 T_g 和 T_f 往往随着测定方法和条件的改变而略有不同。测定温度-形变曲线时，所用载荷的大小和升温速度快慢都会影响测定的值。升温速率增加，T_g 和 T_f 都向高温方向移动。另外，增加载荷有利于运动过程的进行，因此 T_g、T_f 均会下降，且高弹态会不明显。另外，热塑性塑料和橡胶的成型都是聚合物在黏流状态下进行的，T_f 经常是成型加工的最低温度。T_f 和分子量有很大的关系，分子量越高，T_f 越高，但由于分子量分布不均匀，具有多分散性，所以 T_f 经常不是一个明确的数值，而是一个较宽的温度区域。这也是为什么曲线上 T_f 的转折不如 T_g 清晰的原因。

与 TMA 法测温度形变曲线相比，用热变形仪一方面可以免去复杂的制样过程，另一方面可以测定聚合物的"三态""两转变"（TMA 测试的最高温度必须低于聚合物的熔点，所以 TMA 无法测聚合物的黏流温度和黏流态转变），但测试样品形态单一（以块状样品为主）。

三、试剂和仪器

1. 主要试剂

聚甲基丙烯酸甲酯（PMMA）。

2. 主要仪器

热变形仪（图 2-16-3）。

四、实验步骤

（1）打开热变形仪主机及记录仪电源开关，仪器预热 10min。

（2）截取厚度约 1mm 的 PMMA 试样一小块，打开加热炉，将样品放在样品台上。压杆轻触样品，检查压杆是否可上下移动，关闭炉子。

（3）正确连接线路，接通电源。设置实验条件，升温速度为 3～5℃/min，终止温度设定为 300℃。

（4）调节位移调零旋钮至零，打开记录仪位移笔开关，接通主机升温电源，开始实验，直至画好整个温度-形变曲线为止。

（5）切断升温系统电源，关闭记录仪，打开加热炉进行降温。

（6）待炉子冷却至室温后，清理样品台和压杆，重复上述步骤，进行第二次测量。

（7）实验完成后，切断电源，拆下压杆和砝码，清除试样残渣，将仪器复原归位。

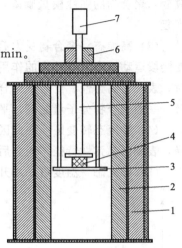

图 2-16-3　热变形仪示意图
1—加热块；2—保温层；3—试验台；
4—试样；5—加力杆；6—砝码；
7—位移传感器

五、实验记录及数据处理

（1）实验记录数据　在温度-形变曲线上标出试样的 T_g、T_f 和 T_m。

（2）将实验结果填入表 2-16-1。

表 2-16-1　实验数据记录及结果

样品名称	测试条件		T_g/℃	T_m/℃	T_f/℃
	载荷/(kgf/cm²)	升温速率/(℃/min)			

六、注意事项

（1）炉体高温，注意防烫伤。

（2）试样上下两面必须光滑且平行。

七、思考题

（1）温度-形变曲线对聚合物加工和应用有何指导意义？

（2）哪些实验条件会影响 T_g 和 T_f，有何种影响？实验结果怎样才具有可比性？

（3）如何通过温度-形变曲线来评价材料耐热性、使用温度范围及加工温度？

实验十七　粒径分析实验

一、实验目的

(1) 了解激光粒径仪的原理。

(2) 掌握激光粒径仪的操作方法。

二、实验原理

聚合物的填充改性经常要用到粉末状填料，填料的粒径直接影响改性聚合物的功能或性能，因此测定填料的粒径十分必要。光线在行进中遇到微小颗粒时，会发生散射。颗粒越大，散射角越小；颗粒越小，则散射角越大，这种现象可以由电磁波理论准确描述。因此只要我们测得散射光的分布情况，就可以推测出颗粒的大小。

光在传播过程中，波前由于受到与波长尺度相当的隙孔或颗粒的限制，以受限波前处各元波为源的发射在空间干涉而产生衍射和散射，衍射和散射的光能的空间（角度）分布与光波波长和隙孔或颗粒的尺度有关。激光粒径仪使用无约束拟合反演方法、频谱放大技术，根据大小不同的颗粒在各角度上散射光强的变化来反演出颗粒群的粒径大小和粒径分布规律。

由于激光具有很好的单色性和极强的方向性，所以在没有阻碍的无限空间中激光将会照射到无穷远的地方，并且在传播过程中很少有发散的现象。为了测量不同角度上散射光的光强，需要运用光学手段对散射光进行处理。在光束中适当的位置上放置一个傅里叶透镜，在傅里叶透镜的后焦平面上放置一组多元光电探测器，不同角度的散射光通过傅里叶透镜照射到多元光电探测器上时，光信号将被转换成电信号并传输到电脑中，通过专用软件对这些信号进行处理，就可以准确地得到粒径分布。激光粒径仪的测试原理如图 2-17-1 所示。

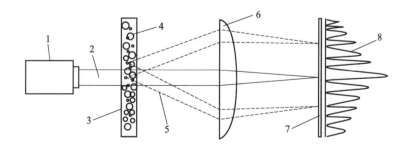

图 2-17-1　激光粒径仪测试原理

1—激光发生器；2—光束；3—样品池；4—样品颗粒；

5—衍射光信号；6—傅里叶透镜；7—检测器阵列；8—衍射光谱

三、试剂和仪器

1. 主要试剂

碳酸钙粉末（AR），六偏磷酸钠（分散剂，AR），去离子水。

2. 主要仪器

激光粒径仪，超声波仪，烧杯。

四、实验步骤

（1）打开粒径仪电源开关、电脑开关和程序。

（2）将粒径仪光能分布调节到最佳状态，令激光穿透傅里叶透镜的中心位置，建立新测样品的相关参数。

（3）将 5g 碳酸钙粉末、1g 六偏磷酸钠、50mL 去离子水放入烧杯，并在超声波仪中超声分散 15min，待用。

（4）测背景（最后测试结果将自动扣除背景），将超声分散好的混合液边倒入有去离子水的循环样品池中，边观察电脑显示屏混合液浓度变化，达到限位后停止加料。

（5）启动粒径仪的超声发生器使样品充分分散，然后启动循环水泵，开始测试，直到给出粒径分布图。

五、思考题

（1）除了粒径仪，还有哪些仪器设备可以检测粉末状材料的尺寸？

（2）粒度分布中的 D50、D90 的含义是什么？

第三篇

高分子材料加工实验

实验一 热塑性聚合物挤出造粒

一、实验目的

（1）了解热塑性聚合物的挤出工艺过程以及造粒加工过程。

（2）掌握热塑性聚合物挤出及造粒加工设备及操作方法。

二、实验原理

挤出成型是热塑性聚合物重要的成型方法之一，是在螺杆挤出机作用下完成的重要加工过程。螺杆挤出机一般可以分为单螺杆挤出机和双螺杆挤出机。单螺杆挤出机适宜于一般材料的挤出加工，双螺杆挤出机由于具有由摩擦产生的热量较少、物料所受到的剪切比较均匀，且有更好的混炼、排气、反应和自洁功能，适用于热塑性聚合物的熔融改性、挤出造粒。

双螺杆挤出机组的机械部分包括螺杆、机筒等主机工作部分，传动系统，喂料系统，真空系统和造粒系统，如图 3-1-1 所示。

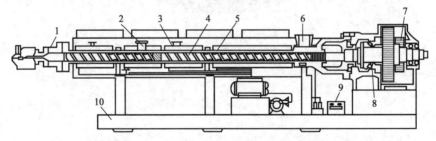

图 3-1-1　双螺杆挤出机结构

1—机头；2—排气口；3—加热冷却系统；4—螺杆；5—机筒；

6—加料口；7—减速箱；8—止推轴承；9—润滑系统；10—机架

聚合物固体颗粒通过料斗加入挤出机，物料在挤出机内熔融、压缩、排气、混合并经口模挤出，挤出的熔体带条进入冷却水槽固化后切断造粒，如图 3-1-2 所示。

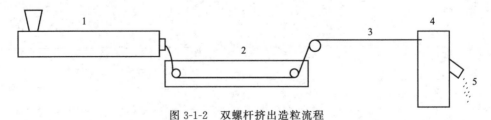

图 3-1-2　双螺杆挤出造粒流程

1—双螺杆挤出机；2—冷却水槽；3—铸带条；4—切粒机；5—聚合物颗粒

三、试剂和仪器

1. 主要试剂

聚丙烯（PP，工业级），色母粒（工业级）。

2. 主要仪器

双螺杆挤出机，冷却水槽，高速混合器，切粒机，台秤。

四、实验步骤

（1）按照 100 份 PP、1 份 PP 色母粒的比例称取物料，利用高速混合器对物料进行混合。

（2）打开双螺杆挤出机的冷却水，打开电源，设置螺杆各区以及机头口模温度，设置范围 160～190℃，预热螺杆。

（3）预热完成后，将混合好的物料加入料斗，先启动主螺杆，然后启动喂料螺杆，物料开始进入挤出机。

（4）熔体从挤出机口模挤出后，进入冷却水槽铸带，直至带条均匀无异物的时候输入切粒机切粒，根据粒子的大小调整切粒机喂入速度。

（5）实验完成后，加入 PP 颗粒清洗螺杆，直到从口模挤出的物料无色透明为止，螺杆挤出机中物料挤出完毕后，依次关闭喂料螺杆和主螺杆驱动，停止螺杆各区及机头加热直至温度降至室温后，关闭冷却水，最后关闭电源。

五、实验记录与数据处理

（1）实验设备规格、型号。

（2）实验的步骤及内容。

（3）实验参数（螺杆各区及机头的温度、主螺杆转速、喂料螺杆转速、切粒机喂入速度）。

六、注意事项

（1）熔体被挤出之前，不得在机头口模的正前方，以防熔体喷出。挤出过程中，严防金属杂质、小工具等物料落入进料口中。

（2）清理设备时，只能使用铜棒、铜制刀等工具，切忌损坏螺杆和口模等处的光洁表面。

（3）如果发现熔体无法正常挤出，应立即停车，查明问题并调整后再恢复实验。

（4）严禁触摸电气设备，以防出现意外动作，造成设备、人身事故。

七、思考题

（1）挤出的聚合物带条在牵引过程中应注意哪些问题？

（2）为什么纯 PP 刚从口模挤出时是无色透明的，而经过冷却水冷却后变为不透明的？

实验二　热塑性聚合物注射成型

一、实验目的

（1）了解注射成型机和模具的基本结构和工作原理。

（2）掌握注射成型机的操作方法。

二、实验原理

注射成型又称注塑成型，是聚合物成型的一种重要方法，主要适用于热塑性聚合物成型。注射成型原理（以螺杆式注射成型机为例）：将加入料斗中的粉料或粒料送入注射机的料筒中，经过加热和旋转的螺杆对物料的剪切摩擦作用而逐渐熔融塑化，并输送至料筒前端的喷嘴附近，当料筒前端的熔体堆积形成的压力达到能够克服注射液压缸活塞退回的阻力时，螺杆在转动的同时逐步向后退回，当螺杆退到预定位置时，即停止转动和后退，然后注射液压缸开始工作，带动螺杆按一定的压力和速度，将熔体经喷嘴注入模具型腔，保压一定时间并冷却成型，便可获得模具型腔赋予的形状和尺寸。开合模机构将模具打开，在推出机构的作用下取出塑件，即完成一个工作循环。

1. 注射成型工艺过程

注射成型工艺过程包括成型前准备、注射过程和塑件的后处理。

（1）注射成型前准备　原料外观和工艺性能的检验、预热和干燥处理；注射机料筒的清洗或更换；脱模剂的选用；模具的预热。

（2）注射过程　包括加料、塑化、合模、锁模、注射、保压、冷却定型和脱模等几个阶段。

（3）塑件的后处理　包括去水口、修边、打磨等几个阶段。

2. 注射成型工艺

（1）温度　包括料筒温度、喷嘴温度和模具温度，前两种温度主要影响聚合物的塑化和流动性能，而后一种温度主要影响熔体在模腔的流动和冷却。料筒温度是保证聚合物塑化质量的关键工艺参数之一，料筒热量是通过加热圈对料筒加热获得，料筒温度的调节应保证塑化良好，能够顺利地进行充模而不引起熔体分解，只有塑化良好的熔体才能顺利地进入模具型腔，得到与型腔完全一致的制品。料筒温度的配置，一般靠近料斗附近的温度偏低（便于螺杆加料输送），沿喷嘴方向温度逐渐升高，使物料在料筒中逐渐熔融塑化。喷嘴温度的设定应协同料筒温度，以达到物料塑化良好的目的，并且应避免出现物料分解的情况。模具温度的高低、均匀性直接影响熔融物料的冷却历程，对制品冷却速度以及塑件的内在性能和外观质量影响极大，如果模具温度发生波动，塑件的收缩率也将发生变化，对模具温度的控制通常有两种方式，对模具加热或通入冷却水。

（2）压力　注射过程中的压力包括塑化压力和注射压力，它们直接影响聚合物的塑化和制品的质量。螺杆式注射成型机在塑化物料时，螺杆后退受到一定的阻力（来源于注射油缸），喷嘴的口径较小，塑化的熔融物料不易流出，螺杆端部熔料产生一定的压力，称为塑化压力，亦称预塑背压，其压力的大小可以通过注射成型机的液压系统中注射油缸的回油背压阀来调整。塑化压力使物料的塑化质量得到提高，尤其是带色母粒的物料颜色分布更加均匀，使物料中的微量水分从螺杆的根部溢出，减少制件的银纹和气泡。注射压力是以螺杆顶部对熔体施加的作用力，作用是克服熔体从料筒向模具型腔流动的阻力，保证熔料充模的速率并将熔料压实。注塑过程中，注射压力与塑料熔体温度实际上是互相制约的，而且与模具温度有密切关系。料温高时，减少注射压力；反之，加大注射压力。

（3）时间　完成一次注塑过程所需的时间称为成型周期，也称模周期。它包括充模时间、注射时间、保压时间和闭模冷却时间。在整个成型周期中，以注射时间和冷却时间最重要。它们对制品的质量有决定性影响，注射时间主要影响熔体在模腔内压力、温度及制品性能。冷却时间主要取决于制品的厚度、物料的热性能和结晶性能，以及模具温度等。冷却时间的终点，应以保证制品在脱模时不引起变形为原则。

三、试剂和仪器

1. 主要试剂

聚丙烯（PP，工业级）。

2. 主要仪器

注射成型机（图 3-2-1）。

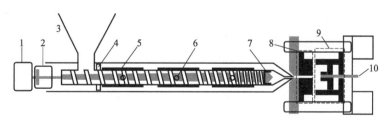

图 3-2-1　注射成型机结构

1—电机；2—气缸；3—料斗；4—冷却系统；5—加热模块；
6—测温点；7—止逆环；8—定模；9—动模；10—顶针

四、实验步骤

（1）打开注射成型机电源，设定料筒温度，设置范围：190～210℃。

（2）模具试运行，在升温过程中通过开闭模具、空顶出顶针，以确保模具安装合适。

（3）当料筒温度达到设定值，向料斗中加入 PP 颗粒，通过预塑、对空注射观察熔融温度是否合适。

（4）关闭模具，移动注射机座，将喷嘴顶住注射口，完成注射后保压。

（5）保压完成后，打开模具，顶出塑件。

（6）去水口并修边。

五、实验记录与数据处理

（1）实验设备规格、型号。

（2）实验的步骤及内容。

（3）实验参数（螺杆各区及喷嘴的温度、压力等）。

（4）制品品质测量记录（尺寸与质量）。

六、注意事项

（1）在闭合动、定模时，应保证模具方位的整体一致性，避免错合损坏。

（2）禁止料筒温度在未达到规定要求时进行预塑或注射动作。

（3）喷嘴堵塞时，严禁用增压的方法清除阻塞物。

（4）不得用硬金属工具清理模具型腔。

七、思考题

（1）结合实验结果，试分析制品品质与原料、工艺条件及实验设备的关系。

（2）试分析制品产生缺料、溢料、凹痕、空泡的原因，并提出相应的处理措施。

实验三　聚乙烯吹塑成型

一、实验目的

（1）了解吹塑成型的基本原理和吹塑设备的基本结构。
（2）掌握薄膜挤出吹塑的操作方法。

二、实验原理

挤出成型是热塑性塑料十分重要的成型方法，其产量也居各成型方法的首位。通过更换机头口模，挤出成型可生产多种制品，其中挤出吹塑薄膜是挤出成型的主要产品之一。

如图 3-3-1 所示，挤出吹塑薄膜成型过程如下：当螺杆挤出机中的熔体进入机头后，经环隙形口模成型为薄膜管坯，此时将管坯端部封闭并引至牵引辊，从芯膜孔道吹入压缩空气，从而管坯横向膨胀，同时牵引辊连续纵向牵伸，使膜管达到所要求的厚度及折径。膜管经冷却风环冷却定型并由人字板压叠成双折薄膜，通过牵引辊以恒定的速度进入卷取装置，到一定量时可进行切割即成为膜卷。在挤出吹塑薄膜生产装置中，牵引辊又是压辊，它通过完全压紧已折叠的双层薄膜，使膜管内的空气不能越过牵引辊的缝隙处而使膜管内部保持恒定的空气量和压力，保证薄膜的尺寸不变，因此吹塑薄膜生产中，只是在生产初期鼓入压缩空气，待薄膜尺寸确定后，不需再使用压缩空气。

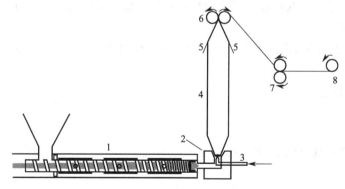

图 3-3-1　上吹膜成型示意图

1—螺杆挤出机；2—吹膜机头；3—进气口；4—膜管；5—人字板；6—牵引辊；7—拉伸辊；8—收卷

关于薄膜吹塑工艺的控制，以聚乙烯为例，主要是做好以下几项。

1. 挤出机温度

吹塑低密度聚乙烯（LDPE）薄膜时，挤出温度一般控制在 160～170℃，且必须保证机头温度均匀，挤出温度过高，树脂容易分解，且薄膜发脆，尤其使纵向拉伸强度显著下降；温度过低，则树脂塑化不良，不能圆滑地进行膨胀拉伸，薄膜的拉伸强度较低，且表面的光泽性和透明度差，甚至出现像木材年轮般的花纹以及未熔化的晶核（鱼眼）。

2. 吹胀比

吹胀比是吹塑薄膜生产工艺的控制要点之一，是指吹胀后膜泡的直径与未吹胀的管环直径之间的比值。吹胀比为薄膜的横向膨胀倍数，实际上是对薄膜进行横向拉伸，拉伸会对聚合物分子产生一定程度的取向作用，吹胀比增大，从而使薄膜的横向强度提高。但是，吹胀比也不能太大，否则容易造成膜泡不稳定，且薄膜容易出现皱褶。因此，吹胀比应当同牵引比配合适当才行，一般来说，LDPE 薄膜的吹胀比应控制在 2.5～3.0 为宜。

3. 牵引比

牵引比是指薄膜的牵引速度与管环挤出速度之间的比值。牵引比是纵向的拉伸倍数，使薄膜在引取方向上具有定向作用。牵引比增大，则纵向强度也会随之提高，且薄膜的厚度变薄，但如果牵引比过大，薄膜的厚度难以控制，甚至有可能会将薄膜拉断，造成断膜现象。LDPE 薄膜的牵引比一般控制在 4～6 为宜。

4. 露点

露点又称霜线，指聚合物由黏流态进入高弹态的分界线。在吹膜过程中，LDPE 在从模口中挤出时呈熔融状态，透明性良好。当离开模口之后，要通过冷却风环对膜泡的吹胀区进行冷却，冷却空气以一定的角度和速度吹向刚从机头挤出的膜泡时，高温的膜泡与冷却空气相接触，膜泡的热量会被冷空气带走，其温度会明显下降到 LDPE 的黏流温度以下，从而使其冷却固化且变得模糊不清。在吹塑膜泡上可以看到一条透明和模糊之间的分界线，这就是露点。在吹膜过程中，露点的高低对薄膜性能有一定的影响。如果露点高，位于吹胀后的膜泡的上方，则薄膜的吹胀是在液态下进行的，吹胀仅使薄膜变薄，而分子不受到拉伸取向，这时的吹胀膜性能接近于流延膜。相反，如果露点比较低，则吹胀是在固态下进行的，此时塑料处于高弹态下，吹胀就如同横向拉伸一样，使分子发生取向作用，从而使吹胀膜的性能接近于定向膜。

挤出吹塑薄膜由引模方向的不同可分为上吹法、下吹法和平吹法，本实验所用的是上吹法。

三、试剂和仪器

1. 主要试剂

线型低密度聚乙烯（LLDPE，工业级）。

2. 主要仪器

吹膜机，托盘天平，温度计，千分尺，卷尺，哑铃形标准刀具，剪刀。

四、实验步骤

（1）打开吹膜机电源，检查主机加热系统是否正常，机头连接部分的螺栓是否紧固，辅机各部分运转是否可靠。

（2）打开冷却水开关，对料斗底部进行冷却。

（3）料筒温度设定 160～170℃，机头温度设定为 150℃。

（4）温度达到预设值后开动主机和辅机使其在低速下运转，先加入少量 LLDPE 颗粒，并注意进料及主机电流情况，如进料困难或主机电流过大，应及时停车，提高成型温度并保温一段时间后再开车。

（5）当正常挤出后，将挤出物端口封闭，从芯模通入一定量的压缩空气，缓慢牵引管坯通过冷却风环、人字板至牵引辊。

（6）逐渐提高螺杆转速并相应改变牵引速度，同时调整压缩空气的进气量、冷却风环的位置、冷却风环出口间隙等。

（7）在膜管形状尺寸、透明度及外观质量稳定不变的条件下，用剪刀截取 1min 生产的薄膜，用天平称重并计算生产率，用千分尺测量模口间隙（t）和薄膜的平均厚度（δ），用卷尺测量膜泡直径（D_k）及折径（W），计算吹胀比（α）和牵引比（β）：

$$\alpha = \frac{2W}{\pi D_k} \tag{3-3-1}$$

$$\beta = \frac{t}{\alpha\delta} \tag{3-3-2}$$

（8）缓慢改变成型工艺条件，待过程正常后，再次截取 1min 的产品进行称量和计算。

（9）观察实验过程中膜管的冷冻线。改变风环的位置或挤出、牵引速度等观察冷冻线的变化情况。

（10）用剪刀截取一段产品，用哑铃形标准刀具从薄膜纵、横两个方向裁取性能测试样品。

五、注意事项

1. 挤出吹塑薄膜厚度均匀性差的原因

（1）模口间隙的均匀性直接影响薄膜厚度的均匀性；

（2）模口温度分布不均匀；

（3）冷却风环四周的送风量不一致；

（4）吹胀比和牵引比不合适；

（5）牵引速度不恒定。

2. 解决办法

（1）调整机头模口间隙，保证各处均匀一致；

（2）调整机头模口温度，使模口温度均匀一致；

（3）调节冷却装置，保证出风口的出风量均匀；

（4）调整吹胀比和牵引比；

（5）检查机械传动装置，使牵引速度保持恒定。

六、思考题

（1）比较上吹法和下吹法制备的薄膜，工艺有何不同？

（2）双轴拉伸与单轴拉伸对薄膜的性能分别有何影响？

实验四 聚氨酯泡沫塑料成型

一、实验目的

(1) 了解制备聚氨酯泡沫的反应原理。

(2) 掌握聚氨酯发泡材料的制备工艺。

二、实验原理

聚氨基甲酸酯（PU），简称聚氨酯，泡沫塑料是 PU 的主要品种之一，主要特征是具有多孔性，因而具有相对密度较小、质轻、隔热隔音、比强度高、减震等优异性能，根据原料和配方的不同，可以制成软泡、半硬泡和硬泡等几种。PU 泡沫塑料有三种制备方法，分别是预聚体法、半预聚体法和一步法，前两者是先聚合、扩链生成预聚体，再进行发泡、交联等，适用于制备硬质泡沫塑料，而一步法是所有的原料一次加入，扩链、发泡、交联同时进行。在 PU 泡沫制备过程中，主要发生三个反应。

1. 预聚体的合成

由过量二异氰酸酯与多元醇反应生成含有异氰酸酯端基的 PU 预聚体。

$$OCN—R—NCO + HO\sim OH \longrightarrow OCN—R—NH—\overset{\overset{\displaystyle O}{\|}}{C}—O\sim O—\overset{\overset{\displaystyle O}{\|}}{C}—HN—R—NCO$$

2. 气泡的形成与扩散

异氰酸根与水反应生成氨基甲酸，但是氨基甲酸不稳定，容易分解成胺和二氧化碳，放出的二氧化碳气体在聚合物中形成气泡，同时，生成的端氨基聚合物可以与异氰酸酯基进一步发生扩链反应，从而得到含有脲基的聚合物。

$$\sim NCO + H_2O \longrightarrow \left[\sim NH—\overset{\overset{\displaystyle O}{\|}}{C}—OH \right] \longrightarrow \sim NH_2 + CO_2$$

$$\sim NH_2 + \sim NCO \xrightarrow{\text{扩链}} \sim NH—\overset{\overset{\displaystyle O}{\|}}{C}—HN\sim$$

3. 交联固化

异氰酸酯基与脲基上的活泼氢反应，使分子链发生交联，形成网状结构。

$$\begin{array}{c} \sim NH \\ | \\ C=O \\ | \\ NH \\ | \\ P \\ | \\ \end{array} + OCN-R-NCO + \begin{array}{c} NH \\ | \\ C=O \\ | \\ NH \\ | \\ P \\ | \\ \end{array} \longrightarrow \begin{array}{c} N-C-NH-R-NH-C-N \\ | \quad\quad O \quad\quad\quad\quad O \quad | \\ C=O \quad\quad\quad\quad\quad\quad\quad C=O \\ | \quad\quad\quad\quad\quad\quad\quad\quad | \\ P \quad\quad\quad\quad\quad\quad\quad\quad O \quad P \\ \end{array}$$

三、试剂和仪器

1. 主要试剂

聚醚多元醇 330（CP），二苯基甲烷二异氰酸酯（MDI，CP），三乙基二胺（AR），硅油（匀泡剂，CP），去离子水。

2. 主要仪器

电子天平，高速搅拌器，塑料杯，鼓风干燥箱，密度天平，硬度计，刀具。

四、实验步骤

（1）本实验采用一步法，依次将聚醚多元醇 330（100 质量份）、三乙基二胺（0.1～0.2 质量份）、匀泡剂硅油（1～2 质量份）、去离子水（2.5～3 质量份）和 MDI（35～40 质量份）室温下用电子天平称量后置于塑料杯中迅速搅拌 30s，观察发泡过程。

（2）室温静置 30min 后，将样品置于鼓风干燥箱中熟化，温度设定在 90～120℃，时间设定在 1h，然后移出鼓风干燥箱，冷却至室温即得到 PU 泡沫。

（3）测定泡沫密度，用刀具裁取一定体积的 PU 泡沫，用密度天平测 PU 泡沫的密度。

（4）测定 PU 泡沫硬度（参见第四篇实验十）。

五、实验记录与数据处理

将实验数据和测试结果填入表 3-4-1 中。

表 3-4-1　实验记录与结果

配方/g					结果	
聚醚多元醇 330	MDI	去离子水	三乙基二胺	硅油	泡沫密度 /(g/cm^3)	泡沫硬度

六、思考题

（1）影响 PU 泡沫塑料密度的因素有哪些？

（2）聚酯型与聚醚型 PU 泡沫的机械性能与应用领域有什么区别？

（3）分析 PU 泡沫塑料软硬以及泡孔结构的影响因素。

实验五 橡胶的开放式混炼

一、实验目的

(1) 了解塑炼及混炼加工的原理。
(2) 掌握开放式混炼加工的操作方法。

二、实验原理

1. 塑炼及混炼的目的

在橡胶的加工过程中，生胶多为线型大分子或带支链的线型大分子构成，力学性能低，需要通过一系列的加工才能制成有用的橡胶制品。塑炼和混炼是两个重要的橡胶加工工艺过程，被称为炼胶。为满足加工工艺的要求，使生胶由强韧的弹性状态变成柔软而具有可塑性状态的工艺过程称作塑炼。生胶的分子量通常很高，韧性和弹性很大，加工困难，必须通过塑炼使之获得一定的可塑性和流动性，只有在柔软可塑性状态下，生胶才能与其他配合剂均匀混合。经过塑炼的生胶，可塑性有很大的提高，配合剂易于加入。为了提高产品的性能或降低成本，必须在生胶中加入各种配合剂，在炼胶机上将各种配合剂加入生胶中进行混合制成混合胶的过程就称为混炼。混炼就是通过机械作用使生胶与各种配合剂均匀混合的过程。混炼不良，胶料会出现配合剂分散不均，胶料的可塑性过低或过高、焦烧、喷霜等现象，使后续工序难以正常，并将导致成品性能下降。

2. 塑炼及混炼机理

通常将塑炼分为低温塑炼和高温塑炼。前者以机械降解作用为主，氧起到稳定游离基的作用；后者以自动氧化降解作用为主，机械作用可强化橡胶与氧的接触。低温塑炼及机械塑炼时，生胶在开炼机的辊筒上，直接受到辊筒间的机械力的反复剪切挤压，导致橡胶分子在剪切作用下沿着流动方向伸展，直至断裂。断裂的分子链形成活性自由基再和其他的游离基团结合形成短链分子，增加了生胶的可塑性，其实质是使生胶分子链断裂，降低大分子的长度。断裂作用既可发生于大分子主链又可发生于侧链。由于生胶在塑炼时，受到氧、热、机械力和增塑剂等因素的作用，所以塑炼机理与这些因素密切相关，其中起重要作用的是氧和机械力，而且两者相辅相成。

当胶料在两个相对回转的辊筒上以不同的速度被拉入两辊之间，由于摩擦力的作用，胶料受到强烈的剪切和挤压，在一定的温度下发生氧化断链增加可塑度，从而达到混炼的目的。

3. 混炼工艺

由于生胶黏度很高，为使各种配合剂均匀混入和分散，必须借助炼胶机的强烈机械作用进行混炼。设备通常有两种，开放式炼胶机和密炼机，这里只介绍开放式混炼机（简称开炼机），如图 3-5-1 所示。开炼机主要由辊筒、传速齿轮和齿轮减速电动机等部件组成。机器的传动由齿轮减速电动机驱动，通过传送齿轮带动后辊转动。同时，一对速比齿轮带动前齿轮，从而带动前辊转动，前后辊以不同速度相向转动。紧急制动按钮在发生紧急情况时可急停前后辊的转动。混炼操作时，将生胶原料加在两辊筒的工作面上，由辊筒相向旋转，两辊筒的速度和温度都略有不同，原料加入辊筒间隙，受到辊筒热传导和辊筒间隙间强烈的剪

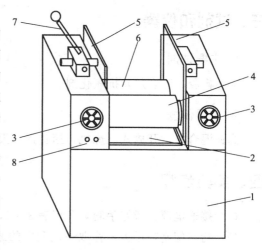

图 3-5-1　开放式混炼机
1—机座；2—浅搪瓷盘；3—调辊距转盘；4—前辊；
5—挡胶板；6—后辊；7—紧急制动按钮；8—开关

切、摩擦和挤压作用，慢慢随温度的升高而变软。而后，操作人员不断将辊面上的原料进行翻动，使混合的原料进一步扩散、混合塑化均匀。

加料顺序对混炼操作和胶料的质量都有很大的影响，加料顺序不当可能造成配合剂分散不良，混炼速度减慢，胶料出现焦烧或过烧现象。通常加料顺序为：生胶→小料（促进剂、活性剂、防老剂等）→液体软化剂→补强剂、填充剂→硫黄。

4. 影响开炼机塑炼和混炼的因素

（1）辊温：温度越低，塑炼效果越好。另外，胶料受剪切作用温度升高，如果不及时降低胶料温度，会导致胶料软化，而降低剪切分散效果，胶料产生焦烧。为了便于胶料包裹前辊，应使前、后辊温保持一定温差。天然橡胶包前辊，此时前辊温度应稍高于后辊；多数合成橡胶包冷辊，此时前辊温度应稍低于后辊。不同胶料品种和辊温之间的关系如表 3-5-1 所示。

表 3-5-1　不同胶料品种和辊温之间的关系

胶料种类	辊温/℃		胶料种类	辊温/℃	
	前辊筒	后辊筒		前辊筒	后辊筒
天然橡胶	55~60	50~55	三元乙丙胶	60~75	85 左右
丁苯胶	45~50	50~55	氟橡胶	77~87	77~87
顺丁胶	40~60	40~60			

（2）时间：塑炼过程最初的 10~15min 胶料的门尼黏度迅速降低，此后渐缓。这是由于塑炼过程中胶料因生热而软化，分子链之间易产生相对滑移，降低机械作用力。最好进行分段塑炼，每次时间在 20min 以内。

（3）辊距：辊速和速比一定时，辊距越小机械塑炼效果越好。采用薄通塑炼比较合理，辊距一般为 1.5~2.5mm。辊距减小，胶料通过辊距时的剪切效果增大，会加快混合速度。

三、试剂和仪器

1. 主要试剂

天然橡胶，防老剂，抗氧化剂。

2. 主要仪器

高速混合机，开放式混炼机，搪瓷盘，天平，表面温度计，小铲刀，棕刷，手套。

四、实验步骤

（1）接通电源：戴好手套，参照表 3-5-1，根据原料设定开炼机双辊温度。

（2）粉料配制：用天平称取一定配方的原料（天然橡胶）100g 和防老剂（树脂质量的 3%）、抗氧化剂（树脂质量的 3%）于高速混合机中进行混合。

（3）胶料塑炼：开启双辊启动开关，辊温度控制在 45℃左右，调节双辊间距约为 1.5mm，将混合原料缓慢加至双辊之间，搪瓷盘置于双辊下端用于收集辊间散落的物料。原料经塑炼、反复薄通，使物料的色泽均匀，截面上不显毛粒，表面光滑且有一定强度。

（4）胶料混炼：调节辊温度至 55~60℃，后辊温度略低于前辊。将塑炼好的胶料投入辊缝隙，调整辊距维持适量堆积胶。经 2~3min 后，塑炼胶均匀连续包辊。而后依次加入各种配合剂，减小辊距至 1mm，反复薄通、打三角包至可塑度符合要求。

（5）调高辊距至所需的下片厚度，用铲刀将符合要求的胶料割离辊筒，胶料下片放置于平整、干燥处待用。

（6）关闭电源，用棕刷清理机台，打扫干净后离开。

五、实验记录及数据处理

将实验记录数据填入表 3-5-2 中。

表 3-5-2 实验配方、工艺及结果

加工温度：
辊距：

实验配方	工艺参数	胶片外观	实验现象及分析

六、注意事项

（1）为防伤害，加料及混炼时手不得接近辊缝隙处，以防被卷入双辊中！注意衣袖、头发等，不要卷入辊筒。

（2）加料时，双手不可过低，以防被卷入双辊中。

（3）塑炼打包时，双手不可高于双辊的中上部，切忌不可从双辊的缝隙中剥离辊上的塑炼胶，以防双手被夹入双辊中！

（4）紧急情况时，使用紧急制动按钮。

（5）调整辊距时，应左右均匀调节，避免辊距为零。

七、思考题

（1）简述配方中各组分的含量及作用。

（2）实验工艺条件的设定依据是什么？

（3）出现粘辊和脱辊的原因是什么？

拓展知识

橡胶的发展

橡胶，即弹性体，可以在使用温度下从大的形变中弹性回复，大多数弹性体通过交联可以形成基本上分子量无限的材料。橡胶已经被人类使用了很长时间，橡胶胶乳最早由中南美洲的印第安人从树上采集，它被用作脚部的涂层，或用于制作类似于篮球的原材料。1839 年发现了一种用硫连接双键的交联过程——硫化，使橡胶具有不变黏、不易断裂等性质，从而能够制造出既有弹性又经久耐用的轮胎。

橡胶工业是与汽车工业同步发展起来的。事实上，橡胶在第二次世界大战中扮演了重要角色。日本在战争开始时迅速占领了东南亚，不仅因为它的军事地位，而且因为它是轮胎和其他战争物资所需天然橡胶的主要来源地。在此情况下，美国迅速推出了一项开发合成橡胶的应急计划，并成功开发出丁苯橡胶（SBR），其对二战的胜利和聚合物工业产生了重大影响。进入 21 世纪以来，我国橡胶工业得到快速发展，包括丁苯橡胶（SBR）、聚丁二烯橡胶（PBR）、氯丁橡胶（CR）、丁腈橡胶（NBR）、丁基橡胶（IIR）、聚异戊二烯橡胶（IR）、乙丙橡胶（EPR）和热塑丁苯橡胶（SBC）在内的 8 大合成橡胶品种均实现了工业化生产，目前我国已成为世界上最大的合成橡胶生产国。

实验六 **橡胶的密炼**

一、实验目的

(1) 掌握橡胶制品配方设计基本知识。
(2) 掌握橡胶密炼的操作方法。

二、实验原理

如第三篇实验五所述，炼胶设备通常有两种，开炼机和密炼机，本实验采用密炼机塑炼和混炼。密炼机的工作部分主要由密炼室和两个转子构成，生胶及其配剂以小块状、粒子或粉末的形式加入密炼室（图 3-6-1），物料受到上顶柱塞的压力，同时转子相向旋转，对物料施加剪切作用力，此外通过转子表面与混炼室壁之间的剪切、搅拌、挤压，转子之间的捏合、撕扯，转子轴向翻捣、捏炼等作用，实现物料的塑化、混炼，直至达到均匀状态。

本实验采用转矩流变仪的密炼模块对橡胶进行密炼，当添加不同助剂或改变密炼工艺时，可以监控随着密炼进行转矩的改变情况。

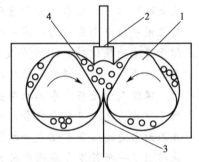

图 3-6-1 密炼装置
1—转子；2—加料杆；3—温度
传感器；4—物料

三、试剂和仪器

1. 主要试剂

生胶（天然橡胶）。

2. 主要仪器

PolyLab QC 型转矩流变仪主机，密炼模块（班布利转子），天平，铲刀，铜刷。

四、实验步骤

(1) 开启流变仪主机电源，检查紧急制动按钮是否正常。
(2) 开启电脑电源，选择密炼模式，装载密炼单元。
(3) 打开密炼温度监控软件并预热，温度区间 60～80℃。
(4) 设定转子的转速为 10～20 r/min，密炼时间设定为 10～20min。

（5）密炼室的有效容积为 60mL，胶料填充系数控制在 70%，根据天然橡胶的密度计算橡胶加入量。

（6）当密炼室温度达到设定值并处于稳态时，启动转子，加入胶料。

（7）加料完毕后，压紧柱塞，等待达到所设定的密炼时间，实验完成。

（8）实验完成后，用铲刀和铜刷清理密炼室和转子。

五、实验结果及分析

绘制转矩-时间曲线，分析胶料在密炼过程中的物料变化情况。

六、注意事项

（1）必须先启动转子，再加入胶料，否则容易卡住转子。

（2）实验结束后清洗密炼室，使用脚踩的点动装置转动转子，禁止身体任何部分及清洗工具接触转动中的转子。当转子停止转动时，使用铲刀和铜刷清洗转子、模具上残留的物料。

七、思考题

（1）开炼和密炼的区别及其优缺点是什么？

（2）简述影响密炼效果的主要因素。

实验七 热塑性聚合物的模压成型

一、实验目的

(1) 掌握平板硫化机工作原理及使用方法。

(2) 学会根据原料设定平板硫化的压力及温度。

(3) 掌握聚合物模压成型方法。

二、实验原理

模压成型，又称压制成型，是将粉状、粒状、碎屑状或纤维状的聚合物放入加热的阴模模槽中，合上阳模后加热使其熔化。熔化的物料在压力作用下充满模腔，形成与模腔形状一样的制品。然后再将其冷却定型，脱模后可得制品。成型过程中包括物料的熔融、流动、充模成型及最后的冷却定型等程序。正确地选择和控制压制的温度、压力、保压的时间及冷却定型程度等都是非常重要的。

1. 模压温度

温度过低，塑料的熔体流动性降低，混合不匀，充模不满，制品有缺陷。通常在不影响性能的前提下，适当提高压制温度，降低成型压力，缩短成型周期对提高压机生产效率是行之有效的。但温度过高，会影响模具内塑料的水分或挥发物的排除，易产生气泡。这不仅会降低制品的表观质量，在启模时还可能出现制品的膨胀开裂等不良现象。另外，温度过高还易引起物料的降解，影响制品性能。对热固性塑料而言，在其他工艺条件一定的情况下，温度还影响成型过程交联反应的速度，模压温度过低，固化时间拖长，交联反应不完善，适当提高温度有助于缩短模压周期。

2. 模压压力

模压压力的选择取决于聚合物的类型、制品结构、模压温度及物料是否预热等因素。一般来讲，增大模压压力可增进熔体的流动性，降低制品的成型收缩率，使制品更密实；压力过小会增多制品带气孔的机会。不过，在模压温度一定时，仅仅增大模压压力并不能保证制品内部不存在气泡。而且，压力过高还会增加设备的功率消耗，影响模具的使用寿命。

3. 模压时间

模压时间的长短与聚合物类型、制品形状、厚度、模压工艺等有关。通常，制品的厚度增大，模压时间相应延长，适当增加模压时间可减少制品的变形和收缩，但过长模压时间和过高温度会加剧树脂降解和熔体的外溢，致使制品颜色暗淡，毛边增多及力学性能变劣。

模压成型具有投资小、工艺简单、可压制平面较大的制品和多型腔模具制品等优点，但也存在效率低、制品精度差、厚度不均匀、有毛边等缺点。

三、试剂和仪器

1. 主要试剂

聚丙烯（PP）及配合剂混炼后的胶料。

2. 主要仪器

平板硫化机（热压），平板硫化机（冷压），天平，剪刀，脱模剂，手套。

四、实验步骤

（1）根据平板硫化机（图 3-7-1）操作规程，检查压机各部分的运转、加热和冷却情况。

（2）开启平板硫化机（热压）加热控温装置，调节压机上、下模板的温度至 180℃左右，根据模具的形状和尺寸调节模压压强至 1.5～2MPa，将模具放置压板中间预热 10min。预热有利于提高固化均匀性和塑料的流动性，缩短模压周期。

（3）取出预热好的模具，喷涂脱模剂，然后将经开放式混炼或密炼机混炼好的胶料分散放置在凹模上，堆成中间高四周低的形式。盖上凸模，放入压机工作台的中央位置。启动平板硫化机，使已加热压机的上、下模板与模具接触，此时未加压。经 2～5 次卸压排气泡后闭模加压。

（4）保压约 10min，开模。戴上手套，趁热将模具移至平板硫化机（冷压）冷却，通冷却水，冷压保压 5min。待模具冷却至 80℃以下，板材充分固化后解除压力，取出模具，脱模，用剪刀修去毛边。

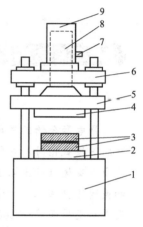

图 3-7-1 平板硫化机示意图
1—机座；2—下压板；3—模具；
4—上压板；5—活动垫板；
6—固定垫板；7—液压管线；
8—柱塞；9—压筒

五、实验记录与数据处理

（1）成型工艺参数记录 将实验记录数据填入表 3-7-1 中。

表 3-7-1 实验记录与结果

配方编号	上模板温度/℃	下模板温度/℃	预热时间/min	热压时间/min	冷压时间/min	模板压强/MPa
1						
2						

（2）实验报告 原材料牌号、生产厂家，实验设备型号、生产厂家，实验工艺参数和板材外观记录，实验操作步骤及工艺调节，实验现象记录及原因分析，对实验的改

进计划。

六、注意事项

（1）仪器启动后，手不得放在上、下模板之间。
（2）涉及高温模压时，穿长袖长裤工作服，戴手套操作。
（3）出现意外情况时，使用紧急制动按钮。
（4）脱模时，注意不要损伤模具光洁表面。

七、思考题

（1）模压温度、压力及时间对制品性能有何影响？
（2）分析样条中产生气泡的原因及解决的办法。

拓展知识

导电塑料

　　导电聚合物的发现可以追溯到 1862 年，美国的 H. LetIleby 在硫酸中进行苯胺的阳极氧化时，就曾得到过一种具有部分导电性的物质。2000 年，日本筑波大学的白川英树（Hideki Shirakawa）、美国加利福尼亚大学的黑格（Alan J. Hegger）和美国宾夕法尼亚大学的马克迪尔米德（Alan G. MacDiarmid）因对导电聚合物的发现和发展而获得 2000 年度诺贝尔化学奖。聚合物要能够导电，其内部的碳原子之间必须交替地以单键和双键结合，同时还必须经过掺杂处理，也就是说，通过氧化或还原反应失去或获得电子。由于黑格、马克迪尔米德和白川英树等的开创性工作，导电聚合物成为物理学家和化学家研究的一个重要领域，并产生很多有价值的应用。

　　除聚合物本身或经掺杂之后具有导电性的结构型导电塑料外，还有一种应用更为广泛的填充型导电塑料，它本身不具有导电性，但通过加入某些填充物可获得导电性。它可以由合成树脂或塑料和具有优良导电性能的填料及其他添加剂通过混炼造粒，并采用注射、压塑或挤出成型等方法制得，目前 90% 以上导电塑料属于这种复合型材料。导电填料一般选用纤维状与片状导电材料，包括金属纤维、金属片材、导电碳纤维、导电石墨、导电炭黑、碳纳米管、金属合金填料等。其中导电炭黑和碳纤维是应用最广的两种导电填料。常用的合成树脂有 PE、PP、PS、PC、EVA、ABS、PET、PPO、PPS 等。导电塑料在抗静电、电磁屏蔽、塑料芯片、便携式电源、显示器、机器人、生命科学和太阳能等领域具有很好的应用前景。

实验八　聚丙烯熔体纺丝成型

一、实验目的

（1）了解熔体纺丝机的各部分组成。

（2）掌握纺丝机内主要设备工作原理。

（3）会设计出合理的纺丝工艺，纺制出合格的纤维。

二、实验原理

聚丙烯（polypropylene，PP）纤维，又称丙纶，其原料等规聚丙烯（i-PP）由德国的齐格勒（Ziegler）和意大利的纳塔（Natta）首先研制成功，1959 年意大利蒙特卡蒂尼（Montecatini）公司将 i-PP 用于纤维生产，1962 年三菱等三家日本公司引进蒙特卡蒂尼公司技术正式开始丙纶的工业化生产。纤维生产用 i-PP 的等规度大于 95％，结晶性很强，结晶度可达 65％～75％。丙纶生产通常使用大长径比的单螺杆挤出机熔融纺丝，宜选用长径比 $L/D=28\sim30$。PP 大分子链上不含极性基团，吸水性极差，且水分对 PP 的热氧化降解影响不大，所以在纺丝前不必干燥而可直接进行纺丝。由于纤维级 PP 具有较高的分子量，熔体流动性差，故需采用高于其熔点 $100\sim130$℃的挤出温度（熔体温度），才能使其熔体具有满足纺丝加工要求的流动性。聚丙烯纤维熔体纺丝成型流程如图 3-8-1 所示，经螺杆挤出机熔融、压缩、计量挤出，熔体经计量泵精确计量后输入喷丝组件，经过滤后从喷丝板微孔喷出的熔体细流冷却固化，再经一定倍数的拉伸得到目标纤维。

图 3-8-1　聚丙烯纤维熔体纺丝成型流程

三、试剂和仪器

1. 主要试剂

聚丙烯（PP，工业级）。

2. 主要仪器

纺丝牵伸一体小型熔体纺丝机。

四、实验步骤

（1）打开螺杆挤出机进料段的冷却水，打开纺丝机电源，设定螺杆各区温度在 220～260℃，纺丝箱体温度 260～280℃。

（2）温度升到设定温度后，启动热拉伸辊，并将其转速（低速挡）和温度设定到指定参数。

（3）计量泵转速控制在 15～30r/min，第二道拉伸辊与第一道拉伸辊线速度比 3～5，前者温度 120～130℃，后者温度 70～80℃。

（4）当各工艺参数均达到指定值时，开启空压机，开启螺杆主机，从螺杆进料口加入 PP 颗粒，启动上油盘和卷绕装置。

（5）当开始纺丝后，用吸枪吸丝，纤维依次经过油盘、导丝钩、拉伸辊，最后卷绕。

（6）纺丝结束后，将剩余的物料挤空。关闭温控单元及各传动单元，待温度降下后关掉冷却水。

五、思考题

（1）挤压机进料段为何加冷却装置？
（2）为什么纺丝原料不用无规 PP？

实验九　聚乙烯吡咯烷酮的静电纺丝

一、实验目的

（1）了解静电纺丝原理及纤维形成的原理。

（2）掌握聚合物静电纺丝实验技术。

二、实验原理

1. 静电纺丝原理

静电纺丝过程中，高压静电场使聚合物溶液或熔体带电并产生形变，在喷头末端处形成悬垂的锥状液滴。当液滴表面的电荷排斥力超过其表面张力时，在液滴表面就会高速喷射出聚合物微小液体流，称为"射流"，即液体拉出表面，并沿着直线运动，这一阶段为射流稳定区。当射流运动到一定位置，进入非稳定区，在电场力作用下，进行螺旋摆动运动并被进一步拉伸细化，同时随着溶剂挥发而固化成纳米纤维（一般直径 100 ～ 1000nm），最终沉积在接收电极上，形成聚合物纤维网或卷绕成筒子，如图 3-9-1 所示。

2. 静电纺丝装置

静电纺丝实验装置主要由高压电源、注射器及接收装置三部分组成。静电纺丝的喷头可分为单喷头、多喷头和同轴喷头等。接

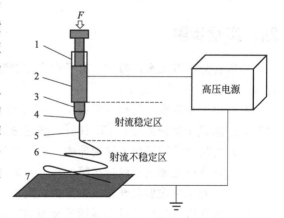

图 3-9-1　静电纺丝示意图
1—注射器；2—聚合物溶液；3—喷头；
4—泰勒锥；5—喷射射流；
6—鞭动射流；7—接收屏

收装置有金属平板接收、滚筒旋转接收、旋转圆盘接收、平行电极接收和框架接收等。

3. 静电纺丝工艺

影响静电纺丝及纤维性能的因素很多，如聚合物溶液浓度、黏度、表面张力、电导率、溶剂的挥发性，喷头的直径、纺丝电压、挤出速度和固化距离等，它们会影响到静电纺丝的可纺性，以及纤维的直径、形貌、结晶度、孔隙率和力学强度等。

（1）聚合物溶液浓度：纤维的直径随着聚合物浓度的增加有上升趋势，这是因为，浓度越大，黏度越大，射流越粗，最终纤维越粗。由于浓度过低，黏度太小，可纺性降低，射流在电场作用下被拉断，形成液滴而不是纤维。因此，当浓度过低时，易形成串珠或珠节

结构。

（2）纺丝电压：随着电压的增加，纺丝液带的电荷密度增加，因而具有更大的静电排斥力。同时，电压增加，高电压带来更大的加速度，从而使射流获得更大的拉伸力，所以纤维直径更细。

（3）固化距离：固化距离指喷丝头和接收板之间的距离。固化距离的大小影响着电场强度和射流中溶剂的挥发程度。固化距离增加，电场强度减小，射流被拉伸的时间延长，溶剂挥发较彻底，有利于形成小直径的纳米纤维；固化距离缩短，虽然电场强度增大，但拉伸时间减小，溶剂挥发不彻底。

（4）溶剂：溶剂的性质影响聚合物溶液的电导率，溶剂的挥发影响聚合物的固化过程，因而对纤维的形貌有重要的影响。

三、试剂和仪器

1. 主要试剂

聚乙烯吡咯烷酮（PVP，K-130），无水乙醇（AR），去离子水。

2. 主要仪器

直流高压电源，微量注射泵，接收屏，电子天平，恒温加热搅拌装置，锥形瓶。

四、实验步骤

本实验分别以无水乙醇和去离子水为溶剂溶解 PVP，比较不同溶剂下 PVP 的静电纺丝过程，制备 PVP 纳米纤维。

（1）用天平称取一定量的 PVP，溶解于盛有水或乙醇的锥形瓶中，室温下搅拌至充分溶解，配制成质量分数为 5％和 10％的纺丝液。

（2）将配好的溶液加入注射器中，排出气泡，固定于注射泵。

（3）将高压电源的正极连接喷丝头，接地线连接收屏。

（4）打开微量注射泵开关，调节挤出速度和挤出体积。

（5）首先确认高压电源电压调节旋钮为零，然后打开电源开关，接着慢慢调节旋钮至所需电压。注意纺丝过程中，切勿靠近或触摸喷丝头。如需对喷丝头或接收装置调整，需用绝缘棒或关闭高压电源。

（6）纺丝完成后，先将电压旋钮调至零，再关闭高压电源，最后关闭注射泵。

五、实验记录及数据处理

（1）实验记录数据　记录环境温度、湿度、纺丝电压、挤出速度、接收距离，拍摄纺丝膜照片。

（2）比较不同溶剂和不同浓度对纺丝结果的影响。

六、注意事项

（1）涉及高压，防触电。高压电源工作时，禁止接触电纺丝的喷头、接收屏等部件，以防触电。

（2）戴口罩，防止吸入飘散的纤维。

七、思考题

（1）如何测定纳米纤维的直径及直径分布？

（2）静电纺丝过程中工艺控制上需要注意哪些问题？

拓展知识

静电纺丝

1934 年 Formhals 申请了静电纺丝装置的专利，设计了一套以醋酸纤维素丙酮溶液在强电场下喷射纺丝的装置，这被公认为是静电纺丝技术制备纤维的开端。1966 年，Simons 申请了由静电纺丝法制备非织造膜的专利，专利中叙述了用静电纺丝技术制备超轻超细无纺布的装置。1995 年 Reneker 开始对静电纺丝进行了系统研究，静电纺丝技术得到迅速发展。随着对新材料越来越迫切的需求，纳米材料和技术在越来越多的领域发挥着举足轻重的作用，静电纺丝技术已成为新材料研究的热点。经过几十年的发展，静电纺丝技术在原料、装置及工艺等方面不断丰富完善，原料涵盖无机材料、有机材料、无机/有机复合材料，新型纺丝装置不断涌现，工艺更加可控，成本更低。静电纺丝技术已成为有效纺制纳米纤维的一种重要手段，在耐高温材料、医学材料、环保材料及其他相关领域得到广泛应用。

实验十　聚合物 3D 打印成型

一、实验目的

(1) 了解 3D 打印的原理。

(2) 掌握 3D 打印技术。

二、实验原理

3D 打印技术是指根据零件的三维 CAD 模型数据，全程由计算机控制，将离散材料，如丝材、粉末和液体等逐层累积制造实体零件的技术。3D 成型方式有多种，如光固化成型、熔融沉积成型、激光烧结成型等。其中熔融沉积成型是主要用于各种丝状高分子材料的成型，是高分子材料最为常见的 3D 成型方式之一。其成型过程是将丝状高分子材料熔融，然后从挤出头挤出到温度低于材料熔点的工作台上，迅速形成一层薄片轮廓截面，慢慢逐层堆积出三维产品器件。其原理示意图如图 3-10-1 所示。

成型过程中丝状材料通过喷嘴加热融化，喷头以一定的压力使其从喷嘴挤出，同时喷头沿着水平面在工作台上做二维移动，工作台在垂直方向上下移动。挤出的材料在上一层沉积冷却，一个层面完成后工作台调整高度，继续下一层面，如此往复，直至完成整个零件。

常见的 3D 打印材料可分为金属材料、高分子材料和无机非金属材料。其中应用量最大、成型方式最多的材料为高分子材料，包括高分子丝材、光敏树脂和高分子粉末 3 种形式。采用熔融沉积快速成型方式常用到的高分子材料有丙烯腈-丁二烯-苯乙烯共聚物（ABS）树脂、聚乳酸（PLA）树脂、聚酰胺（尼龙，PA）和聚碳酸酯（PC）树脂等。ABS 是最早用于熔融沉积成型技术的材料，也是目前最常用的热塑性耗材。该材料打印温度为 210～260℃，玻璃转化温度为 105℃，打印时工作台需要加热。ABS 具有相当多的优点，如强度较高、韧性较好、耐冲击、绝缘性能好、抗腐蚀、耐低温、容易出丝和着色等。然而，ABS 打印时需要加热，同时这种材料遇冷收缩特性明显，在温度场不均匀的情况下，可能会从工作台上局部脱落，造成翘曲、开裂等质量问题。

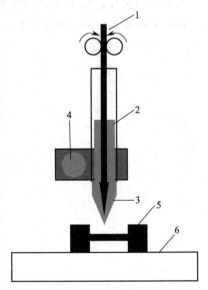

图 3-10-1　3D 熔融沉积成型示意图
1—线材；2—套管；3—喷头；
4—加热装置；5—成型材料；6—工作台

PLA 的打印温度为 180～220℃，

可以在较低温度（低于70℃）的支撑平板上有效成型。与 ABS 相比，PLA 熔化后容易附着和延展，打印后的材料几乎不会收缩。此外，PLA 可以获得半透明结构的打印零件，比通常为不透明的亚光 ABS 打印件更具美感。不过，PLA 材料力学性能较差，韧性和抗冲击强度明显不如 ABS，不宜做太薄或者作为需要承重的部件。与 ABS 相比，PC 树脂作为工程材料具有优异的特性，其丝材的机械强度要明显高于 ABS，同时兼具无味、无毒、收缩率低、阻燃性好等优点，可以制备高强度的 3D 打印产品。不过，PC 树脂价格相对偏高，着色性能不理想。

3D 打印与传统成型方式不同之一在于其模型为数字模型。其优势在于可以运用计算机创建自己想打印的物品的 3D 数字模型。不同形状的模型在打印过程中，成型工艺不同。由于高分子材料都要在喷头处通过挤出形成单丝，因此成型材料的性能将会影响最终打印器件的质量。比如，材料的黏度，黏度过大，流动性差，影响精度；黏度小，流动性太好，导致流延现象。材料收缩率如果对温度过于敏感，容易造成翘曲和开裂。材料出现翘曲与多种因素有关，其根本原因是温度的变化所引起的材料膨胀收缩和残余应力的存在。调节喷嘴加热温度、工作台温度以及环境温度有望解决翘曲问题。逐层打印过程中材料的黏结性也至关重要，层与层之间是器件最为薄弱的地方，黏结性决定了最终材料的强度，黏结性差，容易开裂。

表 3-10-1 是以 PC 线材为原料的一些不同打印模型的特点分析及比较，通过对不同形状的模型在 3D 打印过程中可能出现的问题进行分析和比较，希望对 3D 打印实验有所启发。

表 3-10-1 不同打印模型的比较

项目	千纸鹤	水滴	拉伸样条	鸟笼	苏州东方之门
模型特点	翅膀薄片	圆，胖	平	网格镂空	高，厚实
打印结果	翅膀处易折断	成功	翘曲	网格处易断裂	成功
原因分析	薄片或转角处上下层黏结不紧密	底部厚实，层层堆积易成功	材料收缩率偏大	上下层易错位，黏结性欠缺	厚实，层层堆积易成功

三、试剂和仪器

1. 主要试剂
聚碳酸酯（PC）线材。

2. 主要仪器
3D 打印机。

四、实验步骤

（1）开启 3D 打印机电源，预热 15min。
（2）导入预先选好的 3D 打印数字模型（哑铃状拉伸样条）。
（3）设置打印实验条件，设定喷头温度为 230℃，平台加热温度为 70℃。
（4）调整热台上下左右高度，使之与喷嘴稍接触。
（5）启动进料按钮，自动进料。
（6）启动工作按钮，打印过程中注意观察，有问题及时终止实验。

（7）打印完成后，加热平台复位。

（8）换水滴模型，重复步骤（2）～（6）。

（9）实验结束后，关闭仪器电源，清理废样条。

五、实验记录与数据处理

（1）将实验记录数据填入表 3-10-2 中。

表 3-10-2　实验记录与结果

样品原料	喷嘴温度/℃	平台温度/℃	打印样品外观描述

（2）分析打印过程出现问题的原因。

六、注意事项

（1）喷头和热台处涉及高温，防烫伤。

（2）调整平台高度时，速度放慢，防平台撞击喷头。

（3）结束实验后，趁热将样条退出喷嘴，防止温度降至室温后，样条堵塞喷头。

七、思考题

（1）样品产生翘曲的原因是什么？

（2）逐层打印的缺陷有哪些？

（3）3D 打印的拉伸样条与注射成型制得的拉伸样条相比，有何不同？

第四篇

高分子材料性能测试

实验一 聚合物维卡软化点测定

一、实验目的

(1) 了解维卡软化点的含义及意义。

(2) 掌握测量维卡软化点的原理及测试方法。

二、实验原理

高分子材料的热力学行为与金属材料或非金属材料不同，金属材料是电的良导体，也是热的良导体，但是高分子材料的导电和导热能力都很低，是电荷、热的不良导体。

聚合物在使用过程中，其耐热性能的好坏会影响聚合物的使用。一般的热塑性聚合物在升温过程中首先发生软化熔融，当温度进一步升高时出现热分解现象。聚合物在受热过程中产生两类变化：软化、熔融等物理变化和降解、交联、环化、分解、氧化等化学变化。塑料的耐热性能是指塑料在温度升高过程中保持物理力学性能的能力。为确定塑料的使用温度范围，通常测量塑料随温度的升高而发生的形变，最常用的方法有维卡耐热实验、热变形温度试验和马丁耐热试验。

软化点，即物质软化的温度，主要指的是无定形聚合物开始变软时的温度。它不仅与聚合物的结构有关，而且还与其分子量的大小有关。软化点的测定方法有很多，测定方法不同，其结果往往不一致。维卡软化点是测定热塑性塑料在特定液体传热介质中，在一定的负荷、一定的等速升温条件下，试样被 $1mm^2$ 针头压入 $1mm$ 时的温度。这种方法适用于大多数热塑性硬质或半硬质塑料，不适用于软质塑料或热固性塑料。判断是否软质可凭手感或将试样放在压针下并加载砝码，过段时间压针如果直接刺入样品则不适合此方法。但维卡软化点并不代表材料的最高使用温度，可用于质量控制或衡量各种塑料热性能的一个指标。一般非晶聚合物，软化点接近 T_g，晶态聚合物结晶度足够大时，接近 T_m。

维卡装置示意图如图 4-1-1 所示。加热槽中装有对试样无影响的加热介质，如硅油、变压器油、液体石蜡等。试样承受的静负载 $G = W + R + T$（W 为砝码质量，R 为压针及负载杆质量，T 为变形装置的负载力。$R + T$ 通常仪器说明书

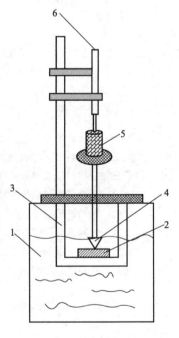

图 4-1-1 维卡装置示意图
1—加热槽；2—试样；3—升降架；
4—压杆；5—砝码；6—传感器

中会注明）。负载有两种，一种为 1kg，一种为 5kg。

维卡实验中，通常试样的厚度为 3～6mm，宽和长至少为 10mm×10mm，或者直径大于 10mm。板材试样厚度不超过 6mm，若厚度小于 3mm，可以由不超过 3 块板材叠合成超过 3mm。试样两面应该平行，表面光滑，无凹痕、裂痕或缺陷。通常维卡测试有两种升温速度（50℃/h 和 120℃/h），在相同的负载情况下，用 120℃/h 的升温速度测试结果会比 50℃/h 的高。这是因为测试受到材料内部传导热量快慢制约，如果材料传热慢，介质的温度已经达到材料本身的软化温度，而热量还没有传至材料的内部，那么样品就不会达到相应的软化程度。待热量传至内部时，外部的介质温度又已经升高了，而测试结果是以样品达到软化终点时外部的介质温度表示，所以往往 120℃/h 的升温速度测试结果会比 50℃/h 的高。

三、试剂和仪器

1. 主要试剂

聚丙烯（PP）样条，有机玻璃（聚甲基丙烯酸甲酯，PMMA）样条。

2. 主要仪器

维卡软化点测定仪，油浴槽。

四、实验步骤

（1）打开维卡软化点测定仪电源，预热 10min。根据材料的种类选择合适的升温速度（50℃/h 或 120℃/h）和负荷（1kg 或 5kg）。

（2）将 PP 样条放入维卡软化点测定仪的支架上，其中心位置在压针之下。放下负载杆，使压针头与试样垂直接触。

（3）小心将支架浸入油浴槽中，试样位于液面 35mm 以下。另外，注意油浴槽的起始温度应低于材料的维卡软化点温度。

（4）根据测试要求，选择合适的砝码，上下移动位移传感器托架，使百分表直接垂直紧密接触试样，调节指针位于 0。

（5）开启加热电源，油浴升温。当达到预设变形量时，停止实验，记录此时温度，此温度即为试样的维卡软化点。

（6）向上移动位移传感器托架，将砝码移开，升起试样支架，将试样取出。

（7）将试样换成 PMMA 样条，重复步骤（2）～（6）。如果同组试样测定温度差大于 2℃，重做实验。一般测试前要求样品先充分干燥，然后在标准试验环境（23℃±2℃，50%±5% RH）放置 40 h 以上。

五、实验记录与数据处理

（1）记录实验条件，填入表 4-1-1 中。每组试样 3 个，记录实验数据。

表 4-1-1 实验记录及结果

样品名称	测试条件		软化点/℃
	载荷/(kgf/cm²)	升温速度/(℃/min)	

（2）形变量每隔 0.1mm 记录对应的温度，以温度为横坐标，位移为纵坐标，作位移-温度曲线，给出试样的维卡软化点并分析形变过程。

六、注意事项

（1）油浴高温，防烫伤。

（2）装取试样时，试样不要掉入加热槽中。如果掉入，需立即取出。

七、思考题

（1）比较 PP 和 PMMA 的维卡软化点，从分子结构角度分析影响软化点的因素。

（2）影响维卡软化点测试结果的因素有哪些？

（3）不同软化点测试方法测定的数据是否具有可比性？

拓展知识

生物可降解塑料

我国每年的塑料产量惊人，白色污染严峻，可降解塑料是解决污染问题的关键因素之一。可降解塑料有光降解塑料、生物降解塑料、光/生物降解塑料以及水降解塑料。2019 年，全球生物降解塑料产能约为 1077kt，其中淀粉基塑料占 38%，使用量最大，其次是聚乳酸（PLA）占 25%，聚（己二酸丁二酯-co-对苯二甲酸丁二酯）（PBAT）占 24%。其他生物可降解塑料，如聚乙醇酸（PGA）、聚羟基脂肪酸酯（PHA）、聚丁二酸丁二酯（PBS）、聚己内酯（PCL）等已有一定生产能力。淀粉基塑料力学性能差，通常作为 PLA、PBAT 等可降解塑料的填充物以降低成本。生物可降解塑料根据降解程度可分为部分降解和完全降解，其中，淀粉基塑料只能部分降解，而具有代表性的生物基可降解塑料 PLA 及石油基可降解塑料 PBAT 能够完全降解。随着"限塑令"升级为"禁塑令"，以及"双碳"目标的推进，不可降解塑料袋、一次性塑料餐具等制品将逐渐退出市场，随之而来的是可降解塑料市场需求的快速增长。"十四五"期间生物降解塑料产能将快速提升，大批生产装置正在建设或者计划建设中，生物降解塑料的生产将逐步大规模工业化。

实验二 聚合物材料的燃烧及阻燃性试验

一、实验目的

（1）了解聚合物材料燃烧的本质和机理。

（2）了解聚合物阻燃的途径和意义。

（3）初步学会评价聚合物材料燃烧和阻燃性的基本方法。

二、实验原理

高分子材料在国民经济和人民生活中具有举足轻重的地位，现代人类的生活和工农业生产已经与高分子材料密不可分，但是大多数有机高分子材料属于易燃物质，在大量使用这些材料时需要注意潜在的火灾隐患。如何评价聚合物材料的燃烧性以及如何对高分子材料进行适当的阻燃处理，使其具有难燃性、自熄性，是防止和减少火灾危害、保护生态环境、改善人民生活条件的重大研究课题。

聚合物的燃烧是一个复杂的热氧化过程，导致燃烧过程进行的基本要素为热、氧和可燃物质。一般认为，塑料的燃烧经历如下三个阶段：第一阶段为热引发过程，来自外部的热源或火源的热量导致塑料发生相态变化（即从固态转化为液态）和化学变化；第二阶段为热降解过程，这一过程为吸热反应，当塑料吸收的热量足以克服分子内原子间某些弱小键能时，塑料开始发生降解反应，这种反应的实质是在空气中氧存在下的一种自由基链式反应，反应的结果产生气相可燃物体如各种单体易燃烃类等；第三阶段是引燃过程，当第二阶段热降解反应生成可燃物的浓度达到着火极限后，与大气中的氧气相遇，燃烧产物中含有大量的高能自由基 HO· （羟基），热量越多，产生的 HO· 越多。HO· 可与其他热分解产物如 CO 反应而消耗掉，但当空气中存在 O_2 时又可立即再生成 HO· ，如此循环下去使燃烧持续进行。

由此可见，燃烧过程是一个连锁反应过程，如果空气流通，燃烧就会越来越剧烈，但只要降低 HO· 的浓度或切断氧的供应，即可达到阻燃目的。因此在设计聚合物的阻燃时，通常从以下几个方面入手考虑：

① 降低着火物温度，防止聚合物降解出自由基；

② 隔绝空气；

③ 捕捉活性极大的 HO· ，阻止火焰蔓延。

针对聚合物易燃烧的特点，通常在聚合物材料中按一定比例加入阻燃剂，来达到阻燃的效果，降低日常使用过程中存在的安全隐患。阻燃剂的作用机理比较复杂，但其目的总是以物理和化学的途径来切断燃烧循环。阻燃剂对燃烧反应的影响表现在如下几方面：

① 位于凝聚相内的阻燃剂吸热分解，使凝聚相内的温度上升减慢，以延缓塑料的热分解温度，利用阻燃剂热分解时生成的不燃性气体的气化热来降低温度。

② 阻燃剂受热分解，释放出捕获燃烧反应中的 HO· 自由基的阻燃剂，使按自由基链式反应进行的燃烧过程终止。

③ 在热作用下，阻燃剂出现吸热相变，阻止凝聚相内温度的升高，使燃烧反应变慢直至停止。

④ 催化凝聚相热分解，产生固相产物（焦化层）或泡沫层，阻碍热传递作用，使凝聚相温度保持在较低水平，导致作为气相反应原料（可燃性气体分解产物）的形成速度降低。

总之，阻燃剂的作用能综合地使燃烧反应的速度变慢，或者使反应的引发（热自燃）变得困难，从而达到抑制、减轻火灾危害的目的。

表征聚合物材料燃烧性能的实验方法较多，按燃烧过程来分：着火性试验、表面火焰传播试验、发热量试验、发烟量试验、耐火性试验、燃烧分解气体的分析试验等；按测试方法可分为：垂直燃烧、水平燃烧、氧指数试验、炽热棒法、烟密度、闪点和自燃点的测试等。这些传统的小型实验方法并不能全面衡量材料在真实火灾中的实际燃烧行为，获得的数据只能用于比较实验条件下不同材料的性能差别，有一定的局限性。尽管如此，这些方法仍是各国所普遍采用的方法，并且用于工业化生产的复合材料及工业产品的燃烧性能评价。

以下是一些常用聚合物材料阻燃性能的试验方法。

1. 水平燃烧法（horizontal burning test，HB）

水平燃烧试验法（图 4-2-1）是在实验室条件下测试试样水平自支撑下的燃烧性能。试验是在专门的燃烧箱内进行，箱体左内侧装有煤气灯。其内一侧有固定试样的试样夹。煤气灯向上倾斜 45°，并装有进退装置。试验用燃气为天然气、石油气或煤气，并备有秒表及卡尺。试验前先将聚合物材料制成长约 (125 ± 5)mm、宽约 (13.0 ± 0.5)mm、厚约 (3.0 ± 0.2)mm 的矩形样条，厚度为 2~13mm 的试样也可进行试验，但其结果只能在同样厚度之间比较。每种材料需 5 个以上的样条，样条要求平整光滑，无气泡。在样条的宽面上距点火源 25mm 和 100mm 处各画一条标线，将样条靠近 100mm 处的一端固定在样条夹上，长度方向保持水平，其横截面轴线与水平线成 $45°\pm2°$，在样条下方 (10 ± 1)mm 处放置金属丝网。点燃煤气灯，调节火焰长度为 25mm 并呈现出蓝色火焰，将火焰内核的尖端施用于样条下沿约 6mm 长度，开始计时，施加火焰时间为 30 s 或燃烧至 25mm 处移走煤气灯。在试验中，若不到 30 s 时间样条已燃烧到第一标线，应立即停止施加火焰。观察记录：

(1) 2s 内有无可见火焰；

(2) 如果样条继续燃烧，则记录火焰前沿从第一标线（25mm）到第二标线（100mm）所用时间 t，求其燃烧速度 V：

$$V=75/t\,(\text{mm/min}) \tag{4-2-1}$$

(3) 如果火焰到达第二标点前熄灭，则记录燃烧长度 S：

$$S=100-L\,(\text{mm}) \tag{4-2-2}$$

式中，L 为从第二标线到未燃部分的最短距离。

试验结果以 5 个样条中数字最大的类别作为材料的评定结果，并报告最大燃烧长度或燃烧速度。水平燃烧法火焰等级的评定标准：

(1) 跨度 75mm 上厚度 3.0~13mm 的样品，燃烧速度≤40mm/min；

（2）跨度 75mm 上厚度＜3.0mm 的样品，燃烧速度≤75mm/min；

（3）在 100mm 之前停止燃烧。

结果符合上述条件的样品则为 HB 级。

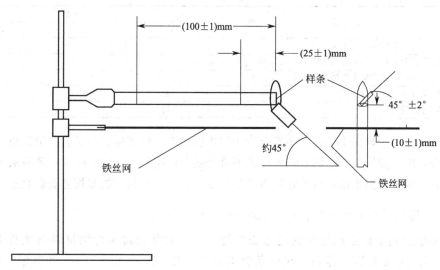

图 4-2-1　水平燃烧法装置

2. 垂直燃烧法（vertical burning test）

垂直燃烧法是在规定条件下，对垂直放置的具有一定规格的样条施加火焰作用后，对其燃烧情况进行评价分类的一种测试方法，垂直燃烧法装置如图 4-2-2 所示。试验在燃烧箱内进行，燃烧箱顶部开有直径 150mm 的排气孔，为防止外界气流对试验的影响，在距箱顶 25mm 处加一块顶板，燃烧箱一侧装有样条夹支座，并达到样条固定后能处于燃烧箱中心位置，固定在控制箱的水平滑道上，放脱脂棉的支架置于箱体下部，其他备用的还有秒表及卡尺。试验前先将聚合物材料制成长（125±5）mm、宽（13.0±0.5）mm 的矩形样条。需要提供测试的最小厚度样品和最大厚度样品；样品最大厚度不超过 13mm，要求平整光滑无气泡，每组材料需制备 5 个以上的试验样条。

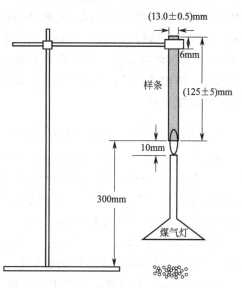

棉花50mm×50mm，厚度＜6mm

图 4-2-2　垂直燃烧法装置

试验时先将样条垂直固定在夹持器上，样条上端夹住部分为 6mm，底下放好脱脂棉，样品下端距离棉花层（300±10）mm。煤气灯火焰高度为（20±1）mm，灯的顶部到样条下端距离为（10±1）mm，维持（10±0.5）s，如果燃烧过程中样品出现形状和位置的变化，煤气灯要随之调整，若测试过程中有熔融物滴落，可将煤气灯倾斜至 45°，燃烧（10±0.5）s后以 300mm/min 的速度移开燃具至少 150mm，同时开始记录有焰燃烧时间 t_1，余焰停止时，再次用煤气灯燃烧 (10 ± 0.5)s，移开后记录有焰燃烧时间 t_2 和无焰燃烧时间 t_3。

样条的燃烧性能按表 4-2-1 规定为 V-0、V-1、V-2 三级。

表 4-2-1 试样燃烧性能级别

判 据	级 别		
	V-0	V-1	V-2
每个样条的有焰燃烧时间(t_1+t_2)/s	≤10	≤30	≤30
每组 5 个样条施加 10s 火焰离火后有焰燃烧时间总和(t_1+t_2)/s	≤50	≤250	≤250
每个样条第二次施焰后有焰加无焰燃烧时间(t_2+t_3)/s	≤30	≤60	≤60
有焰或无焰燃烧蔓延到夹具的现象	无	无	无
滴落物引燃脱脂棉现象	无	无	有

如果第一组 5 个样条中有一个不符合表中要求应再取一组试样进行试验，第二组 5 个样条应全部符合要求。如果第二组仍有一个样条不符合表中相应要求，则以两组中数值最大的级别作为该材料的级别。如果试验结果超出 V-2 项的要求，则该材料不能采用垂直燃烧法评定。

3. 炽热棒法（flammability-incandescent method）

炽热棒法适用于评定硬质塑料的燃烧性能。试验时是先将聚合物材料制成长 125mm、宽 10mm、厚 4mm 的矩形样条，在样条宽面距点火端 25mm 和 100mm 处各划一条标线，水平固定在样条夹中。然后用一根直径 8mm、长度 10mm 的高密度碳化硅棒作为点火源。将碳化硅棒水平固定在绝缘板，通电将碳化硅棒加热到 950～960℃ 的炽热状态，调节炽热棒支架上的平衡重锤使其与试样的端面接触，炽热棒与试样端面的接触压力达到 0.3N，3min 后转动炽热棒使其与待测样条分离。从炽热棒与样条接触时开始，观察并记录样条的燃烧行为，并按其燃烧的状况，对样条的燃烧性能进行判断。从开始计时起详细观察样条有无可见火焰，如试样有燃烧，则记录火焰前沿从第一标线到第二标线所需的时间，并根据式（4-2-1）计算其燃烧速度。若火焰前沿未达到第二标线之前就熄灭，则根据式（4-2-2）记录燃烧长度。试验结果以五个样条中数字最大的类别作为该材料的评定结果，并报告最大的燃烧长度或燃烧速度。

4. 氧指数试验法（limiting oxygen index test）

极限氧指数（limited oxygen index，LOI）简称氧指数，是指在规定的条件下，样条材料在氧、氮混合气流中，维持平稳燃烧所需的最低氧浓度，以氧所占的体积分数表示。该方法比较简单，数字重现性较好，具有以数字表现材料燃烧性能的特点，不但适用于具有自支撑型材料，而且对薄膜、泡沫塑料等也适用，是目前国内外普遍采用的一种测试方法。

氧指数仪包括燃烧筒、试样夹、流量控制系统及点火器。燃烧筒为一套插在底座上，内径 75～80mm、高 450mm 的耐热玻璃管，基座内填有直径 3～5mm 的玻璃珠，填充高度 100mm，上面放一金属网，用于遮挡燃烧滴落物。试样夹为金属弹簧片，用于夹住自撑型试样。对于薄膜材料，应配以 140mm×38mm 的 U 形试验夹。流量控制系统由压力表、稳压阀、调节阀、转子流量计及管路组成。流量计最小刻度为 0.1L/min，用于计量氧和氮的量，经计量后的混合气由管道输入燃烧筒。点火器为一内径 1～3mm 的喷嘴，并且有调节火焰的功能，试验火焰长度为 3～25mm。首先将聚合物材料制成长 50～70mm、宽 6.5mm、厚 3.0mm 的平整光滑无气泡矩形样条。每组材料需制备 5～10 个试验样条。

试验进行前应将样条在距点火源 50mm 处划一条刻度线，再垂直装在样条夹上，其上端到燃烧筒的距离大于 10mm，估计初始氧浓度并进行调节，应保持任何时候燃烧筒内的气流流速为 (40 ± 10)mm/s。让调节好的气流流动 30 s，以便清洗燃烧筒。然后用点火器点燃样条顶部，确认样条顶部全部点燃时，移去点火器并开始计时，此时不得任意改变流量和氧浓度。

试验过程中，若样条燃烧时间超过 3min，或火焰前沿超过标线，应降低氧浓度再进行试验，反之则应增加氧浓度。当调节到氧浓度值的增加或减少之差小于 0.05％时，应以降低的氧浓度值计算材料的 LOI。在该范围内进行三次平行试验。

LOI 的计算公式：

$$LOI = \frac{[O_2]}{[O_2] + [N_2]} \times 100\%$$

(4-2-3)

式中，$[O_2]$ 为氧气的流量，L/min；$[N_2]$ 为氮气的流量，L/min。三次试验结果的平均值即为该材料的 LOI。几乎所有有机聚合物的 LOI 都已测试过，可以在相应的材料手册中查到。氧指数高表示材料不易燃烧，氧指数低表示材料容易燃烧，一般认为氧指数<22％属于易燃材料，氧指数在 22％～27％属可燃材料，氧指数>27％属难燃材料。本实验采用最常用的垂直燃烧法和氧指数试验法来测定聚合物材料的燃烧性和阻燃性。

三、试剂和仪器

1. 主要试剂

聚合物样品（橡胶制品、塑料片、复合材料等）。

2. 主要仪器

水平垂直燃烧测定仪，氧指数测定仪，平板硫化机（带压片模具），冲片机（带条形模具），游标卡尺。

四、实验步骤

1. 制样

（1）在平板硫化机中将聚合物样品压制成 3mm 厚的板、片状型材。

（2）用带条形模具的冲片机将板片状聚合物样条冲压成标准尺寸的矩形样片。每个样品制备 5～10 片。

（3）用游标卡尺测出每个样片至少 5 个点的厚度，取平均值。

（4）清洁处理，将样片用不溶样条的有机溶剂清洗干净，或用干净的绸布将样条两面擦拭干净。

2. 测试

（1）将仪器接地端接地。

（2）将样片安放在指定的测试位置。

（3）按照前述操作方法进行测试。

（4）测试完毕后，关闭电源，取出测试废料。

（5）每个试验测试 3～5 个样品。

3. 数据处理

根据测试得到的试验数据，确定每种聚合物材料样条的燃烧性级别（V-0、V-1 或 V-2）以及它们的 LOI。

五、分析与思考

（1）用不同方法测定的聚合物材料的燃烧性可否进行比较？为什么？

（2）在用垂直燃烧法测定聚合物燃烧性时应注意些什么？

（3）测定聚合物的氧指数有哪些影响因素？这些因素对试验结果有何影响？

（4）研究聚合物材料的燃烧性有何意义？

（5）聚合物材料燃烧性和阻燃性有何区别？各自表示的是什么意思？

拓展知识

阻燃高分子

常见阻燃高分子是指遇火不易燃烧，离开火焰后很快熄灭或不燃烧的高分子材料。有些高分子如聚氯乙烯、含氟塑料等本身具有难燃结构，表现出低的燃烧速度以及高的阻止火焰传播的能力，称为本质阻燃高分子材料。而对于聚乙烯、聚丙烯、PET 等可燃高分子，则可通过加入阻燃剂的方式来提高材料的阻燃性，这类材料称为添加型阻燃高分子材料。常见的阻燃剂又分为添加型阻燃剂和反应型阻燃剂。反应型阻燃剂通常以单体或交联剂的方式通过聚合或高分子化学反应成为聚合物的结构单元而使该高分子材料具有阻燃性，常见的阻燃剂单体通常含卤素或含磷元素。添加型阻燃剂以物理方式分散于高分子材料中而赋予其阻燃性，常见的添加型阻燃剂有无机盐类、卤化物和含磷有机化合物等。添加型阻燃高分子材料有热塑性阻燃树脂、阻燃纤维及织物等。随着环保要求越来越高，无卤阻燃剂的开发逐渐成为当前阻燃剂研发的重要方向。

可燃性 UL94 等级是应用最广泛的塑料材料可燃性能标准。它用来评价材料在被点燃后熄灭的能力。根据燃烧速度、燃烧时间、抗滴能力以及滴珠是否燃烧可有多种评判方法。每种被测材料根据颜色或厚度都可以得到许多值。当选定某个产品的材料时，其 UL 等级应满足塑料零件壁部分的厚度要求。UL 等级应与厚度值一起报告，只报告 UL 等级而没有厚度是不够的。UL94 共 12 个防火等级：HB、V-0、V-1、V-2、5VA、5VB、VTM-0、VTM-1、VTM-2、HBF、HF-1、HF-2。其中 HB 由水平燃烧测试方法确定；V-0、V-1、V-2、5VA 和 5VB 是通过垂直燃烧测试方法确定；VTM-0、VTM-1、VTM-2 这三个等级通过薄膜材料垂直燃烧测试方法确定，适用于塑料薄膜；HBF、HF-1、HF-2 这三个等级通过发泡材料水平燃烧测试方法确定，适用于发泡材料。

实验三　四探针法测定聚合物的电阻率

一、实验目的

（1）了解四探针电阻率仪的结构原理。

（2）掌握四探针法测量聚合物电阻率的方法。

二、实验原理

当某种材料截成正方体时，平行对面间的电阻值只与材料的类别有关，而与正方形边长无关，这种单位体积的电阻值可反映材料的导电特性，称为电阻率（体电阻率），以符号 ρ 表示，标准单位为 $\Omega \cdot m$，常用单位为 $\Omega \cdot cm$。如图 4-3-1 所示，当 1、2、3、4 四根金属探针排成一直线时，并以一定压力压在材料上，在 1、4 两根探针间通过电流 I，则在 2、3 探针间产生电位差 V。

则材料电阻率：

$$\rho = C \frac{V}{I} \qquad (4\text{-}3\text{-}1)$$

式中，C 为探针的修正系数，cm，由探针的间距决定。

当样条电阻率分布均匀，样条尺寸满足半无穷大时：

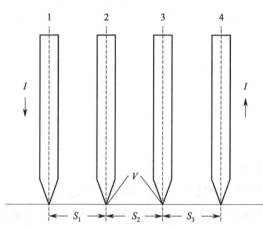

图 4-3-1　四探针法测量原理

（1、2、3、4 均为金属探针）

$$C = \frac{2\pi}{\dfrac{1}{S_1} + \dfrac{1}{S_2} + \dfrac{1}{S_1 + S_2} + \dfrac{1}{S_2 + S_3}} \qquad (4\text{-}3\text{-}2)$$

式中，S_1、S_2、S_3 分别为探针 1 与 2、2 与 3、3 与 4 之间的距离，探头系数由制造商对探针间距进行测定后确定，如 $S_1 = S_2 = S_3 = 1mm$，则 $C \approx 0.628$；$S_1 = S_2 = S_3 = 2mm$，则 $C \approx 1.256$。

对于块状或者棒状样品，由于其外形尺寸远大于探针间距，符合半无穷大条件，电阻率可以直接由式(4-3-2)求出。对于薄片状样品，由于其厚度与探针间距相近，不符合半无穷大边界条件，测试时需要附加样品的厚度、形状和测量位置的修正系数，其电阻率可由式(4-3-3)得出：

$$\rho = C\,\frac{V}{I}G\left(\frac{W}{S}\right)D\left(\frac{d}{S}\right) = \rho_0 G\left(\frac{W}{S}\right)D\left(\frac{d}{S}\right) \tag{4-3-3}$$

式中，ρ_0 为块状体电阻率测量值；$G\left(\frac{W}{S}\right)$ 为样品厚度修正函数，可由产品说明书中查得；W 为样品厚度；S 为探针间距；d 为圆形样品直径；$D\left(\frac{d}{S}\right)$ 为样品形状与测量位置的修正函数，可由产品说明书中查得。

当圆形样品的厚度满足 $\frac{W}{S} < 0.5$ 时，电阻率为：

$$\rho = \rho_0\,\frac{W}{S} \times \frac{1}{2\ln 2}D\left(\frac{d}{S}\right) \tag{4-3-4}$$

当忽略探针几何修正系数时，即认为 $C = 2\pi S$ 时，

$$\rho = \frac{\pi V W}{I\ln 2}D\left(\frac{d}{S}\right) = 4.53\,\frac{VW}{I}D\left(\frac{d}{S}\right) \tag{4-3-5}$$

三、试剂和仪器

1. 实验试剂

聚丙烯（PP）样条，PP 薄膜。

2. 实验仪器

ST2258C 型数字式电阻率测试仪。

四、实验步骤

（1）打开电阻率测试仪开关，升起测试台探头。

（2）将样品（PP 样条或 PP 薄膜）放在探头下方测试台板上，然后压下探头。

（3）在探头压下的状态下，可根据样品厚度及压力要求，测试压力调节完成后，锁紧螺帽，开始测试。

（4）测试完成后，升起探头，取走试样。

五、实验记录与数据处理

（1）实验设备规格、型号。

（2）实验的步骤及内容。

（3）实验参数（试样尺寸、探针间距、压力等）。

（4）测试结果。

六、思考题

（1）影响聚合物电阻率的因素有哪些？

（2）比较 PP 样条与薄膜电阻率的差别并分析原因。

实验四 聚合物湿热老化性能测定

一、实验目的

（1）了解聚合物湿热老化机理。
（2）掌握高低温湿热试验箱的操作方法。

二、实验原理

高分子材料制品暴露在大气环境中容易受到湿热作用而发生性能变化，尤其是一些特定环境，如地下工程、高湿热厂房、通风不良的场所，变化现象更为明显。通过测定在规定环境条件下暴露前后 些性能或者外观的变化，可以评价材料的耐湿热老化性能。湿和热对高分子材料制品的老化破坏主要表现在水汽对材料的渗透和热对这种渗透的加速作用。随着制品的品种、配方不同，老化过程有不同的机理。一般而言，湿度会对材料产生如下作用：引起聚合物次价键的破坏（增塑作用）、主价键的水解、可水溶性添加剂的溶解、抽出或迁移，从而导致或者促进材料的老化，而温度的提高则会增强水汽的渗透能力，加快老化速度。

湿热老化试验是用于鉴定或研究高分子材料耐老化性能的一种人工加速老化试验，也可用来研究推算某些高分子材料的储存期和使用寿命。它是将试验样品暴露于潮湿的热空气环境中，经受热空气和水汽的作用，按预定时间检测样条的性能变化，从而评定试样的耐湿热老化性能。

湿热老化试验箱主要由箱体、传感器系统、制冷系统、加热系统、湿度系统、空气循环系统、保护装置等几部分组成，它可以为高分子材料制品提供特定的温湿环境（图 4-4-1）。将样条按规定要求置于湿热箱内，在规定的温湿度条件下试验，定期

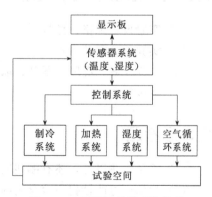

图 4-4-1 环境试验箱系统组成

取出样品，然后按照相应的标准方法测定各项性能。试验的重要环节之一是选择并控制湿热箱的温湿度以及波动范围。由于聚合物材料湿热老化所经历的过程因材料品种、配方不同而异，因此必须要根据聚合物品种、特点和实验目的选择适当的试验条件。

三、试剂和仪器

1. 主要试剂

聚丙烯（PP）样条。

2. 主要仪器

高低温湿热环境试验箱。

四、实验步骤

（1）打开环境试验箱电源，并设置温度、湿度。

（2）将一组若干个样品编号并置于环境试验箱中，开始实验。

（3）每隔一定时间取出一个样品，直到所有样品取出。

（4）性能测试

① 质量变化：测试老化前后质量的变化情况。

② 尺寸变化：老化前每个样条标记 5 个点，测厚以及边长后取其平均值，老化后在同样的位置测量并取其平均值。

③ 目测外观变化：观察是否有翘边、卷曲、分层、变色、龟裂、开裂、起泡、增塑剂逸出、超霜等现象。

④ 物理性能变化：包括机械性能、光学性能、电性能等，根据有关物性测试方法测老化前后的变化。

五、实验记录与数据处理

（1）实验设备规格、型号。

（2）实验的步骤及内容。

（3）实验参数（温度、湿度、取样时间）。

（4）测试结果。

六、思考题

（1）除了湿热以外，还有哪些因素影响聚合物材料的老化？

（2）如何通过改性提高聚合物的抗老化性能？

实验五　聚合物标准样条的制备

一、实验目的

(1) 了解聚合物的制样方法,掌握聚合物标准样条的制备。
(2) 了解材料制样机的基本结构,掌握制样机制备哑铃型试样的方法。

二、实验原理

不同材料由于尺寸效应的不同,测试结果不同。为尽量减少缺陷和结构不均匀性对测定结果的影响,高分子材料测试前需要按照国家标准制备相应的标准样条。用于制备高分子材料试验样条的方法有许多种,常见的高分子材料样条制备方法有注射成型、压制成型或机械加工成型(材料制样机)。对一些柔韧性好或薄的塑料或橡胶样条,也可采用冲片机制样。表4-5-1列举了一些塑料拉伸试样常用的制备方法。

表 4-5-1　一些塑料拉伸试样常用的制备方法

材料类型	试样制备方法
硬质热塑性塑料粒子 热塑性增强塑料粒子	注射成型、压制成型
硬质热塑性塑料板 热固性塑料板	机械加工
软质热塑性塑料粒子 软质热塑性塑料板	注射成型、压制成型、板材机械加工、板材冲切加工
热固性塑料,包括经填充和纤维增强的塑料	注射成型、压制成型
热固性增强塑料板	机械加工

用注塑机直接注射成型制备样条,制备的测试样条可达到良好的精密度,但注塑机投资大,同时体积也较大,所需原料量大,而且仅局限于能采用注射成型工艺的材料。机械加工成型的制样方法制样时间长、精度低、样条稳定性差。另外存在效率低、粉尘污染、损伤样条等缺点,并不适合大量制样。实验室常用的冲裁制样机设备投资小、制样快,一般适用于柔软和薄型试样。冲片机制样时,根据不同试样选择相应的切刀。冲片机及加工的样品如图4-5-1所示。

材料制样机用于加工塑料、有机玻璃等非金属材料的冲击、拉伸、压缩及热性能等试验用的标准试样,能进行锯切、铣削缺口、铣削哑铃形和平面的加工。哑铃制样部分主要由哑铃铣刀动力头部分、标准哑铃仿形靠模及靠模夹紧进给部分组成。动力头部分由电机铣刀组成,电机驱动铣刀高速旋转,铣切成哑铃试样。不同类型的哑铃型试样需采用不同的标准哑铃仿形靠模,试样的哑铃形状由仿形靠模形状保证。靠模夹紧进给部分用于夹紧靠模、给定

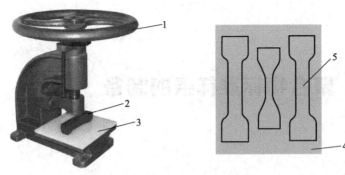

图 4-5-1 冲片机及加工的样品
1—冲片机控制旋钮；2—切刀；3,4—板材；5—样条

横向压紧力、实现纵向铣切走刀进给。靠模夹紧进给部分将仿形靠模和试样夹紧在滑动架上，滑动架横向由弹簧施加压紧力，使试样在铣切过程中始终保持横向压紧力。由调速电机实现纵向铣切走刀进给，滑动架纵向、横向平移由导轨导向，保持滑动架进给平稳。缺口冲击样条的制样部分主要由缺口铣刀动力头部分及试样夹紧进给部分组成。动力头部分由电机、铣刀组成，电机驱动铣刀高速旋转，铣切试样缺口，不同类型的试样缺口采用不同的标准铣刀。缺口试样类型有 A、B 和 C 型三种。

三、试剂和设备

1. 主要试剂

聚丙烯（PP）板材。

2. 主要设备

XWZY-1 型制样机，冲片机，百分表。

四、实验步骤

1. 冲片机操作方法

根据不同测试标准（国家标准或者 ASTM 标准）选择相应的切刀，将 PP 板材放在刀垫上，使丝杠下移，切刀与板材相接触。将控制旋钮向压样方向旋转，拧紧为止。来回往复旋转控制旋钮，直至板材被切刀冲断成型。

2. 哑铃状样条的制备

（1）仔细阅读仪器使用说明书，了解仪器的结构。根据加工的试样类型，选用相应的标准哑铃仿形靠模。

（2）将仿形靠模装入固定钳口，而后把需要铣哑铃形的样条夹入两片垫铁中间，将垫铁和已固定好的样条放在固定钳口内。样条一端靠实在靠模板定位块上，向下拧紧手轮压紧样条。

（3）逆时针旋转进给手轮进行粗调，使刀具距已装卡好的样条有一段不大的距离，再缓慢旋动进给手轮至样条与刀具正好相接触。

（4）先打开制样机电源，然后打开哑铃形制样开关，再打开调速器开关，哑铃铣刀开始切削，进给电机按预定的方向（左或右）进给，通过左右开关改变进给方向。

（5）铣刀铣完一面后，停止电机，停止进给，取下样条和靠模，掉转样条另一侧，重新装入滑动架上并夹紧。

（6）重复上述操作，直至样条两侧都完成加工。将样条取出，将两侧打磨光滑。

（7）实验完成后，及时清理碎屑及冷却液，对各导轨进行润滑。

3. 缺口冲击样条的制备

（1）根据加工的试样类型及缺口类型，选用相应的标准刀具，装入铣刀头并夹紧。

（2）根据加工的试样类型，选用相应的标准钳口垫块，装卡试样，使试样上面与钳口上面平齐，试样的中心对准钳口中心槽。横向调整钳口工作台，使试样中心对准铣刀中心。

（3）调节纵向进给及高度进给，将试样移到铣刀下方，使试样上面与铣刀接触，固定百分表测定试样高度，此时试样高度位置为基准位置。纵向移动使试样移离铣刀下方，升高钳口工作台至缺口深度，由百分表测定。用锁紧丝锁定高度，移离百分表。

（4）打开制样机电源，启动电机，驱动铣刀旋转，铣切试样缺口。

（5）加工完成，停止电机，取出试样，完成一次制样过程。

五、实验记录与数据处理

拍摄所制备的样条图片，结合标准样条，分析制备过程影响制样的因素。

六、注意事项

（1）使用材料制样机时，严格遵守仪器使用说明，防割伤。

（2）仪器启动后，远离切削刀口。

七、思考题

（1）列举高分子材料哑铃状试样的制样方法，有何不同？

（2）对比国标和美标，拉伸样条的标准有何异同？

实验六 塑料拉伸性能测定

一、实验目的

(1) 掌握材料试验机的使用方法。

(2) 了解塑料拉伸强度和断裂伸长率的意义。

(3) 掌握通过应力-应变曲线类型来判断不同聚合物的类型。

二、实验原理

塑料的力学性能是塑料质量好坏的重要指标，特别是拉伸强度、断裂伸长率、屈服应力、屈服伸长率和弹性模量等。拉伸强度的高低很大程度上决定了塑料的使用范围。拉伸强度是指在规定的温度、湿度和拉伸速度下，沿标准试样轴向施加拉伸力直至试样被拉断时的拉伸应力。通过材料的拉伸试验，可以获得材料的应力-应变曲线，从中可以得到很多力学性能信息。

1. 定义

拉伸应力：试样在拉伸时所产生的应力，为所施加的力值与材料最初截面积的比值。

伸长率：拉伸过程中，材料由于拉伸应力作用而变长。材料尺寸变化伸长的量与原始长度的比值为伸长率，用百分比表示。

拉伸强度：试样拉伸至断裂过程中最大的拉伸应力。

断裂强度：试样断裂时所对应的拉伸应力。

断裂伸长率：试样断裂时所对应的伸长率。

屈服点：材料保持弹性的临界点。应力-应变曲线上，应力不随应变增加的初始点。

屈服强度：屈服点对应的应力。

杨氏模量：应力-应变曲线起始部分段的斜率，它表示材料对形变的弹性抵抗能力。

2. 应力-应变曲线

应力-应变曲线不仅可以用来表征各种聚合物的力学性能，还可以用来判断聚合物的类型。图 4-6-1 是五种典型聚合物的应力-应变曲线。从应力-应变曲线上来看，脆性断裂前，试样的形变是均匀的，断裂试样不显示明显的推迟形变，应力-应变曲线是线性的。韧性断裂通常有较大的形变，这个形变在沿着试样长度方向上是不均匀的，应力-应变曲线为非线性的，消耗的断裂能很大。断裂面的形状和断裂能通常是区别脆性断裂和韧性断裂的重要指标。表 4-6-1 总结了五种典型高分子材料的应力-应变特征。

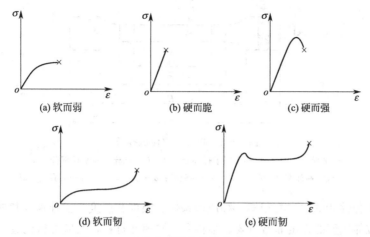

图 4-6-1　五种典型聚合物的应力-应变曲线

表 4-6-1　五种典型高分子材料的应力-应变特征

性能	模量	屈服应力	拉伸强度	断裂强度	典型材料
软而弱	低	低	低	中等	溶胀的凝胶
硬而脆	高	无	中等	低	聚苯乙烯
硬而强	高	高	高	中等	硬聚氯乙烯
软而韧	低	低	中等	高	天然橡胶
硬而韧	高	高	高	高	聚酯

　　典型结晶聚合物的应力-应变曲线通常为硬而韧型，如图 4-6-2 所示。曲线以屈服点 y 为界分为两个区域。屈服点前，材料处于弹性区域（oa），施加的应力除去后，形变可恢复。屈服点后，材料进入塑性区，施加的应力去除后，形变不能完全恢复，出现永久形变或残余形变。在塑性区域，材料先经过一小段的应变软化（应变增加，应力略有下降，如 yb 段）；而后，材料出现塑性不稳定形变，应变增加，应力基本保持不变，即出现"细颈"现象（bc 段）。经过充分拉伸取向后，应力急剧增加（cd 段）直至断裂。细颈现象的产生，可能是试样中局部的有效截面积

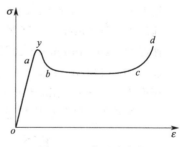

图 4-6-2　典型聚合物的应力-应变曲线

比较小，受到较高的应力，首先发生屈服，也可能是由于材料性能的起落不均，存在薄弱点，造成试样某一部分的屈服应力降低，在较低的应力下屈服。一旦试样中的某一区域达到屈服点后，形变将继续在这个区域中发生，形成细颈。细颈和非细颈部分截面积分别维持不变，而这个细颈局部区域形变将继续，非细颈部分逐渐缩短，直至整个试样完全变细，导致应变硬化产生。

3. 标准哑铃状试样条

　　由于高分子材料的拉伸性能受试验条件的影响很大。在工程使用上，为了比较材料之间的力学性能，拉伸试验的测试必须是在规定的试验温度和试验速度下用标准形状的试样进行。拉伸试样有 4 种类型：Ⅰ型试样（双铲型）、Ⅱ型试样（哑铃型）、Ⅲ型试样（8 字型）和Ⅳ型试样（长条型）。常见Ⅱ型的哑铃状拉伸试样条如图 4-6-3 所示。

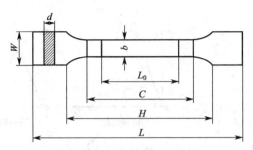

图 4-6-3　哑铃状拉伸试样条

L—试样长度；b—试样中间平行部分宽度；C—试样中间平行部分长度；

W—试样端部宽度；L_0—试样标距间距离；d—试样厚度；H—夹具间距离

影响试样拉伸性能的因素有很多，如成型条件、温度和湿度、拉伸速度和材料的预处理方式等。其中，拉伸速度的设定非常重要。塑料属于黏弹性材料，其应力松弛过程与变形速率密切相关。低速拉伸时，分子链来得及位移和重排，呈现韧性行为，表现为拉伸强度减小，断裂伸长率变大。高速拉伸时，分子链段的运动跟不上外力的作用速度，呈现脆性行为。此时，材料的拉伸强度增大而断裂伸长率减小。塑料的拉伸速度按照国家标准（GB/T 1040.1—2018）包含以下 9 种：

速度 A　1mm/min±20%

速度 B　2mm/min±20%

速度 C　5mm/min±20%

速度 D　10mm/min±20%

速度 E　20mm/min±10%

速度 F　50mm/min±10%

速度 G　100mm/min±10%

速度 H　200mm/min±10%

速度 I　500mm/min±10%

不同的塑料对拉伸速度敏感不同，其拉伸速度的选择可以参照表 4-6-2。

表 4-6-2　不同塑料选择的试样类型及拉伸速度参考

试样材料	试样类型	制备方法	最佳厚度/mm	试验速度
硬质热塑性塑料 热塑性增强塑料	Ⅰ型	注射成型和模压	4	B、C、D、E、F
硬质热塑性塑料板 热固性塑料(含层压板)		机械加工	2	A、B、C、D、E、F、G
软质热塑性塑料及层压板	Ⅱ型	注射成型、模压、板材机械加工、冲切加工	2	F、G、H、I
热固性塑料 (包括填充和增强塑料)	Ⅲ型	注射成型和模压		C
热固性塑料板	Ⅳ型	机械加工		B、C、D

三、试剂和仪器

1. 主要试剂

聚丙烯（PP）样条。

2. 主要仪器

材料试验机，游标卡尺，直尺，记号笔等。

四、实验步骤

（1）测量试样中间平行部分的宽度和厚度，精确至 0.01mm。每个试样测 3 个点，取算术平均值。

（2）在试样中间平行部分做标线示明标距位置。

（3）启动材料试验机，夹持试样，使试样纵轴与上、下夹具中心连线相重合，并且要松紧适宜。

（4）根据材料类型，参考表 4-6-2 设置合适的试验参数。

（5）单击测试按钮，测试完成后打印试验数据和曲线。

（6）重换一根试样条，重复步骤（1）～（5），每个样品测试 5 次。

（7）试样断裂在中间平行部分标距以外时，此数据作废，另取试样补做。

五、实验记录与数据处理

（1）将实验数据填入表 4-6-3 中。

表 4-6-3　实验记录及结果

样品名称：		规格：		厂家：		制备方法：	
试验机型号：				试验速度：			
试样编号	试样尺寸/mm						
	宽度 1	宽度 2	宽度 3	平均	厚度 1	厚度 2	厚度 3	平均
1								
2								
3								
4								
5								

（2）对试样的拉伸应力-应变曲线进行分析，标出试样的拉伸断裂应力、断裂伸长、初始模量、屈服点和断裂功。

六、注意事项

（1）启动材料制样机前，检查限位销，防止夹具撞击横梁损坏传感器。

（2）样品夹好之前，请勿启动测试按钮，防止仪器锁死。

（3）出现紧急情况，使用紧急制动按钮。

七、思考题

（1）分析试样断裂在标记线外的原因？

（2）拉伸速度对测试结果有何影响？

（3）对于同样的材料，为何测定的拉伸性能（强度、断裂伸长率、模量）有差异？

（4）一般塑料的拉伸强度范围在多少？

实验七 塑料压缩强度测定

一、实验目的

（1）掌握塑料压缩强度的测定原理。

（2）掌握材料试验机测定压缩强度的方法。

二、实验原理

压缩性能是描述材料在较低的压缩负载和均匀加载速率下的行为。压缩性能包括弹性模量、屈服应力、屈服点以外的形变、压缩强度、压缩应变和细长比。压缩试验是测定材料在轴向静压力作用下的力学性能的试验，是测定材料机械性能的基本方法之一。试验时把试样置于试验机的两压板之间，并在沿试样两个端部表面的主轴方向，以恒定速率施加一个可以测量的大小相等而方向相反的力，使试样沿轴方向缩短，而径向方向增大，产生压缩形变，直至试样破裂，屈服或试样变形达到预先设定的值为止。

压缩应力：在压缩试验过程中的任一时刻，试样单位原始横截面积所承受的压缩负荷，以 MPa 为单位。

压缩变形：由压缩负荷引起的试样高度的改变量，以 mm 为单位。

压缩应变：试样的压缩变形除以试样的原始高度。

压缩负荷-形变曲线：以压缩试验全过程中的压缩负荷为纵坐标，以对应的变形为横坐标绘图所获得的曲线。

压缩屈服应力：在压缩试验的负荷-变形曲线上第一次出现的应变或变形增加而负荷不增大的压应力值，以 MPa 为单位。应力无增加而应变增加时的第一点取做屈服点。

压缩强度：压缩试验过程中，试样所承受的最大压缩应力，以 MPa 为单位。

细长比：横截面均匀的实心圆柱体的高度与最小回转半径之比。

压缩模量：在应力-应变曲线的线性范围内，压缩应力与压缩应变之比，以 MPa 为单位。

试样的尺寸（细长比）会影响材料的压缩强度。由于试样受压时，试样的上下端面与压板之间存在摩擦力，阻碍试样的横向变形。试样越高，影响越大。通常试样为正方形、矩形、圆形或圆管形截面柱体。试样高度位于 10～40mm，推荐试样高度为 30mm。试样的细长比为 10，当试验过程中试样出现扭曲现象时，细长比降低至 6。推荐管形壁厚为 2mm，管内径为 8mm。标准试样的形状和尺寸见表 4-7-1。

当试样两端不平时，实验过程中不能使试样沿轴向方向均匀受压，导致局部应力过大，会使试样过早产生裂纹和破坏，最终测定的压缩强度降低。另外，随着压缩速度的增加，压缩强度和压缩应变增加。压缩速度在 1～5mm/min 时，变化较小。压缩速度大于 10mm/min

时，变化会较大。

表 4-7-1　标准试样的形状及尺寸　　　　　　　　　　单位：mm

试样形状	高度 h	横截面边长 a		横截面边长 b		圆柱体直径 d		圆管内径 d₁		圆管外径 d₂	
	基本尺寸	基本尺寸	极限偏差	基本尺寸	极限偏差	基本尺寸	极限偏差	基本尺寸	极限偏差	基本尺寸	极限偏差
正方柱体	30	10.4	±0.2	10.4	±0.2						
矩形柱体	30	15.0		10.4							
圆柱体	30					12.0	±0.01				
圆管柱体	32							8.0	±0.01	12.0	±0.01

三、试剂和仪器

1. 主要试剂

聚丙烯（PP）试样。

2. 主要仪器

材料试验机，游标卡尺。

四、实验步骤

（1）根据试样形状及测试要求，测试试样的尺寸（长度、高度或直径），精确至 0.01mm，测量 3 次取平均值。

（2）打开材料试验机电源。

（3）安装试验用压缩压板，调整活动横梁位置，使上下压板之间的位置能满足试样高度的要求，把试样放在两个压板正中间的位置上。

（4）打开软件，按照操作说明，选择合适参数，设定试验条件。调整负荷、峰值、变形、位移的零点。根据 $V=0.0001\times L$ 计算加载速度，其中 L 为试样高度。单击测试按钮，开始试验。观察试样断裂后的形状。

（5）试验结束后，按上升键，使移动横梁回复原来的位置。

（6）重复实验步骤(3)～(5)，测量下一个试样。

（7）输入试样尺寸等参数，通过计算得出相关结果，打印试验数据和曲线。

五、实验记录与数据处理

（1）将实验数据填入表 4-7-2 中。

表 4-7-2　实验记录及结果

样品名称：　　　　　　规格：　　　　　　厂家：　　　　　　制备方法：
试验机型号：　　　　　　　　　　　　试验速度：

试样编号	试样尺寸/mm							
	高度1	高度2	高度3	平均	直径1	直径2	直径3	平均
1								
2								
3								
4								
5								

（2）画出典型的压缩应力-应变曲线，在曲线上标注压缩强度、压缩应变、屈服点等。

六、注意事项

（1）试验过程中，严禁将手放在两压板之间。
（2）遇到紧急情况，使用紧急制动按钮。

七、思考题

（1）压缩试验时，为什么要将样品放在两压板正中间的位置？放偏了会产生什么后果？
（2）为什么要控制施加的载荷速度？

拓展知识

工程塑料

通用塑料一般指产量大、用途广、成型性好、价格较低的常用塑料，用于日常生活的方方面面，如 PVC、PE、PP、PS 等。工程塑料具有优异的强度、耐冲击性、耐热性、硬度及抗老化性能，它是可用作工程材料和代替金属制造机器零部件等的塑料。工程塑料又可分为通用工程塑料和特种工程塑料两类。前者主要品种有 PA、PC、POM、改性聚苯醚和热塑性聚酯五大通用工程塑料；后者主要是指耐热达 150℃以上的工程塑料，主要品种有 PI、PPS、聚砜类、芳香族聚酰胺、聚芳酯、聚苯酯、聚芳醚酮、液晶聚合物和氟树脂等。工程塑料真正得到迅速发展，是在 20 世纪 50 年代后期 POM 和 PC 开发成功之后，POM 的高结晶性使其具有优异的机械性能，从而首次使塑料作为能替代金属的材料而跻身于结构材料的行列。而 PC 则是具有优良综合性能的透明工程塑料，应用广泛，是发展最快的工程塑料之一。工程塑料被广泛应用于电子电气、汽车、建筑、办公设备、机械、航空航天等领域，以塑代钢、以塑代木已成为国际流行趋势，工程塑料已成为当今世界塑料工业中增长速度最快的领域。

塑料弯曲强度测定

一、实验目的

（1）掌握塑料弯曲强度的测定原理。
（2）掌握材料试验机测定弯曲强度的方法。

二、实验原理

弯曲强度是指材料在弯曲负荷作用下破裂或达到规定弯矩时能承受的最大应力，此应力为弯曲时的最大正应力，以 MPa 为单位。它反映了材料抗弯曲的能力，用来衡量材料的弯曲性能。弯曲实验是用来检验材料在经受弯曲负荷作用时的性能，一般有两种加载方法，一种为三点式加载法（三点弯曲试验，见图 4-8-1），另一种为四点式加载法。三点弯曲试验是将横截面为矩形的试样跨于两个支座上，在其跨度中心施加集中载荷，使其以恒定速度弯曲，直到试样断裂或变形达到规定值。在弯曲载荷的作用下，试样产生弯曲变形。弯曲强度 σ 可由式(4-8-1) 计算可得。

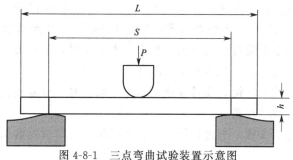

图 4-8-1　三点弯曲试验装置示意图

$$\sigma = \frac{3PS}{2bh^2} \tag{4-8-1}$$

式中，P 为施加的最大载荷，N；S 为试样的跨度，mm；b 为试样的宽度，mm；h 为试样的厚度，mm。

当试样弯曲形变产生断裂时，材料的极限弯曲强度就是弯曲强度。当有些聚合物在发生很大的形变时也不发生破坏或断裂时，这样就不能测定其极限弯曲强度，通常是以试样外层的最大应变达到 5％时的应力作为弯曲屈服强度。

试样可采用注塑、模塑或由板材经机械加工制成的矩形截面的试样。试样的标准尺寸为长 80mm 或更长；宽(10±0.5)mm；厚(4±0.2)mm，也可以从标准的双铲形多用途试样的中间平行部分截取。若不能获得标准试样，则长度必须为厚度的 20 倍以上。

材料的弯曲性能包括以下指标：

挠度：弯曲试验过程中，试样跨度中心的顶面或底面偏离原始位置的距离。

弯曲应力：试样在弯曲过程中，中部截面上的最大应力。

弯曲强度：材料在弯曲负荷作用下破裂或达到规定弯矩时能承受的最大应力，此应力为弯曲时的最大正应力，它反映了材料抗弯曲的能力，用来衡量材料的弯曲性能。

弯曲屈服强度：在负荷-挠度曲线上，负荷不增加而挠度突然增加点处的应力。

应变速率：单位时间内，试样相对变形的改变量。

三、试剂和仪器

1. 主要试剂

聚丙烯（PP）试样。

2. 主要仪器

材料试验机，游标卡尺。

四、实验步骤

（1）测试试样的长度、宽度和厚度，精确至 0.01mm，测量 3 次取平均值。

（2）打开材料试验机电源。

（3）安装试验用弯曲压头，把试样放在支点台上，调整跨度 S 及加载压头位置，加载压头位于支座中间，跨度 S 可按试样厚度 h 换算而得：$S=(16\pm1)h$。

（4）打开软件，选择合适参数，设定试验条件，标准试样的试验速度一般设置为 (2.0 ± 0.4)mm/min。软件界面上数据清零，单击测试按钮，开始试验。在规定挠度时或之前出现断裂的试样，记录断裂弯曲负荷值，出现最大负荷时，记录最大负荷值。在达到规定挠度时不断裂的试样，测定达到规定挠度时的弯曲负荷值。

（5）试验结束后，按上升键，使移动横梁回复原来位置。重复实验步骤（4），测试下一个试样，测试 5 根样条取平均值。

（6）输入试样尺寸等参数，通过计算得出相关结果，打印试验数据和曲线。

五、实验记录与数据处理

（1）记录实验条件，填入表 4-8-1 中。

表 4-8-1　实验记录及结果

样品名称：		规格：		厂家：		制备方法：	
试验机型号：				试验速度：			
试样编号	试样尺寸/mm						
	宽度1	宽度2	宽度3	平均	厚度1	厚度2	厚度3	平均
1								
2								
3								
4								
5								

（2）画出典型的弯曲应力-应变曲线，计算弯曲强度。

六、注意事项

（1）启动仪器前，检查定位销，防止夹具撞击横梁损坏传感器。
（2）弯曲夹具轻拿轻放，以防掉落伤人。

七、思考题

（1）分析影响试样弯曲强度的因素有哪些？
（2）跨度和试验速度对弯曲强度有何影响？

拓展知识

聚甲醛

聚甲醛（POM）因其规整的分子结构，很容易结晶，结晶度可高达 70% 以上。物理机械性能十分优异，产量仅次于尼龙和 PC。POM 是一种性能优良的工程塑料，在国外有"夺钢""超钢"之称。POM 具有类似金属的硬度、强度和刚性，在很宽的温度和湿度范围内都具有很好的自润滑性、良好的耐疲劳性，并富于弹性，此外它还有较好的耐化学品性。POM 以低于其他许多工程塑料的成本，正在替代一些传统上被金属所占领的市场，如替代锌、黄铜、铝和钢制作许多部件，自问世以来，POM 已经广泛应用于电子电气、机械、仪表、日用轻工、汽车、建材、农业等领域。在很多新领域的应用，如医疗技术、运动器械等方面，POM 也表现出较好的增长态势。

实验九 塑料冲击性能测定

一、实验目的

(1) 了解聚合物冲击性能测定的原理，掌握摆锤式冲击试验机的操作方法。

(2) 测定聚合物的冲击强度，了解其对材料使用的意义。

(3) 加强对高分子材料在受到冲击而断裂的机理认识。

二、实验原理

冲击强度是衡量材料韧性的重要指标，表征材料抵抗冲击破坏的能力。冲击性能测试的是在冲击负荷的作用下材料的冲击强度。冲击强度被定义为试样受到冲击载荷而折断时单位面积所吸收的能量。

影响聚合物冲击强度的因素除了聚合物的化学结构外，还有聚合物的结晶度、填料、增塑剂、缺口和试验温度等。如果结晶聚合物玻璃化温度比试验温度低，结晶有利于冲击强度的提高。反之，如果试验温度比玻璃化温度低，结晶存在会降低冲击强度。此时微晶起着应力集中体的作用。另外，对结晶聚合物而言，球晶尺寸大一般会导致冲击强度降低。

为提高聚合物的冲击强度，通常会加入纤维状填料或增塑剂。纤维状的填料可以阻止裂纹的发展，使应力在更宽的面积上分布。另外湿度也会影响冲击强度，如尼龙类材料在湿度大时，冲击强度表现为韧性的增加，而在绝干的状态下，尼龙几乎丧失冲击韧性。

冲击强度的测试方法有很多，摆锤式冲击试验方法简单、易行，是比较制品韧性常用的测试方法。摆锤式冲击试验方法是将标准试样放在冲击试验机规定的位置，然后让重锤自由落下冲击试样，测量摆锤冲断试样所消耗的功，此值越小，说明材料越脆。根据试样的安装方式，摆锤式冲击试验可分为简支梁法和悬臂梁法。简支梁法测试时，试样两端支撑，摆锤冲击试样中部。悬臂梁法测试时，试样一端固定，摆锤冲击自由端（如图 4-9-1 所示）。试样分为有缺口和无缺口两种，缺口试样断裂时，应力集中在缺口处。

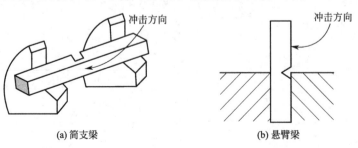

(a) 简支梁   (b) 悬臂梁

图 4-9-1 简支梁和悬臂梁的试样放置方式示意图

简支梁法工作原理如图 4-9-2 所示，当摆锤抬高置于机架扬臂上时，此时扬角为 α，它便获得一定的位能。当摆锤自由落下，位能转化为动能，试样被冲断。冲断试样后，摆锤仍然升到一定的高度，上升的角度为 β。这个冲击过程中，遵循能量守恒定律，试样所消耗冲击能量 $E=Pd(\cos\beta-\cos\alpha)$，$Pd$ 为冲击常数。刻度盘上的刻度就是根据上述原理计算而得。因此实验时可直接从刻度盘中读出冲击能量。悬臂梁类似，只是试样放置方式不同，摆锤冲击位置不同。

各种冲击试验测试的结果可能不一致，影响冲击强度测试的因素有很多，如试样的尺寸、缺口大小、形状和跨度等。用同一配方在同一成型条件制备的厚度不同的样品，在同一跨度上做冲击试验时，测得的冲击强度不同。同样，相同厚度，但在不同跨度上做冲击试验，得到的冲击强度也不同。因此，只有在标准实验条件下，规定了材料的厚度、跨度和缺口形状才能比较。塑料悬臂梁冲击试验按照国家标准 GB/T 1843—2008 进行，塑料简支梁冲击试验按照 GB/T 1043.1—2008 进行。

试样可采用有缺口和无缺口两种，形状如图 4-9-3 所示。采用有缺口试样的目的是使缺口处试样的截面积大为减少，受冲击时，试样断裂一定发生在缺口处，所有的冲击能都可以被缺口处吸收，从而提高试验的准确性。缺口半径越小，越尖锐，则应力越易集中，冲击强度越低。

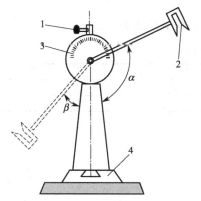

图 4-9-2　简支梁冲击工作原理示意图
1—手柄；2—摆锤；3—仪表盘；4—试样支架

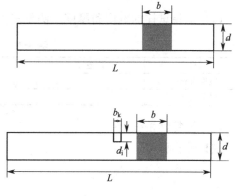

图 4-9-3　试样的形状
L—长度；d—厚度；b—宽度；
b_k—缺口宽度；d_i—缺口高度

三、试剂和仪器

1. 主要试剂

聚丙烯（PP）样条。

2. 主要仪器

简支梁冲击试验机，悬臂梁冲击试验机，游标卡尺。

四、实验步骤

（1）选择及安装冲击试样摆锤，根据试样韧性，选择适当的冲击摆锤，一般断裂所吸收的能量在冲击摆总能量的 $10\%\sim30\%$。

（2）测量无缺口试样中部的宽度和厚度，缺口试样测量缺口处的剩余宽度，测量三点取平均值。

（3）检查和调试试验机的支架和零点位置。使摆锤在铅垂位置时主动指针与被动指针靠紧，指针指示位置与最大指标值相重合。

（4）空击试验。托起摆锤，使其固定在150°扬角位置，调整被动指针与主动指针重合。扳动手柄，让摆锤自由落下。此时，被动指针应在"零"的位置。若超过误差范围，调整机件间摩擦力，使指针在误差范围内。

（5）简支梁测试时，将试样放在水平支架上，缺口面背向冲击锤，缺口位置与冲击锤位置对准。悬臂梁测试时，首先将试样插入钳口，将试样对中后转动手轮将试样夹紧。缺口试样的缺口在冲击摆锤的同一侧。

（6）释放摆锤，由刻度盘读出冲击试样所消耗的功。试样不破裂，或断口在试样两端的三分之一处，或断裂不在缺口处，所得数据作废，重新实验。

（7）每个样品样条数不少于5个，重复实验。

五、实验记录与数据处理

（1）记录试样的宽度和厚度，测量三点取平均值，将其填入表4-9-1中。

表 4-9-1　实验记录及结果

试样	位置 1	位置 2	位置 3	平均值
宽度/mm				
厚度/mm				

（2）计算冲击强度

缺口冲击强度：

$$a_k = \frac{A}{bd_x} \tag{4-9-1}$$

式中　A——缺口试样吸收的冲击能量，J；

　　　b——试样的宽度，mm；

　　　d_x——缺口试样缺口处剩余厚度，mm。

无缺口冲击强度：

$$a_k = \frac{A}{bd} \tag{4-9-2}$$

式中　A——试样吸收的冲击能量，J；

　　　b——试样的宽度，mm；

　　　d——试样的厚度，mm。

（3）计算所测冲击强度的算术平均值、标准偏差和离散系数。

算术平均值：

$$X = \sum \frac{X_i}{n} \tag{4-9-3}$$

标准偏差：

$$S = \sqrt{\frac{1}{n-1} \sum (X_i - X)^2} \tag{4-9-4}$$

离散系数：

$$C_v = \frac{S}{X} \tag{4-9-5}$$

六、注意事项

遵守操作规程，防止被冲击摆锤砸伤。

七、思考题

(1) 比较相同聚合物材料的缺口冲击强度和无缺口冲击强度的大小，并说明原因。

(2) 如何提高材料的冲击强度？

拓展知识

聚碳酸酯

聚碳酸酯（PC）是分子链中含有重复碳酸酯基团的一类线型聚合物。脂肪族和芳香族 PC 的研究已分别有 50 年和 100 年的历史。工业生产有光气法和酯交换法，两者各有优点，但以光气法为主，其产量占 90％以上。一般所说的 PC 常指一种双酚 A 型 PC，1960 年开始工业化生产。在五大通用工程塑料中，PC 是唯一具有良好透明性的产品，同时具有韧而刚、尺寸稳定、易着色、电绝缘性好、耐电晕、对臭氧稳定等优良性能，且可经受车、铣、刨、磨、锯、钻、冲压等机械加工，因而广泛用于国民经济各部门，代替铜、铝、锌等有色金属和玻璃、木材等非金属材料。可以用于制造飞机和车辆窗户的玻璃，制作照明灯具、防爆灯具和安全面罩等；用于制造各种机械零件、塑料光纤、通信用具及各类眼镜镜片，也可用于制造各种电气设备和用具的外壳和零件；因其无毒无味而又耐热，可制造各种医疗器具、手术器械、镶牙材料、厨房用具、饮料容器、食品用具、滤水器等；PC 薄膜可制电容器、录音带、彩色录像带、太阳能利用装置、微波加热系统、反渗析膜、超过滤膜；其泡沫塑料具有耐燃性和绝热性，可用于建筑工业。但 PC 抗疲劳强度低，易发生应力开裂，常用玻璃纤维增强以避免上述缺点，并提高其他多项性能。若与其他聚合物共混，或加入各种稳定剂、阻燃剂、抗静电剂，则可制得新品种以扩展其应用范围。

实验十 橡胶硬度的测定

一、实验目的

(1) 了解橡胶硬度的概念、表征方法及橡胶硬度测定的原理。

(2) 掌握橡胶硬度计的使用方法。

二、实验原理

橡胶硬度是表示橡胶保持它本身形状不变的性质，反映其抵抗其他硬物压入引起凹陷变形的能力，其值的大小表示橡胶的软硬程度。根据硫化胶硬度的大小，可以判断半成品的配炼质量及硫化程度。硬度的测定方法很多，如：国际橡胶硬度、邵氏硬度（又称为邵尔硬度或肖氏硬度）、洛氏硬度、布氏硬度等。我国测定橡胶的硬度一般采用邵氏硬度，邵氏硬度分为 A、C 和 D 等几个型号，邵氏 A 型用于测量软质橡胶硬度，邵氏 C 型用于测量半硬质橡胶硬度，邵氏 D 型用于测量硬质橡胶硬度。橡胶邵氏硬度就是用外力将硬度计压针压在硫化橡胶试样表面上，观察硬度计指针所示的读数，其数值的大小是橡胶软硬的定量反映。

邵氏硬度计测定的是压针压入深度与压针露出长度（2.5mm）之差对压针露出长度比值百分率，如式(4-10-1) 所示：

$$T = 2.5 - 0.025h \tag{4-10-1}$$

式中，T 为压针压入深度，mm；h 为邵氏硬度。

由式(4-10-1) 可见，对流动性很好的材料，$T = 2.5$ 时，h 为 0。对刚性材料，$T = 0$ 时，h 为 100。所以硬度范围为 0～100，而硬度计的最佳测试范围为 20～90，当样品用 A 型硬度计测量硬度大约 90 时，改用 D 型硬度计测量。用 D 型硬度计测量硬度值小于 20 时，则改用 A 型。

试验的样品应厚度均匀，用 A 型测量时，样品的厚度应不小于 5mm。用 D 型测量时，样品厚度应不小于 3mm。如果厚度达不到要求，可以采用两层或三层样品进行叠合，但需要保证各层样品之间接触紧密。

硬度计有台式和手提式两种，一般为台式，如图 4-10-1 所示。使用支架固定硬度计或压针轴上用砝码加力使压针和试样接触。对邵氏硬度计，A 型推荐使用 1kg 砝码，D 型使用 5kg 砝码。

试验温度会对测试结果造成影响。当试样温度高时，由于聚合物分子的热运动加剧，分子间作用力减弱，降低了材料的抵抗能力，硬度降低。

三、试剂和仪器

1. 主要试剂

橡胶样品。

2. 主要仪器

邵氏硬度计（见图 4-10-1），千分尺或游标卡尺。

四、实验步骤

（1）仔细阅读仪器使用说明书。

（2）检查样品，样品表面光滑平整，无气泡无杂质等。样品大小需要保证每个测试点与样品的边缘距离不小于 12mm。各测量点之间的距离小于 6mm。

（3）试验前，检查硬度计指针是否指向零，如果偏离零点，调整螺丝使其归零。检查压针在玻璃上是否指向 100，如果不在 100，轻按压针几次，如果还是不能指向 100，则不能使用。

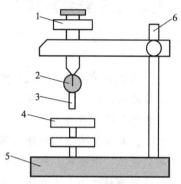

图 4-10-1　台式硬度计示意图

1—砝码；2—刻度表；3—压针；
4—工作台；5—支架；6—立柱

（4）将样品放在试样平台上，使压针无冲击地压在试样上，压下手柄，当样品缓慢受到一定负荷时立刻读数，从读数表盘上读到的分度值即为所测得的邵氏硬度值。不同硬度计，加载不同质量的负荷。邵氏 A 为 1kg，邵氏 D 为 5kg。

（5）在样品上间隔 6mm 以上的不同位置测量硬度至少 5 次，取其平均值，每个点只可以测量一次。

（6）换一样品，重复以上步骤。

五、实验记录与数据处理

将实验数据填入表 4-10-1 中，样品硬度用一组试样的算术平均值表示。

表 4-10-1　实验记录及结果

试样	硬度值 1	硬度值 2	硬度值 3	硬度值 4	硬度值 5	平均值
1						
2						
3						

六、注意事项

（1）试样表面应光滑、平整，不得有缺陷、杂质或损伤等。

（2）测定前，试样应在试验温度下存放 5h。

七、思考题

(1) 测定材料硬度的意义是什么？

(2) 聚合物的硬度和模量之间有何关系？

(3) 测定硬度的方法还有哪些？

拓展知识

特种橡胶

现代科学技术的发展对橡胶和橡胶制品提出了越来越高的要求，因此橡胶和橡胶制品的高性能化已成为橡胶工业的发展趋势。为适应这种趋势，橡胶行业除不断挖掘通用橡胶的应用潜力外，还不断探索特种橡胶的应用开发。特种橡胶也称特种合成橡胶，指具有特殊性能和特殊用途适应苛刻条件下使用的合成橡胶。如耐300℃高温，耐强侵蚀，耐臭氧、光、天候、辐射和耐油的氟橡胶；耐−100℃低温和260℃高温、对温度依赖性小、具有低黏流活化能和生理惰性的硅橡胶；耐热、耐溶剂、耐油，电绝缘性好的丙烯酸酯橡胶。其他还有聚氨酯橡胶、聚醚橡胶、氯化聚乙烯、氯磺化聚乙烯、环氧丙烷橡胶、聚硫橡胶等，它们亦各具优异的独特性能，可以满足一般通用橡胶所不能胜任的特定要求，在国防工业、尖端科学技术、医疗卫生等领域有着重要作用。目前我国特种合成橡胶的基本现状是品种较全，但规模较小，生产技术水平与国外相比还有一定的差距。随着我国汽车工业的发展，除轮胎外的汽车橡胶制品业日益发展壮大，包括油封制品、传动带、胶管、密封条、防震橡胶制品等，规格品种众多，性能要求越来越高，除通用橡胶外，特种合成橡胶也越来越多地被采用，因此汽车工业的发展为特种合成橡胶制品提供了广阔的市场。

实验十一　纤维截面切片及显微观察

一、实验目的

（1）掌握哈氏切片器的使用，学会使用哈氏切片器制作纤维断面切片。

（2）观察纤维断面形貌，了解纤维断面形貌与纤维性能之间的关系。

二、实验原理

纤维的结构不同会导致纤维性能不同，大多数化学纤维为圆形截面。然而，天然纤维多为非圆形。非圆形纤维的表观特征会随着截面形状的不同而改变，其力学、表观物理和表观吸附性都会随着截面形状的改变而改变。因此，为改善纤维的性能，通常需要对纤维的形貌或结构进行改性。纤维的异形化主要有两类形式：一是截面形状的非圆形化，可分为轮廓波动的异形化和直径不对称的异形化；二是截面的中空和复合化。

在合成纤维成型过程中，采用异形喷丝孔纺制的、具有非圆形截面的纤维称为异形纤维。异形纤维具有特殊的光泽，并具有蓬松性、耐污性和抗起球性等。纤维的回弹性也有所提高。例如，三角形截面的聚酯纤维有闪光效应；扁平或带状或 U 形截面的合成纤维具有类似麻、羊毛或兔毛的手感和光泽；中空纤维的保暖性和蓬松性较好。

有时候，为改善纤维性能，在纺丝过程中会将两种或两种以上的高分子化合物复合，这种化学纤维称为复合纤维。通过改变喷丝孔的形状，可以制得多种复合纤维，如皮芯结构、海岛结构、并列结构等。并列结构的复合纤维两种组分的热塑性不同时，在后处理过程中，两种纤维会产生收缩差，从而纤维产生螺旋卷曲状。利用这一特性，可制得类似羊毛弹性和蓬松性的化学纤维。高折射率芯层和低折射率的皮层形成的皮芯结构复合纤维可制成光导纤

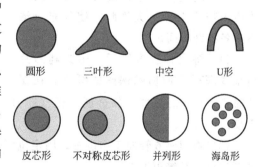

图 4-11-1　几种异形纤维和复合纤维的截面形状

维。图 4-11-1 为几种异形纤维和复合纤维的截面形状。

利用显微镜观察纤维的截面形状是一种鉴别纤维的方法。这种方法对鉴别天然纤维、异形纤维或复合纤维特别有效和直观。表 4-11-1 为常见纤维的横截面形状及纵向外观。

表 4-11-1 常见纤维的横截面形状及纵向外观

纤维	横截面	纵向
普通涤纶	圆形	表面光滑
棉	腰子形,有空腔	扭曲的扁平带状
羊毛	不规则圆形	有鳞片状横纹
醋酸纤维	三叶形或梅花形	有条纹
黏胶纤维	锯齿形	有条纹
腈纶	哑铃形	有条纹
亚麻	多角形	横节竖纹

三、试剂和仪器

1. 主要试剂

异形纤维,圆形纤维,火棉胶,甘油。

2. 主要仪器

哈氏切片器（图 4-11-2），单面刀片，玻棒，镊子，载玻片，盖玻片，显微镜。

四、实验步骤

（1）如图 4-11-2 所示，松开切片器上的螺丝 4，取下定位螺丝 5，将螺座 6 转到与金属板 2 呈垂直的位置（或取下），抽出金属板 1。

（2）先取一种纤维，将纤维整理平直绕成一束，将纤维束放入金属板 2 的凹槽中，正好充满凹槽。将金属板 1 插入，压紧试样，轻拉纤维束时稍有移动，且金属板 1 和金属板 2 之间无缝隙。

（3）用玻棒在金属板两面露出的纤维束根部涂上少量火棉胶，使其充分渗透到各根纤维间。

图 4-11-2 哈氏切片器
1—凸槽金属板；2—凹槽金属板；3—精密螺丝；
4—固定螺丝；5—定位螺丝；6—螺座

（4）待火棉胶凝固后，用锋利刀片沿金属底板表面切除裸露的纤维。在切片时，刀片应尽可能平靠金属底板（即刀片和金属底板间夹角要小），并保持两者间夹角不变。

（5）将螺座 6 转向工作位置，用定位螺丝 5 定位，旋紧螺丝 4（此时精密螺丝 3 的下端推杆应对准纤维束上方）。

（6）顺时针旋转精密螺丝 3，使纤维束稍伸出金属板表面，然后在露出的纤维上再涂一薄层火棉胶，待火棉胶干燥后，用锋利刀片沿金属板表面切下第一片试样。因第一片厚度较难控制，舍去不用。切片厚度可由精密螺丝控制（大概旋转精密螺丝刻度上的一格左右）。

（7）重复步骤（5）～（6）的操作步骤，直至取得薄而均匀的试样切片。

（8）用镊子把试样切片放在滴有甘油的载玻片上，盖上盖玻片，放显微镜下观察，拍摄纤维断面的照片。

（9）换另外一种纤维，重复步骤（2）～（8）。

五、实验记录及数据处理

观察并记录不同纤维的断面形状，对不同的形貌进行分析。

六、注意事项

（1）用到刀片切割时，防割伤。

（2）切片不能太厚。

（3）显微镜的镜头不得接触样品，防止甘油污染镜头。

七、思考题

（1）纤维的截面形状与其性能有何关系？

（2）为清楚观察到纤维的横截面，制作纤维切片时应注意哪些细节？

拓展知识

差别化纤维

差别化纤维通常是指在原来纤维的基础上进行物理或化学改性，使纤维的形态结构和功能与常规化纤有显著的不同。纤维的差别化加工处理，最初是针对普通合成纤维的一些不足，大多采用简单仿天然纤维特征的方式对合成纤维的形态进行改进，后来差别化纤维发展成对纤维全方位改性得到不同性能或外观的纤维。一般差别化纤维根据形态和功能分成两类。

从形态结构上分，差别化纤维主要有异形纤维、中空纤维、复合纤维和超细纤维等。异形纤维是经一定几何形状（非圆形）的喷丝孔纺制的具有特殊截面形状的化学纤维，根据所使用的喷丝孔不同，可得到三角形、三叶形、十字形、Y形等纤维。中空纤维是贯通纤维轴向且有管状空腔的化学纤维，其最大特点是密度小，保暖性强，适合做羽绒型制品，如高档絮棉、仿羽绒服、睡袋等。而复合纤维则是由两种及两种以上聚合物或具有不同性质的同一聚合物经复合纺丝法纺制成的化学纤维。由海岛复合纤维分离得到的超细纤维手感柔软、韧性强、光泽柔和，具有高的吸水和吸油性、高清洁能力，可用于人造麂皮、超高密织物、人造革、高性能洁净布等。从功能上分，差别化纤维有抗静电纤维、高收缩纤维和阻燃纤维等一系列功能纤维。

实验十二 纤维线密度测定

一、实验目的

(1) 了解纤维线密度的概念。
(2) 掌握测定纤维线密度的实验技术。

二、实验原理

纤维的细度是指纤维的粗细程度，以线密度或公支数和几何粗细值表达。线密度为纤维单位长度的质量，也称为纤度。线密度值越大，纤维越粗，公支数值越大，纤维越细。广义上纤维的细度指标有直接和间接两种，直接指标是指纤维的直径和截面积，适用于圆形纤维；间接指标是以纤维质量或长度确定，即定长或定重时纤维所具有的质量（定长制）或长度（定重制）。实际使用中，纤维细度都用间接指标表示。

纤维线密度的单位为特（tex），为每千米长纤维所具有的质量克数，其 1/10 称为分特（dtex）。过去使用的纤度单位为旦尼尔（简称旦）和公制支数（简称公支），为非法定计量单位。旦尼尔数为 9000m 长纤维的质量克数。公支为单位质量纤维的长度，即 1 公支＝1m/g。它们与特数之间的换算关系如下：

$$特数＝1000/公支数 \tag{4-12-1}$$
$$1 特＝9 旦尼尔 \tag{4-12-2}$$

纤维线密度的测定有定长度称重法和直径测量法。定长度称重法有两种，分别是中段切断的称重和长丝摇取定长的称重。中段切断法多用于伸长性较好的纤维的线密度的测定，如棉、麻、丝和卷曲小的化学纤维等。先将纤维整理成平行伸直，且无游离纤维 A 和长度短于切断长度的纤维 B（图 4-12-1），然后用专门的纤维切断器将纤维切断、称重，最后清点所称重的纤维总根数。

图 4-12-1 纹理长度示意图

$$N_{\mathrm{m}}＝1000×\frac{G}{nL} \tag{4-12-3}$$

式中，N_{m} 为纤维的线密度，dtex；G 为所数根数试样的质量，mg；L 为中段纤维长度，mm；n 为纤维根数。

长丝摇取定长的称重法是采用周长 1m，在一定张力下，绕取 50 圈或 100 圈（即 50m 或 100m），达到吸湿平衡，称得质量计算而得。

直径测量法是通过光学显微镜或扫描电镜（SEM）观察纤维直径 d 和截面积 A。也可以通过纤维的线密度和密度计算圆形纤维直径 d。圆形面积 $A＝\pi d^2/4$，设纤维密度为 $\gamma(\mathrm{g/cm^3})$，则

$$d = \sqrt{\frac{4 \times 10^6}{\pi} \times \frac{1}{N_m \gamma}} \approx \frac{11.28}{\sqrt{N_m \gamma}} \tag{4-12-4}$$

纤维细度不均匀包含两层含义：一是纤维之间的粗细不匀，二是纤维本身沿长度方向上的粗细不匀。天然纤维在生长过程中，因为自然环境的影响，所生长的纤维在粗细和形态上存在较大的差异，化学纤维的细度均匀性明显要优于天然纤维。化纤长丝的粗细不匀率是工业加工中的主控参数之一，因为这关系到纺丝的连续性和可纺性、后处理加工的容易性和成丝的质量等。

三、试剂和仪器

1. 主要试剂

短纤维，长丝。

2. 主要仪器

纤维切断器，缕纱测长仪，天平，显微镜，梳子，黑绒板，橡皮筋，载玻片，盖玻片，镊子。

四、实验步骤

1. 短纤维线密度测试

（1）用镊子取一定量的短纤维，将短纤维用梳子梳理整齐，将游离的纤维梳离，将整齐的纤维铺成薄薄的一层。

（2）用手握住纤维束两段，将纤维移至切断器（图 4-12-2）上，切取中段纤维，注意纤维束与切力保持垂直。

（3）将切下的纤维束放天平上称重，称重准确到 0.01mg。

（4）将称重后的中段纤维放置于黑绒板上，再用镊子分别取出部分纤维放置于载玻片上，用盖玻片盖住，用橡皮筋扎紧，然后放置显微镜上，数载玻片上纤维的根数并记录。

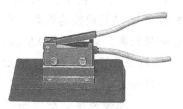

图 4-12-2　纤维切断器

（5）重复步骤（4），直到将所称重纤维的根数清点完，然后将总根数和总质量代入式(4-12-3)中计算纤度。

2. 长丝线密度测试

取纤维长丝，用缕纱测长仪绕取 100 圈后称重，根据定义计算纤维的纤度。

五、实验记录与数据处理

记录短纤维的质量和根数、长丝的绕圈数和质量，计算纤维的线密度。

六、思考题

（1）为何不直接测量纤维的直径而是用线密度表示纤维的粗细？

（2）如何表征纤维的粗细不匀？

实验十三 纤维应力-应变曲线测定

一、实验目的

（1）了解纤维应力-应变曲线的含义及测试原理。

（2）掌握单丝强力仪的使用方法。

二、实验原理

纤维的应力-应变曲线是指记录纤维在受到拉伸轴向应力时逐渐伸长直至断裂的过程中负荷和伸长之间关系的曲线。成纤高分子其长链分子具有多重运动单元，在外力作用下分子链的力学行为是一个松弛过程，具有黏弹性质。不同品种的纤维，其应力-应变曲线不同。同一种纤维，由于工艺条件不同，其应力-应变曲线也会不同。拉伸过程中试验条件不同，曲线的形状也不同。

纤维的应力-应变曲线中，由于纤维在拉伸过程中，截面积逐渐减小，一般以纤维的初始截面积计算。由于各种纤维的线密度不同，为了便于对各种纤维拉伸性能进行比较，通常根据负荷-伸长曲线的数据，把负荷除以纤维的纤度得到强度，把伸长除以试样的夹持距离得到伸长率，以强度为纵坐标，伸长率为横坐标，得到纤维的应力-应变曲线。纤维典型的应力-应变曲线如图 4-13-1 所示。

从应力-应变曲线上，可以得到以下纤维性能指标：

（1）断裂强度 纤维断裂时所需要的负荷（OE 的值），即纤维在连续增加负荷的作用下，直至断裂所能承受的最大负荷。通常采用纤维断裂时的绝对强度与纤密度的比值，常用单位 cN/dtex。断裂强度是反映纤维质量的一项重要指标，断裂强度高，纤维在加工过程中不易断头、绕辊等。但强度过高，纤维刚性增加，手感变差。

（2）断裂伸长率（OF 的值） 指纤维断裂时的相对伸长率，即断裂时，纤维试样长度在原始长度上的伸长百分率。纤维断裂伸长率是决定纤维加工条件及制品性能的重要指标之一。断裂伸长率大的纤维，手感较柔软。但伸长率过大，纤维制成的织物易变形。

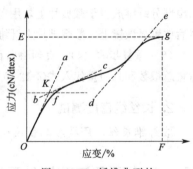

图 4-13-1 纤维典型的
应力-应变曲线

（3）初始模量 又称为杨氏模量，即纤维伸长 1% 时，单位纤度的纤维所承受的负荷，用来表征纤维对小形变的抵抗能力，常用单位 cN/dtex。在应力-应变曲线上，常用初始线性拉伸段 oa 的斜率来表示。初始模量反映纤维对小变形的抵抗能力。初始模量越大，越不易变形。

（4）屈服点　在典型的应力-应变曲线上，纤维拉伸段起始阶段随着应力的增加，应变呈线性增加。随着应变的增加，应力出现拐点，材料的形变增加加大，但应力增加缓慢，曲线斜率急剧减小。拐点前后两个区域之间的转折点即为屈服点（f）。在屈服点之前，材料的形变属于可恢复的弹性形变，在屈服点后，材料的形变为不可恢复的塑性形变。经过屈服点后，线段 bc 的斜率为屈服后的模量。随着拉伸进行，应变继续增加，出现应变硬化的现象，de 段的斜率为增强模量。

（5）断裂功　纤维受到拉伸应力直至全断裂时所吸收的总能量，通常用应力-应变曲线下所包含的面积表示，常用单位 $cN \cdot cm$。为了比较不同纤度的纤维的断裂功，引入断裂比功的概念，即单位纤度和单位长度上的断裂功，常用单位 $cN/dtex$。断裂比功越大，纤维韧性越好，纤维及其织物所能承受的冲击能力越强。

三、试剂和仪器

1. 主要试剂
涤纶（PET 纤维），丙纶（PP 纤维）。

2. 主要仪器
单纤维强力仪，黑绒板，剪刀。

四、实验步骤

（1）打开单纤维强力仪开关。
（2）设置实验参数：填入纤维的纤度、初始长度、拉伸速度、总次数。
（3）用剪刀剪取一段约 5cm 的待测纤维于黑绒板上，轻揉纤维一端，将一束丝分散成单丝，注意不要碰到待测部分，以免损伤纤维。
（4）选择合适的张力夹，夹住单根纤维的一端，另一端送到上下夹持器之间，按下夹持器开关，夹住纤维。
（5）按下启动键，仪器自动执行拉伸操作，一个往复过程后，一次拉伸实验完成。
（6）重复拉伸实验步骤直至总试验次数完成。

五、实验记录与数据处理

在纤维应力-应变曲线上标注断裂强度、断裂伸长率、断裂功、初始模量、屈服强度等值的对应位置，并将实验数据填入表 4-13-1 中。

表 4-13-1　实验记录及结果

试样	线密度/dtex		拉伸速度/(mm/min)		
	断裂强度/(cN/dtex)	断裂伸长率/%	断裂比功/(cN/dtex)	初始模量/(cN/dtex)	屈服强度/(cN/dtex)
1					
2					
3					
4					
5					

六、思考题

（1）根据已有知识，分析初生丝和全拉伸丝应力-应变曲线的区别？
（2）拉伸速度对应力-应变曲线的形状有何影响？

拓展知识

再生聚酯纤维

我国聚酯年产量达 4000 万吨以上，其中纤维占 90％以上，目前聚酯废旧品（主要纤维和瓶）总储量已超过 1 亿吨，但再生纺丝产能仅 1000 万吨，再生率不足 10％，不仅资源浪费大，且环境负担重。目前聚酯再生技术主要有两个方面：一是"瓶到瓶"的再生技术，是将洗净后的瓶级聚酯切片转换成可以替代原生聚酯的瓶级切片；二是"瓶到纤维"的再生技术，瓶级聚酯切片回收料用于生产短纤维和非织造布，可用作夹克、枕头、睡袋等保温材料或填料纤维等，或者通过选用一定的工艺，纺出合格的涤纶长丝。废旧聚酯再生利用是国际纺织循环经济发展的重点领域，我国再生聚酯行业发展近 40 年，已成为再生聚酯纤维的第一大生产国，占全球总产量的 80％左右，国内目前大多是采用以瓶片再利用为主的简单熔融再生纺丝的工艺，废旧聚酯瓶的再生纤维加工厂众多，形成了一定的生产规模，基本可达到废瓶不废的程度。

聚酯纤维产量高，占比大，废旧聚酯纺织品的回收与再生已成为纺织循环经济发展的重中之重，但与瓶回收相比难度大，要规模化实现废旧纺织品的再利用还有很多技术难题需要突破。一些企业已经以废旧纺织品、服装厂边角料等为初始原料，采用化学循环再生技术，可以重新制成新的具有高品质的聚酯纤维。随着聚酯消费量的不断增长和环保意识的不断加强，聚酯废料再生利用的重要性越来越被人们所接受。如何高效回收利用废旧聚酯并提高再生纤维的性能，对整个高分子材料行业的可持续发展具有深远的现实意义。

实验十四　声速法测定纤维取向度

一、实验目的

（1）了解声速法测纤维取向度的原理。

（2）了解声速仪的基本结构。

（3）掌握声速法测纤维取向度的方法。

二、实验原理

取向结构对材料的力学、光学或热学等性能影响较大。聚合物的取向结构是指在外力作用下，分子链或结构单元沿着外力作用方向排列的结构。未取向的聚合物是各向同性的。聚合物取向后，多数分子链段指向同一方向，在这一方向上，聚合物的宏观性能和其他方向存在差异，材料呈现各向异性。在力学性能上，取向方向的强度和刚度会提高，而与之垂直方向上的强度和刚度则会降低；在光学性能上，高分子的取向导致双折射现象的出现；热性能上，热膨胀系数在取向和非取向方向上不同。另外，取向过程是分子的有序过程，热运动使分子趋于无序。在热力学上热运动是自发的，而取向必须在外力场存在下才能实现，因此取向结构是可逆的。链结构简单、柔性大、分子量低的聚合物容易取向，也容易解取向，取向结构稳定性差。链结构复杂、刚性大、分子量高的聚合物取向结构稳定。取向后去除溶剂或使聚合物形成凝胶有利于保持取向结构。

不同取向度的分子链如图 4-14-1 所示。聚合物的取向有单轴取向和双轴取向两种。单轴取向指在一个轴向上施加外力，使分子链沿着一个方向取向，如纤维的纺丝，薄膜的单轴拉伸等。双轴取向一般是在两个垂直方向施加外力，如薄膜的双轴拉伸，使分子链取向平行于薄膜平面的任意方向。

| (a) 无规线团 | (b) 部分取向 | (c) 完全取向 |

图 4-14-1　不同取向度的分子链示意图

纤维的取向度是表征纤维材料超分子结构和力学性质的重要参数，在控制纤维结构的研究中起重要作用。利用高分子材料的取向在光学、力学等方面的各向异性，可以采用多种方法来测定取向度，如 X 射线衍射法、二色性法、双折射法和声速法等。不同的测试方法含义不同，反映不同取向单元的取向程度。通常双折射法测定的是链段的取向，而声波传播法测定的是晶态与非晶态部分的平均取向度，反映的是整个分子链的取向。实际上大分子链总不是沿纤维轴成理想取向的状态，所以各种纤维的实际声速值总是小于理想的声速值，且随取向度的增高而增高。

声速法是通过测定声波在纤维中的传播速度来计算出纤维的取向度。其原理是纤维中大分子链的取向而导致声波传播的各向异性。即在理想的取向情况下，声波沿纤维轴向传播时，传播方向与纤维大分子链平行，此时声波通过大分子内主价键的振动而传播，声速最大；当声速传播方向与纤维分子链垂直时，声波的传播依靠的是分子间次价键的振动而传播，此时声速最小。但通常实际情况下，分子链不是沿着纤维轴成理想取向状态，所以实际声速值要小于理想值，但声速值会随着取向度的增加而提高。图

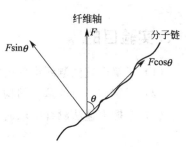

图 4-14-2　声波在纤维中传播的示意图

4-14-2 为声波在纤维中传播的示意图，由图可见，大分子链与纤维轴有一定的夹角，称为取向角 θ。当声波在纤维中传播时，作用在纤维上的力为 F，则 F 可分解成平行于分子链轴向和垂直于分子链轴向两个分力。平行于分子链轴向的力 $F\cos\theta$ 使主价键发生形变，垂直于分子链的力 $F\sin\theta$ 使次价键发生形变。

根据声学理论，当声波在介质中传播时，其传播速度 C 和材料介质的密度 ρ 和模量 E 有以下关系：

$$C=\sqrt{\frac{E}{\rho}} \qquad (4\text{-}14\text{-}1)$$

根据形变与模量，模量和声速之间的关系一系列转换，可得声速取向因子和声速值之间的关系：

$$f_s=1-\frac{C_u^2}{C^2} \qquad (4\text{-}14\text{-}2)$$

式中，f_s 为纤维试样的声速取向因子；C_u 为纤维在无规取向时的声速值；C 为纤维试样实测的声速值。对某种特定纤维来说，无规取向时的声速值 C_u 是不变的。常见的未取向聚合物在频率 10Hz 下的 C_u 值见表 4-14-1。

表 4-14-1　未取向聚合物在频率 10Hz 下的 C_u 值

聚合物	C_u/(km/s)	
	薄膜	纤维
涤纶	1.4	1.85
尼龙 66	1.8	1.3
黏胶纤维		2.0
腈纶		2.1
丙纶		1.45

声速值按下面公式计算：

$$C=\frac{L\times10^{-3}}{(T_L-\Delta t)\times10^{-6}} \qquad (4\text{-}14\text{-}3)$$

$$\Delta t = 2T_{20} - T_{40} \tag{4-14-4}$$

式中，L 为测试试样的长度，m；T_L 为计数管显示的读数，μs；Δt 为延迟时间，μs。

取向度与纤维结构及性能之间关系：取向度越高，纤维中大分子沿着纤维轴向方向趋于优势，致使纤维的强度、模量越高，而伸长越低，各向异性更为明显。例如，天然纤维中，麻纤维的取向度高于棉纤维，其强度也高。羊毛纤维的大分子为螺旋形构象导致其取向度低，因此其强度在天然纤维中也低。

三、试剂和仪器

1. 主要试剂

涤纶（PET 纤维），丙纶（PP 纤维），黏胶纤维。

2. 主要仪器

SCY-Ⅲ声速取向仪（图 4-14-3），剪刀，镊子。

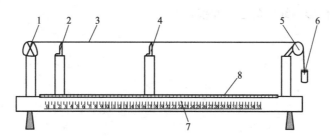

图 4-14-3　声速取向仪示意图

1—样品架夹头；2—发射晶体；3—纤维；4—接收晶体；
5—滑轮；6—张力砝码；7—标尺；8—导轨

四、实验步骤

（1）开启声速取向仪电源。

（2）根据试样的线密度，计算所需施加的预加张力（一般以 0.11cN/dtex 来计算预加张力）。

（3）截取大约 80cm PET 纤维，一端固定在前样品架的夹具上，纤维另一端经过后样品架的滑轮，施加上相应的预加张力。

（4）将标尺移至 20cm 处，将纤维挂在发射晶体和接收晶体的针尖前端。将准备开关调至测量挡，按下 T_{20} 键，仪器开始自动记录延迟时间。记录结束后，将标尺移至 40cm 处，按下 T_{40} 按钮，仪器自动记录延迟时间。

（5）换另一束纤维，重复步骤（3）和（4），共测 5 束纤维，求平均值。

（6）换 PP 和黏胶纤维重复步骤（3）～（5）。

五、实验记录与数据处理

记录 T_{20} 和 T_{40} 数据，将其填入表 4-14-2 中，计算声速取向因子。

表 4-14-2　实验记录及结果

试样名称：					线密度/dtex：					预加张力/(cN/dtex)：				
纤维	读数/μs													
长度	1	2	3	4	5	6	7	8	9	10	11	12	13	14	15
40cm														
20cm														

六、注意事项

（1）纤维挂在发射晶体针尖上，与针尖紧密接触。

（2）实验结束后，记得将纤维挑离针尖，不可往外拽纤维，以防针尖脱出。

七、思考题

（1）纤维取向度和哪些因素有关？

（2）取向度如何影响纤维的强度和模量？

纤维弹性回复率测定

一、实验目的

(1) 了解纤维弹性仪的结构原理。

(2) 掌握纤维弹性回复率的测定方法。

二、实验原理

纤维的弹性是指纤维承受负荷后产生变形，负荷去除后，具有恢复原来尺寸和形状的能力，直接影响到纺织品的耐磨性、抗褶皱性、手感、尺寸稳定性等诸多性能。一般来说，可以从 3 个方面衡量纤维的弹性：一是较低的模量，即发生形变所需的外力较小；二是较大的伸长率；三是较高的弹性回复性能。本实验通过测定纤维的定伸长以及循环定伸长弹性回复率来评价纤维的弹性。

1. 定伸长弹性回复

定伸长弹性回复试验如图 4-15-1 所示，首先设置预加张力 F_1、定伸长率 l_1、定伸长停留时间 t_1 以及回复时间 t_2。试验时下夹持器先将纤维拉伸到设定的伸长值 l_1（此时试样长度被拉伸到 L_1）后停止，拉伸曲线 1 从 O 点经 A 到 B，停止拉伸并保持试样伸长不变，B 点对应的力值为 F_2。由于纤维试样内部应力松弛张力逐渐减小，经过 t_1 时间后到达 C 点，C 点对应的力值为 F_3，BC 为应力松弛过程，然后下夹持器回升到原位，拉伸曲线 2 由 C 经 D 回到 O 点，下夹持器在原位松弛回复停留 t_2 时间后再次拉伸，直到试样出现张力，在达到试样出现预加张力值处，相应于拉伸曲线 3 上 E 点，对应伸长率为 l_2（此时试样长度为 L_2），然后下夹持器回到原位结束试验。用以下公式可以计算出各项弹性指标。

$$E_r = \frac{L_1 - L_2}{L_1 - L_0} \times 100\% = \frac{l_1 - l_2}{l_1} \times 100\% \qquad (4\text{-}15\text{-}1)$$

式中，E_r 为纤维的弹性回复率；L_0 为试样初始长度，相应的伸长率为 0%；L_1 为拉伸到定伸长时试样长度；l_1 为相应的伸长率；L_2 为最后一次加载至预加张力时的试样长度；l_2 为相应的伸长率。

$$S_a = \frac{F_2 - F_3}{F_2} \times 100\% \qquad (4\text{-}15\text{-}2)$$

式中，S_a 为应力衰减率；F_2 为拉伸至定伸长率 l_1 时的张力值，F_3 为延时 t_1 时间后的力值。

$$E_d = \frac{L_2 - L_0}{L_0} \times 100\% \qquad (4\text{-}15\text{-}3)$$

式中，E_d 为永久变形率。

2. 循环定伸长弹性回复

试样先进行 N 次定伸长循环拉伸，每一次循环中的最大伸长值保持一定。在第 N 次拉伸循环过程中进行定伸长弹性试验，拉伸曲线如图 4-15-2 所示。拉伸从 O 点开始，相应于试样初始长度 L_0 和伸长率 0％，试样进行 N 次循环拉伸，前 $N-1$ 次拉伸循环中间没有停顿，图 4-15-2 中仅画出第 1 次拉伸循环示意图，第 N 次循环拉伸中下夹持器下降拉伸试样到 B 点后停止拉伸并保持试样伸长不变，B 点对应设定的循环定伸长率 l_1（此时试样长度为 L_1），对应的力值为 F_2，由于纤维试样内部应力松弛张力逐渐减小，经过 t_1 时间后到达 C 点，C 点对应的力值为 F_3，BC 为应力松弛过程。然后下夹持器回升到原位，拉伸曲线由 C 经 D 回到 O 点，下夹持器在原位松弛回复停留 t_2 时间后再次拉伸，直到试样出现张力，在达到试样出现预加张力值处，相应于拉伸曲线上 E 点，对应伸长率为 l_2（此时试样长度为 L_2），然后下夹持器回到原位结束试验。相关弹性计算可根据以上定伸长弹性回复公式计算。

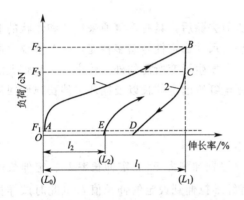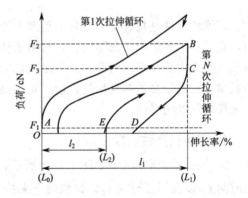

图 4-15-1 定伸长弹性回复试验曲线　　　　图 4-15-2 循环定伸长弹性回复试验曲线

三、试剂和仪器

1. 主要试剂
聚对苯二甲酸丙二醇酯（PTT）纤维。

2. 主要仪器
XN-1A 型纤维弹性仪，剪刀，黑绒板。

四、实验步骤

（1）打开纤维弹性仪开关，待机 10min。

（2）设置测试类型并进行仪器 0 点和满度校正，填入纤维的线密度、拉伸速度、循环拉伸次数。

（3）用剪刀剪取一段约 10cm 的待测纤维于黑绒板上，轻揉纤维一端，将一束丝分散成单丝。

（4）选择合适的张力夹，夹住单根纤维的一端，另一端送到上下夹持器之间，按下夹持器开关，夹住纤维。

（5）按下启动键，仪器自动执行弹性回复率测试操作。

（6）重复步骤（2）～（5）进行多次平行试验。

五、实验记录与数据处理

根据纤维的弹性回复曲线，计算 PTT 纤维的弹性回复率、应力衰减率以及永久变形率。

六、思考题

（1）对比不同定伸长率和不同拉伸速率条件对纤维弹性回复率的影响。

（2）提高纤维弹性有哪些途径？

拓展知识

高性能纤维

高性能纤维具有高强度、高模量、耐高温、耐腐蚀、难燃烧、化学稳定等突出优势，这种坚不可摧、能够适应多数恶劣环境的特性，使其成为了纤维界的精英，能够被应用于各种工程材料领域。高性能纤维按原料类型分为两类：一类是有机类，产量较高的有对位芳纶纤维（Kevlar）和高强高模聚乙烯纤维；另一类是无机类，大家耳熟能详的品种是碳纤维。芳纶纤维在同等规格下的力学性能要强于钢丝，而且在 250～450℃下具有出色的热稳定性，并具有绝缘、自熄功能，因此，芳纶常常被用于制造赛车轮胎、工业缆绳、高压胶管骨架、光纤、输送带、海上和航空运输器等。碳纤维的耐高温性居所有化纤之首，在不接触空气和氧化剂时，有的碳纤维甚至能够耐受 3000℃以上的高温。而最为关键的是，用碳纤维所制备的复合材料其重量远低于金属，因此应用领域十分宽广，包括航空航天、国防军工、交通、新能源等领域。高性能纤维是关系国家战略安全的军民两用新型材料，是引领结构材料革命的典型代表，是国防高技术科技产品中不可替代的关键材料，是交通运输、海洋工程等重大领域不可或缺的基础材料。为此，高性能纤维的研发与制造已成为各国间科技竞争的对象之一，该类纤维国际禁运严厉，而鉴于其军事用途，美日至今仍对我国禁运高等级型的对位芳纶纤维和碳纤维。经过几代人的努力，我国的高性能纤维制造技术已逐步向赶超国际发达国家水平的目标迈进，逐渐成为高性能纤维的生产和消费大国，一些国内企业已在探索相关核心技术并有望打破国外垄断，未来国产高性能纤维产率也有望进一步提升。

实验十六 聚乳酸的降解性能测定

一、实验目的

（1）了解聚乳酸降解原理。

（2）掌握聚乳酸降解性能测试方法。

二、实验原理

聚乳酸（PLA）是一种合成的脂肪族聚酯类高分子材料，其结构式如下：

$$H \left[O-CH-\overset{\overset{\displaystyle O}{\|}}{C} \right]_n OH$$
$$CH_3$$

它以良好的生物相容性、降解性和生物可吸收性而广泛应用于医疗、药学、农业、包装和服装等领域，尤其在医学方面的应用研究较多，成为生物降解医用材料领域中最受重视的材料之一。随着 PLA 在骨科材料及药物控释制剂等方面的产品开发及其对降解性能要求，生物降解速率可控成为 PLA 研究的热点。

PLA 降解可分为简单水解（酸碱化）降解和酶催化水解降解。从物理角度看，有均相和非均相降解。非均相降解指降解反应发生在聚合物表面，而均相降解则是降解发生在聚合物内部。从化学角度看，主要有三种方式降解：①主链降解生成低聚体和单体；②侧链水解生成可溶性主链高分子；③交联点裂解生成可溶性线型高分子。本体侵蚀机理认为 PLA 降解的主要方式为本体侵蚀，根本原因是 PLA 分子链上酯键的水解。PLA 类聚合物的端羧基（由聚合引入及降解产生）对其水解起催化作用，随降解的进行，端羧基量增加，降解速率加快，从而产生自催化现象。PLA 在自然界中循环过程如图 4-16-1 所示，PLA 源于玉米等植物，是一种在地球环境下容易被生物分解的高分子材料，通过微生物降解可变成水和二氧化碳等无害物质。

三、试剂和仪器

1. 主要试剂

PLA 薄膜，蛋白酶 K（41.4 U/mg），氢氧化钠（AR），盐酸（AR），去离子水。

2. 主要仪器

真空干燥箱，天平，烧杯。

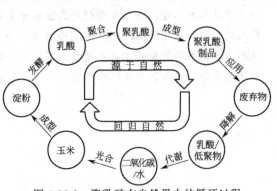

图 4-16-1 聚乳酸在自然界中的循环过程

四、实验步骤

（1）原料准备 将 PLA 薄膜放入 70℃的真空干燥箱中干燥 10h，以除去水分。

（2）自然降解 采用土埋法，将干燥 PLA 薄膜（3cm×3cm）埋于室外草坪泥土中，埋置深度 20cm，PLA 降解微生物源来自土壤的微生物群，做若干个平行样的降解试验，每隔一定时间取出其中的一组试样。记录样品形貌变化，洗净干燥称重，并根据式（4-16-1）计算样品质量损失率。

$$W_L = \frac{W_0 - W_t}{W_0} \times 100\% \qquad (4\text{-}16\text{-}1)$$

式中，W_L 为质量损失率；W_0 为样品初始质量；W_t 为样品降解后质量。

（3）碱溶液降解 在烧杯中配备质量分数为 10% 的氢氧化钠水溶液，将干燥的 PLA 薄膜（3cm×3cm）放入氢氧化钠溶液中，氢氧化钠与样品的质量比为 20：1，室温放置固定时间后取出。观察样品在不同时间内形貌的变化，洗净干燥称重，并根据式（4-16-1）计算质量损失率。

（4）酶降解 将蛋白酶 K 溶解于去离子水中（0.2mg/mL），用 1mol/L 盐酸或 1mol/L 氢氧化钠调节 pH 值至 8，将干燥 PLA 薄膜（3cm×3cm）置于蛋白酶 K 溶液中，室温保持一定时间后取出，观察样品在不同时间内的形貌变化，洗净干燥称重，并根据式（4-16-1）计算质量损失率。

五、实验记录与数据处理

将实验所测数据填入表 4-16-1 中。

表 4-16-1　PLA 不同降解方法质量损失率　　　　　　　单位：%

降解时间/天	5	10	20	30	60	90
自然降解						
碱溶液降解						
酶降解						

六、思考题

（1）解决高分子材料"白色污染"的途径有哪些？

（2）同样是酯类聚合物，为什么常规聚酯不易降解？

第五篇

高分子材料综合实验

实验一 聚酯的合成及其纤维制备

项目一 ▶▶ 聚酯合成

一、实验目的

（1）了解熔融缩聚反应的原理和特点。
（2）掌握熔融缩聚制备聚酯的方法。

二、实验原理

聚对苯二甲酸乙二醇酯（PET）的合成工艺有酯交换-缩聚工艺和直接酯化-缩聚工艺两种，实际生产中大多采用流程较短的后一种工艺。直接酯化-缩聚工艺制备 PET 在工业生产中以精制的对苯二甲酸（也称精对苯二甲酸，PTA）和乙二醇（EG）为原料，先经酯化反应脱水生成对苯二甲酸双羟乙酯（BHET），然后 BHET 经缩聚反应脱 EG 生成 PET，其反应式如图 5-1-1 所示。

$$HOOC-\!\!\!\!\bigcirc\!\!\!\!-COOH+2HOCH_2CH_2OH \underset{}{\overset{酯化}{\rightleftharpoons}} HOCH_2CH_2OOC-\!\!\!\!\bigcirc\!\!\!\!-COOCH_2CH_2OH+2H_2O$$

$$n\,HOCH_2CH_2OOC-\!\!\!\!\bigcirc\!\!\!\!-COOCH_2CH_2OH \underset{}{\overset{缩聚}{\rightleftharpoons}}$$

$$H\!\!\left[\!OCH_2CH_2OOC-\!\!\!\!\bigcirc\!\!\!\!-CO\!\right]_n\!\!OCH_2CH_2OH + (n-1)HOCH_2CH_2OH$$

图 5-1-1　聚酯合成反应

由于 PTA 在常压下为无色针状结晶或无定形粉末，其熔点（425℃）高于其升华温度（300℃），而 EG 的沸点（192～196℃）又低于 PTA 的升华温度，因此直接酯化体系为固相 PTA 与液相 EG 共存的多相体系，酯化反应只发生在已溶解在 EG 中的 PTA 和 EG 之间。溶液中反应消耗的 PTA，由随后溶解的 PTA 补充，由于 PTA 在 EG 中的溶解度不高，所以在 PTA 全部溶解前，体系中的液相为 PTA 的饱和溶液，故酯化反应的速度与 PTA 浓度无关，平衡向生成 BHET 方向进行。直接酯化法为吸热反应，但热效应较小，仅为 4.18 kJ/mol，因此，升高温度对提高反应速率影响不大。由于酯化反应为平衡反应，只有当缩合反应生成的水不断被除去时，反应过程才能向正反应方向进行。由于直接酯化生成的 BHET 会进一步形成低聚体，同时释放 EG，因此 EG 加入量比理论配料比低。

酯化反应结束后，BHET 进行缩聚反应，缩聚过程有如下几个特点：反应属可逆平衡和放热反应，但平衡常数很小，热效应也不大；在链增长反应过程中不断有小分子副产物

EG 生成；高温下 PET 链会发生降解反应。基于上述特点，可从热力学以及动力学角度分析反应条件对缩聚反应的影响。

1. 温度

反应温度对平衡聚合度影响不大，但温度高有利于反应尽快趋向平衡，从动力学角度看，温度高有利于反应速率提高。然而，温度升高易发生裂解反应。

2. 压力

要获得一定分子量的 PET，需使反应在余压尽可能低的条件下进行，因为在高黏度下除去小分子副产物 EG 是比较困难的，而 EG 的去除对加速反应、提高 PET 分子量是极为关键的。

3. 催化剂

在 PET 的缩聚反应中，加入催化剂可以加速正反应，减少副反应。工业上常用的催化剂多为三氧化二锑或醋酸锑一类的锑系催化剂，它们对正反应有较大的催化活性，而对副反应催化活性很小，但锑的毒性较大，近年来逐渐被无锑、环境友好的催化剂所取代。

三、试剂和仪器

1. 主要试剂

PTA（工业级），EG（工业级），乙二醇锑（纯度 99％），高纯氮气。

2. 主要仪器

高真空聚合反应装置（图 5-1-2），电子天平，水槽，切粒机，真空烘箱。

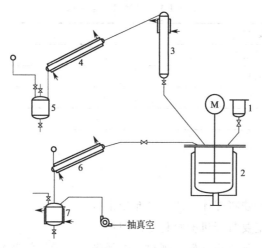

图 5-1-2　聚合反应装置结构示意图
1—加料罐；2—反应釜；3—分馏柱；4—酯化冷凝器；
5—酯化收集罐；6—缩聚冷凝器；7—缩聚收集罐

四、实验步骤

（1）确认准备工作已完成，将聚合反应装置的分馏柱进口阀和酯化水收集罐放空阀打开。按照 EG 与 PTA 的摩尔比为 1.2：1 进行配料，将称量好的 EG 和乙二醇锑（添加量为 200mg/kg）从料斗加入，开启搅拌（转速 60r/min），然后将 PTA 均匀加入，加料完成后搅拌 30min。

（2）反应釜用 0.2MPa 的氮气置换三次，最后泄压至 0.05MPa，设定反应釜内温 250℃，打开电加热开始升温，带压酯化。通过调节收集罐上的针型阀达到反应压力设定值 0.25MPa，通过调节柱顶冷凝器进水阀达到分馏柱顶温度设定值 139℃。

（3）随着反应的不断进行，当实际出水量达到计算值，且柱顶温度降至 120℃ 以下时，关闭分馏柱进口阀。打开真空泵，打开缩聚冷凝器出口阀，缓慢建立低真空（余压小于 5.3kPa），低真空时间保持 40min，然后进入高真空（余压小于 70Pa）。

（4）在高真空阶段于 270～275℃ 下反应 4～5h 后，停止搅拌，关闭釜体加热电源和缩聚冷凝器出口阀，向反应釜内充入 0.1MPa 氮气，打开缩聚真空缓冲罐放空阀，停真空泵，关闭真空出口阀，将真空缓冲罐内液体放出；缓慢打开反应釜出料阀，熔体流出后经水槽冷却后切粒。

（5）湿切片在 160 ℃真空烘箱中干燥 24h 待用。

（6）性能测试

① 酯化度，附本实验后。

② 特性黏度，参照第二篇实验一，将待测的 PET 切片溶解在苯酚-四氯乙烷溶剂中（两者质量比 1：1）。

五、实验记录与数据处理

将实验数据填入表 5-1-1 中。

表 5-1-1　实验记录与结果

聚合温度/℃	
聚合时间/h	
釜内余压/Pa	
酯化度/%	
特性黏度/(dL/g)	

六、注意事项

（1）反应釜加热前必须将釜体内的空气充分排除。

（2）加热开始前一定要打开机械密封处冷却水。

（3）控制升温速度，防止出现暴沸现象，否则将有大量的料液冲出。

（4）缩聚阶段应逐步降低搅拌转速，防止因为黏度过大导致搅拌装置变形。

七、思考题

（1）如何通过调节聚合工艺提高 PET 分子量？

（2）为何聚酯合成中实际 EG 和 PTA 配比比理论配比小？

附：酯化度测试

1. 主要试剂

KOH（AR），无水乙醇（AR），HCl（AR），乙二醇（AR），苯酚（AR），氯仿（AR），二甲基甲酰胺（DMF，AR），苯甲醇（AR），PET 预聚物，酚酞，溴酚蓝，去离子水。

2. 主要设备

分析天平，锥形瓶，磁力搅拌器，回流冷凝管，酸式滴定管，矿芯漏斗，移液管，真空泵。

3. 标准液配制

配制 0.5mol/L 的 KOH-乙醇溶液，0.1mol/L 的 KOH-苯甲醇溶液，0.5mol/L 的 HCl 溶液，0.5% 的酚酞-乙醇溶液，0.1mol/L KOH 水溶液，1.0% 酚酞-乙醇溶液，0.1% 溴酚蓝-乙醇溶液。

4. 测试步骤

（1）称取(250.0±0.1)mg 的 PET 预聚物置于 250 mL 锥形瓶中，用移液管准确加入 25mL 0.5mol/L KOH-乙醇溶液和 10mL 乙二醇，再放入搅拌子。

（2）在锥形瓶上接回流冷凝管，加热回流混合物，直至样品全部皂化（大约 2h），将溶液冷却至室温，加入 10 mL 去离子水，溶液由澄清变浑浊，加热 10～15min 使溶液变澄清。

（3）将上述溶液冷却至室温，加入 10 滴 0.5% 酚酞-乙醇指示剂，然后用 0.5mol/L 的 HCl 水溶液滴定，直至溶液变成无色，记下 HCl 水溶液消耗的体积（B，±0.01mL）。取相同体积的 0.5mol/L KOH-乙醇溶液和乙二醇，在相同条件下做空白滴定（不加 PET 预聚物），计下 HCl 水溶液的消耗体积（A，±0.01mL）。

（4）计算皂化值（SF）：

$$SF(mgKOH/g)=(A-B)\times N\times 56.1/W \tag{5-1-1}$$

式中，A 为空白溶液滴定所消耗的 0.5mol/L HCl 溶液体积；B 为样品溶液滴定所消耗的 0.5mol/L HCl 溶液体积；W 为所取样品质量，g；N 为 HCl 的浓度，0.5mol/L；56.1 为 KOH 的摩尔质量。

（5）称取 3.000g±0.001g 的 PET 预聚物 2 份，分别置于 250mL 的锥形瓶中，加入 20mL 苯酚/氯仿溶液（质量比 2∶3），搅拌并回流加热 1h。

（6）溶液冷却到室温后，用砂芯漏斗过滤，用氯仿冲洗滤渣（冲洗 3 次，每次用 10 mL 氯仿），滤液保留用于测游离酸值（FA）。

（7）加入 50mL DMF 溶解残留在砂芯漏斗中的沉淀物，静置 10min 后用真空泵抽滤，收集滤液后，加入 20mL 去离子水和 15 滴酚酞-乙醇指示剂，用 0.1mol/L KOH 水溶液滴定至溶液呈微红色，记下消耗的 KOH 溶液体积（A，±0.01mL）。用 50mL DMF 和 20mL 去离子水做空白滴定，记下消耗的 KOH 溶液体积（B，±0.01mL）。

（8）计算预聚物中未反应 PTA 值（NRP）：

$$NRP(mgKOH/g)=(A-B)\times N_1\times 1000/W \tag{5-1-2}$$

式中，A 为样品溶液滴定所消耗的 0.1mol/L KOH 水溶液体积；B 为空白溶液滴定所消耗的 0.1mol/L KOH 水溶液体积；W 为所取样品质量；N_1 为 KOH 的摩尔浓度（0.1mol/L）。

平行测定两次，绝对偏差小于±1mg KOH/g。

（9）取 50mL 步骤（6）收集的滤液，加入 0.5mL 的溴酚蓝指示剂，用 0.1mol/L KOH-苯甲醇溶液将黄色溶液滴定至显蓝色（颜色改变从黄变绿再变蓝），记下消耗的 KOH-苯甲醇体积（C，±0.01mL），取 50mL 质量比为 2∶3 的苯酚/氯仿溶液，在同一条件下做空白滴定，终点颜色与样品颜色一致，记下消耗的 KOH-苯甲醇体积（D，±0.01mL）。

（10）计算 FA：

$$FA(mgKOH/g)=(C-D)\times N_2\times 1000/W \tag{5-1-3}$$

式中，C 为样品溶液滴定所消耗的 0.1mol/L KOH-苯甲醇溶液体积；D 为空白溶液滴定所消耗的 0.1mol/L KOH-苯甲醇溶液体积；W 为所取样品质量，g；N_2 为 KOH-苯甲醇溶液的摩尔浓度（0.1mol/L）。

平行测定两次，绝对偏差小于±1（mgKOH/g）。

（11）计算酯化度（DE%）

$$DE\%=(SF-FA-NRP)\times 100/SF \tag{5-1-4}$$

项目二 ▶▶ 聚酯纤维制备

一、实验目的

（1）了解熔融纺丝工艺流程和设备。
（2）掌握纺丝工艺参数的设定和纺丝基本操作。

二、实验原理

1. 纺丝工艺流程

PET 典型的用途是通过熔体纺丝制备纤维，其纤维产量位居合成纤维之首。由缩聚制得的 PET 熔体可以直接用于纺丝制得纤维，也可以将聚合熔体经铸带、切粒、干燥后得到的干切片熔融纺丝。本实验将干切片经螺杆挤出机熔融、喷丝头挤出、冷却固化、上油、拉伸、卷绕等工序完成纤维制备，如图 5-1-3 所示。

2. 螺杆挤出机

螺杆挤出机是高聚物切片的熔融基础设备，它主要由四部分组成：①聚合物熔融装置，主要由螺杆和套筒组成，其作用是将固体物料压缩、熔融、排气，并以一定的温度、压力和排量从螺杆头部挤出。②加热和冷却系统，主要是由套式加热器和水冷却夹套组成，其作用是保证聚合物在工艺要求的温度范围内熔融挤出。③传动系统，主要由变速电机和齿轮箱组成，其作用是保证螺杆以需要的扭矩和转速稳定而均匀地工作。④控制系统，主要由温度和压力控制系统构成，通过熔体压力传感器控制电机按所需要的转速运转，通过测温元件控制加热、冷却系统按设定温度工作。

　　按物料在螺杆中的输送、压缩和熔融等过程，一般将螺杆分为进料段、压缩段和计量段，如图 5-1-4 所示，根据物料在螺杆中的物理状态，又可将螺杆分为固体区、熔融区和熔体区。物料从加料口进到螺杆的螺槽中，由于螺杆的转动，将切片向前推进，切片不断吸收加热装置供给的热能而熔融；另外，因切片与螺杆和套筒间的摩擦及液层之间的剪切作用，机械能转化成热能，使切片在前进过程中温度不断升高而逐渐熔融。熔化过程中聚合物由固态（玻璃态）转变为高弹态，最后成为黏流态。黏流态的聚合物经螺杆的推进和螺杆出口的阻力作用，以一定的压力向熔体管道输送。

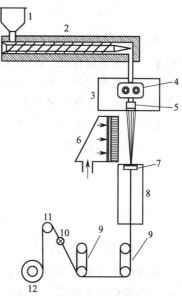

3. 计量泵

　　计量泵的作用是精确计量、连续输送聚合物熔体，并于喷丝头组件进口产生预定压力，保证熔体通过滤层到达喷丝板，以精确的流量从喷丝孔喷出。计量泵为外啮合齿轮泵，最简单的计量泵由一对相等齿数的齿轮相互啮合嵌于泵板 8 字形孔内，构成计量泵的核心部分。计

图 5-1-3　熔体纺丝示意图

1—料斗；2—螺杆挤出机；3—纺丝箱体；
4—计量泵；5—喷丝头；6—侧吹风；
7—上油嘴；8—纺丝甬道；9—拉伸辊；
10—网络器；11—导丝盘；12—卷绕筒

量泵工作时，传动轴带动主动轴转动，从而使一对齿轮在 8 字形孔中啮合运转，在吸入孔造成负压，流体被吸入泵内并填满齿谷，齿谷间的熔体在轮齿的带动下紧贴着 8 字形孔的内壁回转近一周后送至出口完成计量并输出（图 5-1-5）。有多个熔体出口的计量泵的计量原理与此相似。

图 5-1-4　螺杆结构示意图

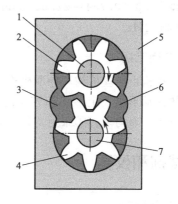

图 5-1-5　计量泵工作原理

1—主动轴；2—主动轮；3—熔体出口；4—从动轮；
5—泵板；6—熔体入口；7—从动轴

　　计量泵的泵供量与转速有关，而转速与频率有关。泵供量 Q（cm^3/min）的计算公式如式(5-1-5) 或式(5-1-6)

$$Q = \frac{V_0 TR}{10000\rho} \qquad (5\text{-}1\text{-}5)$$

或

$$Q=\frac{VT}{10000\rho} \tag{5-1-6}$$

式中，V_0 为纺丝速度（第一牵伸辊速度，m/min）；T 为成品丝线密度，dtex；R 为拉伸倍数；V 为卷绕速度，m/min；ρ 为纤维密度，g/cm³。

现在一般都是通过调节电机频率调节速度，如计量泵电机频率（f）50Hz 对应的转速为 1400r/min，减速机速比为 40：1，则 1Hz 对应计量泵的转速 1400/50/40＝0.7r/min。

假设 $V_0=600$r/min，$T=100$dtex，$R=4$，PET 纤维 $\rho=1.38$g/cm³，计量泵额定流量为 $Q_0=2.4$cm³/r，则

$$Q=\frac{600\times100\times4}{10000\times1.38}\approx17.4(\text{cm}^3/\text{min}) \tag{5-1-7}$$

$$f=\frac{Q}{Q_0\times0.7}=\frac{17.4}{2.4\times0.7}\approx10.4(\text{Hz}) \tag{5-1-8}$$

4. 纺丝组件与喷丝板

纺丝组件的主要作用是将计量泵送来的熔体进行最终过滤，混合均匀后分配到每个喷丝孔中，形成均匀的细流。喷丝板的主要作用是将聚合物熔体通过微孔转变成具有特定截面的细流，经过冷却固化而形成丝条。喷丝板的主要参数包括喷丝孔的直径和长径比、孔的排列和喷丝孔的加工精度。

5. 热拉伸辊

热拉伸辊是纺丝拉伸机上的拉伸部件，安装于纺丝机和卷绕机之间，经过热拉伸后卷绕得到的丝称为全拉伸丝（FDY）。

热辊转速也是通过频率调节，如电机频率为 50Hz，对应 1500r/min，则 1Hz 对应 30r/min，如热辊直径为 0.24m，则热辊转一圈的长度为 $\pi D=0.754$m。因此，1Hz 对应的线速度为 $30\times0.754=22.62$m/min。如热辊速度 1000m/min，则需要的频率为 1000/22.62＝44.2Hz。

6. 卷绕机构

卷绕机构由导丝机构和卷取机构两部分组成。卷绕机构的作用是通过卷绕辊的圆周运动和丝条的横动形成一定形状和容量的卷装。卷装应当满足下列要求：①形状稳定；②容量大；③丝条分布均匀；④张力均匀；⑤退绕容易。

三、试剂和仪器

1. 主要试剂

干燥的 PET 切片（含水率＜30μL/L）。

2. 主要仪器

小型纺丝拉伸一体熔体纺丝机。

四、实验步骤

（1）打开纺丝机电源，设定螺杆各区温度（260～290℃）、纺丝箱体温度（280～290℃），

打开进料段冷却水。

（2）打开热拉伸辊电源，并设定热辊的转速和温度（第一热辊：75～90℃；第二热辊：110～130℃）。

（3）开启侧吹风空调，调节风温、风速。

（4）设定计量泵的频率，开启上油装置，开启卷绕装置。

（5）当各工艺参数均达到设定值时，开启螺杆挤出机，从进料口加入 PET 切片，待纺丝细流稳定后，用吸枪吸丝，纤维依次经过上油装置、导丝钩、热辊，最后卷绕到筒管上。

（6）纺丝结束后，将螺杆挤出机中剩余的物料挤空。关闭温控单元及各传动单元，待温度降至室温后关掉冷却水。

（7）性能检测

① 线密度测定，参照第四篇实验十二。

② 纤维断裂强度与断裂伸长率测定，参照第四篇实验十三。

五、实验记录与数据处理

将实验数据填入表 5-1-2～表 5-1-4 中。

表 5-1-2　实验参数记录

参数名称	实测值	参数名称	实测值
螺杆各区温度/℃		各拉伸辊转速/(m/min)	
箱体温度/℃		热辊温度/℃	
计量泵泵供量/(cm³/min)		卷绕速度/(m/min)	

表 5-1-3　纺丝故障分析及解决方法

故障	情况描述	原因分析及解决方法
纺丝断头		
拉伸断头		
机头压力波动		

表 5-1-4　纤维性能

切片特性黏度/(dL/g)	线密度/dtex	断裂强度/(cN/dtex)	断裂伸长率/%

六、注意事项

（1）螺杆升温速度比较快，一般可控制在 50℃/h 左右，升到 200℃时应进行保温，待纺丝箱体温度达到设定温度（参考温度：285～295℃）时，再将螺杆升到设定温度（参考温度：进料段 255～265℃，压缩段 260～270℃，计量段 275～285℃）。

（2）待箱体温度达到设定值后，可开动螺杆排料，螺杆转速先开 10～20r/min，待箱体有熔体挤出时，再将螺杆转速调到设定值。

（3）螺杆压力波动影响纺丝正常进行和纤维性能，其主要原因有：螺杆传动皮带松弛，控制仪表故障，进料不畅，螺杆内有异物，切片含水过高等，应注意检查。

（4）在螺杆进料段容易发生环结阻料现象，使螺杆无法进料，排除的办法是关掉进料阀，将各区温度升高 5～10℃，等环结部分熔化后，开动螺杆将余料排空，然后降温重新开车。如反复几次仍不能排除，则考虑拆卸螺杆直接清理环结物料。

七、思考题

（1）根据初生纤维的应力-应变曲线，分析拉伸过程中细颈的发生和发展。

（2）为了获得性能均匀的纤维，需要加强哪些工艺环节的控制？

拓展知识

聚对苯二甲酸乙二醇酯纤维

　　PET 是聚酯中产量最高的品种，也是发展最为迅速的高分子产品之一，在纤维、薄膜、片材、饮料瓶等领域大量使用。PET 纤维，我国简称为涤纶，早在 20 世纪 30 年代美国杜邦公司的卡罗瑟斯（Carothers）便已合成了脂肪族聚酯，因其分子量和熔点都较低，且易溶于水，所以不具有作为纤维的实用价值。1941 年英国的温菲尔德（Whinfield）和迪克森（Dickson）用对苯二甲酸二甲酯和乙二醇合成了 PET，获得了具有实用价值的纤维，1953 年利用该技术实现了 PET 纤维的产业化。其他聚酯纤维还有高弹性的聚对苯二甲酸丁二醇酯（PBT）纤维及聚对苯二甲酸丙二醇酯（PTT）纤维，具有高强度和高模量的全芳香族聚酯纤维等。因为 PET 纤维产量在合成纤维中占比达 70％以上，所以一般讲的聚酯纤维通常指的是 PET 纤维。

　　聚酯纤维具有一系列优良性能，如断裂强度和弹性模量高、回弹性适中、形状稳定、洗可穿、耐热和耐光性好。最近二十年来，随着纤维技术发展的日新月异，聚酯纤维成型加工实现了短程化、连续化、自动化、智能化和高速化，目前聚酯纤维已成为发展速度最快、产量最高的合成纤维品种。

实验二　尼龙 6 的开环聚合及其增韧改性

项目一 ▶▶ 尼龙 6 开环聚合

一、实验目的

（1）了解开环聚合的基本原理。

（2）掌握己内酰胺开环聚合的实验操作。

二、实验原理

聚酰胺（PA）通常称为尼龙，其结构为含酰胺基团（—CONH—）的线型高分子化合物。己内酰胺具有不稳定的七元环结构，在适当的温度和活化剂（或称开环剂、催化剂）存在下，可以开环转化成线型高分子。工业上普遍采用添加少量水使己内酰胺开环聚合，即水解聚合，得到尼龙 6（PA6）。

实际上此过程非常复杂，它包括开环、缩聚、加聚、链交换、裂解等不同反应和相互作用，最后达到水、单体、环状低聚物及线型链分子各级分与聚合体之间一个总的平衡体系。所以反应条件不同，就会影响反应平衡时各组分的比例和反应速率。尽管己内酰胺开环聚合较复杂，但主要由三种平衡反应所组成，即开环、缩合和加成。

（1）开环　己内酰胺首先水解开环成 ω-氨基己酸：

$$\begin{bmatrix} (CH_2)_5 \\ N\!-\!C \\ |\ \ \ \| \\ H\ \ O \end{bmatrix} + H_2O \rightleftharpoons H_2N(CH_2)_5COOH$$

此水解速度与水的浓度和水解条件有关。

（2）缩合　ω-氨基己酸自身缩合放出水分子：

$$n H_2N(CH_2)_5COOH \rightleftharpoons H\!\!\left[\!\!\begin{array}{c} H \\ N\!-\!(CH_2)_5\!-\!C \\ \| \\ O \end{array}\!\!\right]_n\!\!OH + (n-1)H_2O$$

$$m H_2N(CH_2)_5COOH \rightleftharpoons H\!\!\left[\!\!\begin{array}{c} H \\ N\!-\!(CH_2)_5\!-\!C \\ \| \\ O \end{array}\!\!\right]_m\!\!OH + (m-1)H_2O$$

线型大分子之间也可发生缩合反应，此反应消耗端基且放出水分子：

$$H\!\!\left[\!\!\begin{array}{c} H \\ N\!-\!(CH_2)_5\!-\!C \\ \| \\ O \end{array}\!\!\right]_m\!\!OH + H\!\!\left[\!\!\begin{array}{c} H \\ N\!-\!(CH_2)_5\!-\!C \\ \| \\ O \end{array}\!\!\right]_n\!\!OH \rightleftharpoons H\!\!\left[\!\!\begin{array}{c} H \\ N\!-\!(CH_2)_5\!-\!C \\ \| \\ O \end{array}\!\!\right]_{m+n}\!\!OH + H_2O$$

（3）加成　加成反应就是己内酰胺开环并加成到线型 PA6 分子链的末端：

$$\text{H-}\overset{H}{\underset{}{N}}\text{-(CH}_2\text{)}_5\text{-C}\overset{O}{\underset{}{}}\text{OH} + \overset{(CH_2)_5}{\underset{H\ O}{N-C}} \rightleftharpoons \text{H-}\overset{H}{\underset{}{N}}\text{-(CH}_2\text{)}_5\text{-C}\overset{O}{\underset{}{}}_{\overline{n+1}}\text{OH}$$

在线型分子达到一定聚合度时，主要进行酰胺键间的交换反应而改变聚合物的分子量分布。由于聚合过程和最后产物的性质均受此三个平衡反应的影响，因而调节一定的聚合度是保证聚合物性能的重要方法。一般采用保持聚合体系中一定的水的浓度或加入带有羧基或氨基的化合物，以改变聚合体系的官能团比例来达到调节分子量的目的。

根据己内酰胺开环聚合机理，采用前聚合加压和后聚合减压的方法实施，在加压聚合阶段，所配物料混合后进入反应器，在给定的温度下主要进行水解开环反应和部分加聚反应，该阶段为吸热反应；减压聚合阶段主要进行缩聚和平衡反应，由于聚合物的最终聚合度与体系中水的含量有关，为了提高分子量必须降低体系中的水含量，减压有利于副产物水的排除，从而使平衡向正反应方向移动。

三、试剂和仪器

1. 主要试剂

己内酰胺（工业级），己二酸（分子量调节剂，工业级），去离子水（开环剂），高纯氮。

2. 主要仪器

聚合反应装置，电子天平，水槽，切粒机，搅拌釜，真实烘箱。

四、实验步骤

（1）将称量好的己内酰胺、己二酸（己内酰胺质量的 0.25%）与去离子水（己内酰胺质量的 0.3%）加入反应釜中，旋紧进料口盖（不漏气）。

（2）开动搅拌，并且通氮气 30min。

（3）升温到 90℃，恒温 30min。

（4）升温到 250℃，保持压力在 0.4MPa，恒温 2h 后泄压（加压聚合阶段）。

（5）升温到 260℃，并且抽真空。逐步提高真空度至 −0.08MPa，恒温 2h（减压聚合阶段）。

（6）恒温完成后，缓慢回充氮气，直到釜内压力表压为 0MPa。

（7）打开出料阀，提高釜内压力直至顺利出料，在冷水槽中铸带，切粒。

（8）将切片置于搅拌釜中萃取，萃取水温 105~110℃、浴比 1:2，萃取时间 16h。

（9）萃取后切片置于真空烘箱中干燥，温度 120℃，真空度 >740mmHg，时间 24h。

（10）相对黏度测定。参照第二篇实验一，采用 96% 浓硫酸作溶剂，测定 PA6 溶液和溶剂流经乌氏黏度计的时间，求得的比值即是相对黏度。

五、实验记录与数据处理

将实验数据填入表 5-2-1 中。

表 5-2-1 实验记录及结果

操作阶段	温度/℃	压力/MPa	时间/h	备注
减压阶段				
加压阶段				
萃取阶段				
相对黏度测试		$\eta_r =$		

六、注意事项

（1）在聚合后期黏度高，提高排水效果是提高分子量的关键。

（2）聚合过程中注意惰性气体保护，防止聚合体发黄。

七、思考题

（1）己内酰胺开环聚合中不同阶段水是如何影响反应的？

（2）PA6 分子间有氢键作用，但它们的熔点仍明显低于 PET，为什么？

项目二 ▶▶ 尼龙 6 的增韧改性

一、实验目的

（1）了解聚合物增韧机理。

（2）掌握 PA6 增韧改性的操作。

二、实验原理

PA6 作为最具代表性的聚酰胺工程塑料，分子链上大量酰胺基团的存在使其具备优异的机械强度、热变形温度、自润滑性能和易加工性等，但是 PA6 也存在不足，例如在缺口、低温和干燥条件下易发生脆性断裂等问题，这极大地限制了 PA6 的进一步应用。对 PA6 的增韧改性是解决其不足的有效途径，增韧改性可以分为物理共混增韧和化学增韧，其中物理共混增韧是通过外加增韧改性剂与聚合物共混来实现的，而化学增韧改性是通过化学反应如嵌段、接枝、共聚、交联等，在聚合物分子链上引入新的链段，改变分子结构达到提高韧性的目的。PA6 增韧改性主要是在树脂中添加弹性体、韧性树脂等，再经共混挤出实现，加入增韧剂可以显著提高 PA6 在低温和干态下的冲击强度。这种增韧剂一般为马来酸酐类极性单体接枝的聚烯烃弹性体，增韧剂与 PA6 在挤出机中进行熔融共混时，聚烯烃上接枝的马来酸酐会与 PA6 端氨基发生缩合反应，并析出水分子。增韧剂中的弹性体起增韧作用，而马来酸酐起相容作用。图 5-2-1 是聚烯烃弹性体接枝马来酸酐（POE-*g*-MAH）增韧改性 PA6 的反应。

三、试剂和仪器

1. 主要试剂

干燥 PA6 切片，增韧剂（POE-*g*-MAH，工业级）。

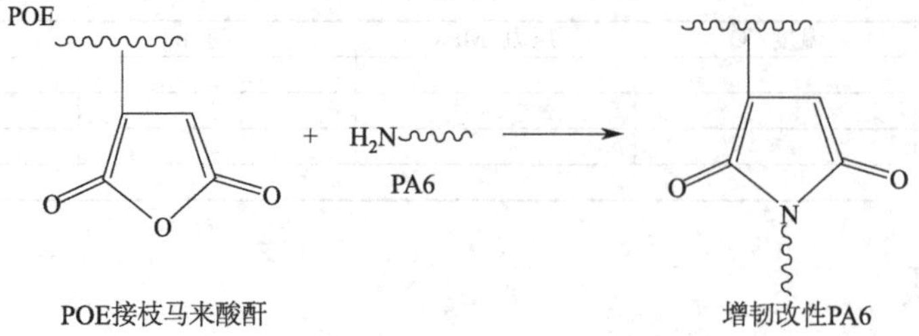

图 5-2-1　接枝马来酸酐增韧改性 PA6 反应

2. 主要仪器

高速混合机，双螺杆挤出机，注射成型机，真空烘箱，电子天平，水槽，切粒机。

四、实验步骤

（1）将 POE-*g*-MAH 在 80℃下真空烘箱中干燥 5h。

（2）称取一定量的 PA6 和 POE-*g*-MAH，在高速混合机中混合 30min。

（3）设定双螺杆挤出机各区温度，进料区通冷却水，其余各区温度为 220～265℃。

（4）将混合料加入双螺杆挤出机进行熔融挤出，螺杆主机转速设定为 80～100r/min。

（5）挤出带条经过水冷、牵引切粒得到增韧 PA6 切片。

（6）将得到的增韧 PA6 切片在 100℃真空烘箱中干燥 12h，除去水分。

（7）将干燥的 PA6 切片在注射成型机上制备拉伸和冲击试样，成型温度 250～270℃。

（8）性能测定

①熔融指数，参照第二篇实验四。

②应力-应变性能，参照第四篇实验六。

③冲击性能测试，参照第四篇实验九。

五、实验记录及数据处理

将实验数据填入表 5-2-2 中。

表 5-2-2　不同配比下增韧 PA6 性能

PA6/POE-*g*-MAH（质量比）	100/0	90/10	80/20	70/30	60/40
熔融指数/(g/10 min)					
断裂强度/MPa					
冲击强度/(MJ/m²)					

六、注意事项

（1）测试的试样条质量均匀，以确保测试性能的可重复性。

（2）双螺杆挤出机开车前检查机组的电、水、气配线和管路是否已连接妥当和牢固。

（3）检查套筒和机头电加热接头是否绝缘良好、温度和压力传感器是否安装可靠等。

（4）检查各辅机系统是否运转正常。

（5）检查急停按钮是否可靠。

七、思考题

（1）简述聚合物增韧和增强的区别。

（2）影响高分子材料韧性的因素有哪些？

（3）简述聚合物增韧的几种理论。

拓展知识

著名的高分子科学家

施陶丁格（Hermann Staudinger），德国化学家，1920 年他发表了划时代文献《论聚合》（Über Polymerisation），第一次根据实验结果提出小分子能通过共价键相连形成如今称为大分子的长链。他在 1936 年就预言"在不久的将来，一种利用人工物质合成人造纤维的方法将不再是天方夜谭，因为天然纤维的力学性能和弹性是由他们的结构——众多长链状分子赋予的"。1947 年，他编辑出版了《高分子化学》（Die makromolekulare Chemie）杂志，形象地描绘了大分子存在的形式。从此，他把"高分子"这个概念引进科学领域，并确立了高分子溶液的黏度与分子量之间的关系，创立了确定分子量的黏度理论（后来被称为"施陶丁格定律"）。由于他对高分子科学的杰出贡献，1953 年获得诺贝尔化学奖。

卡罗瑟斯（Wallace Hume, Carothers），美国化学家，1928 年，进入杜邦公司工作后就开始探索高分子世界的秘密，他和他的团队首先选择二醇和二酸反应生成聚酯作为突破口，虽然初期进展很快，但他们得到的聚酯分子量只有几千，熔点很低，最终功亏一篑，未能开发出成功的产品。后来卡罗瑟斯将目光投向另一类化合物——胺，他将二胺代替二醇与二酸反应。他预测由于聚酰胺分子之间的相互作用要比聚酯分子之间更加强烈，因此聚酯的熔点低、易溶于有机溶剂等问题都可以得到解决。实验结果证实了卡罗瑟斯的预测，由己二酸和己二胺反应得到的尼龙 66 不仅性能优越，原材料也易于获得，被杜邦公司成功实现工业化生产，并取得了巨大的商业成功。1939 年，尼龙袜出现在纽约世博会"明日世界"展区，这种易洗、快干、耐穿的纤维材料在当时人们的眼里已成为一种奇迹材料。

齐格勒（Karl Ziegler）与纳塔（Giulio Natta）分别是德国和意大利化学家，分别发明用三乙基铝和三氯化钛组成的金属络合催化剂合成低压聚乙烯与聚丙烯的方法，这种催化剂被统称为"齐格勒—纳塔催化剂"。1963 年，他们共享了诺贝尔化学奖的崇高荣誉。

弗洛里（Paul J. Flory），美国高分子物理化学家，由于在高分子科学领域，特别在高分子物理性质与结构的研究方面取得巨大成就，1974 年获诺贝尔化学奖。

实验三 聚丙烯腈合成、纤维成型及其预氧化

项目一 ▶▶ 聚丙烯腈合成及纤维成型

一、实验目的

（1）了解并掌握丙烯腈溶液聚合的基本原理和实施方法。

（2）了解并掌握聚丙烯腈湿法纺丝原理和实施方法。

二、实验原理

聚丙烯腈（PAN）纤维蓬松性和保暖性好、手感柔软、防霉、防蛀，并有非常优异的耐光性和耐辐射性。PAN纤维作为生产碳纤维的原丝，经预氧化、碳化和石墨化处理可分别制成耐高温的预氧化纤维和碳纤维。

PAN纤维制备工艺流程如图 5-3-1 所示，丙烯氨氧化法生产的丙烯腈（AN），与共聚单体进行反应，得到 PAN 共聚物，然后通过湿法或干法纺丝制成初生纤维，经拉伸和热定型后卷绕，得到 PAN 纤维。

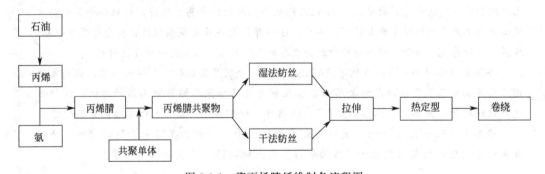

图 5-3-1　聚丙烯腈纤维制备流程图

1. 聚丙烯腈的合成

AN 是合成 PAN 的主要单体，实际生产中 PAN 大多采用溶液聚合，根据所用溶剂的不同，可分为均相溶液聚合和非均相溶液聚合。在聚合条件下，AN 在引发剂的自由基作用下，双键被打开，聚合成线型的 PAN。自由基聚合反应可分为链引发、链增长、链终止三个阶段。

（1）链引发

$$I \xrightarrow{\Delta} 2R\cdot$$
$$M' + R\cdot \longrightarrow RM\cdot$$

（2）链增长

$$RM\cdot + nM \longrightarrow R\mathop{-\!\!\!-\!\!\!-}\limits_{}[M]_n M\cdot$$

（3）链终止

$$\sim\!\!\sim\!\!M\cdot + \cdot M\!\sim\!\!\sim \longrightarrow \sim\!\!\sim\!\!MM\!\sim\!\!\sim$$
$$\sim\!\!\sim\!\!MM\cdot + \cdot MM\!\sim\!\!\sim \longrightarrow \sim\!\!\sim\!\!MM + M'M\!\sim\!\!\sim$$

式中，I 为引发剂，R· 为引发剂自由基，M 为大分子中 AN 结构单元，M′ 为 AN 单体或带双键的 AN 单元。

2. 聚丙烯腈湿纺成型

PAN 湿法纺丝时，一般都用制备原液时所用溶剂的水溶液为凝固浴。纺丝原液由喷丝头喷出而进入凝固浴后，原液细流的表层首先与凝固浴接触很快凝固成一薄层，凝固浴中的凝固剂（水）不断通过这一皮层扩散至细流内部，而细流中的溶剂也通过皮层扩散至凝固浴中，即纤维凝固的双扩散机理。由于双扩散的不断进行，使皮层不断增厚，当细流中间部分溶剂浓度降低到某一临界浓度以下时，原为均相的 PAN 共聚物溶液发生相分离，PAN 从溶液中沉淀析出。

纺丝前必须将 PAN 的固体颗粒溶解在有机或无机溶剂中，并经混合、脱泡和过滤等工序才能制得符合要求的纺丝原液。

（1）原液中聚合物浓度　原液中聚合物浓度越高，大分子链间的接触概率越高，需脱除的溶剂越少，成型速度越快，因此，提高原液中 PAN 的浓度不仅在经济上是合理的，同时对改善纺丝条件及初生纤维的结构和成品纤维的性能也都是有利的。但当浓度达到某一定值后，继续提高浓度，纤维机械性能没有明显变化，而溶液黏度却大幅提高，流动性不良；如果原液浓度过低，则在凝固剂的作用下，聚合物只能脱溶剂并呈松散絮状凝聚体析出，无法形成具有一定强度的冻胶体，因而不能形成纤维。

（2）凝固浴中溶剂含量　凝固浴中溶剂的含量过高或过低都不利于纺丝成型。当溶剂含量太高时，将使双扩散过程太慢，此外，丝条凝固不充分就进行拉伸容易发生断裂，或由于纤维表面凝固不良而造成并丝；如果凝固浴中溶剂含量过低，双扩散速度相应增大，不仅使表层的凝固过于激烈，而且很快在原液细流外层形成缺乏弹性而又脆硬的皮层，这不仅导致纤维的可拉伸性下降，还因已形成的这种皮层阻碍了内层原液和凝固浴之间的双扩散使内层凝固变慢，因而进一步加大皮芯层结构的差异，同时使纤维产生空洞，结构疏松并失去光泽，强度和伸度都很差。因此选择凝固浴浓度时，应在保证表面凝固良好的前提下，采取较缓和而均匀的凝固条件，还应使喷丝头各单根纤维周围的凝固浴浓度尽可能一致。

（3）凝固浴温度　凝固浴温度直接影响浴中凝固剂和溶剂的扩散速度。随着浴温的降低，双扩散速度减慢，凝固速度下降，凝固过程比较均匀，初生纤维结构紧密，整个纤维的结构得到加强，成品的拉伸强度和钩结强度上升。但凝固浴温度不能过低，因为过慢的凝固速度将使纤维芯层凝固不够充分，在拉伸时容易造成毛丝。随着凝固浴温度上升，纤维的强度和伸度都有所下降，尤其是强度对温度的依赖性更为明显。

所以，凝固浴的浓度和温度都能影响原液细流的凝固程度和凝固速度，在一定范围内两者可以互相调节。但凝固速度受凝固浴温度的影响较大，受凝固浴浓度的影响较小。因此当浴温过高时，利用提高凝固浴的浓度来降低凝固速度是不可能的。此外应该注意的是，细流表面的凝固受浴液浓度的影响较大，而芯层的凝固主要是通过分子的扩散来实现的，受浴液温度的影响较大。因此在调节凝固浴的温度和浓度时，要特别注意原液细流皮芯层的凝固情况。

三、试剂与仪器

1. 主要试剂

丙烯腈（AN，CP），偶氮二异丁腈（AIBN，AR），丙烯酸甲酯（MA，AR），衣康酸（IA，AR），油酸钠（AR），N,N-二甲基甲酰胺（DMF，AR），二甲基亚砜（DMSO，AR），无水乙醇（AR），去离子水，$NaNO_3$。

2. 主要仪器

四口烧瓶，顶置式搅拌器，回流冷凝管，温度计，水浴锅，布氏漏斗，循环真空泵，真空干燥箱，天平，湿法纺丝装置，高温凝胶渗透色谱仪。

四、实验步骤

1. 聚合

（1）在四口烧瓶上安装搅拌器、回流冷凝管和温度计，并将烧瓶置于带有加热调温装置的水浴锅中，开回流冷凝管冷却水。

（2）将 AIBN、油酸钠溶解在去离子水中，并加入烧瓶中，AIBN 浓度为单体质量的 0.15%，油酸钠与去离子水质量比为 3∶7。

（3）将 AN、MA、IA 按质量比（AN∶MA∶IA＝93∶6∶1）加入烧瓶，单体浓度 25%，同时开启搅拌和升温。

（4）升温至 60℃，反应 4～5h，停止升温，自然冷却到室温。

（5）用去离子水稍稀释悬浮液，用布氏漏斗过滤（如果有结块，取出研碎）。

（6）用去离子水淋洗产物 5 次，然后用无水乙醇淋洗产物 3 次，真空抽滤。

（7）将洗净的产物在 60℃真空干燥箱中干燥 3～5h 至恒重，储存待纺丝用。

（8）产率计算 转化率 C 按下式计算：

$$C=\frac{W}{W_0}\times100\% \qquad (5\text{-}3\text{-}1)$$

式中，W 为烘干后的聚合物质量，g；W_0 为反应前所加入的单体的质量，g。

（9）分子量测定 采用高温凝胶渗透色谱仪测定 PAN 的分子量及分布。实验室用宽分布校正法拟合校正曲线，流动相为 0.06mol/L 的 $NaNO_3/DMF$ 溶液，温度 85℃，流速 1.0mL/min，进样量 100μL，样品浓度 2mg/mL，时间 40min。

2. 纺丝

（1）纺丝装置如图 5-3-2 所示，溶液管道和喷丝头组件在 80℃保温。

（2）配制 55%（质量分数）DMSO 水溶液作为凝固液，温度 30℃，并维持凝固液组成稳定。

（3）将洗净并烘干的 PAN 粉末加入溶解釜中，加入溶剂 DMSO，控制纺丝液浓度约 15%（质量分数）。

（4）开动溶解釜中搅拌，升温至 80℃，直至溶解成均匀溶液，时间约 3h。

（5）停止搅拌，静置真空脱泡 3h。

（6）开启纺丝装置中的空气压缩机，纺丝溶液经过滤器、计量泵、喷丝头挤出，进入凝固浴中，喷丝头负拉伸比 75%。

（7）出凝固浴的纤维在 75℃水浴中拉伸 2 倍，再经水洗后蒸汽拉伸 3 倍后卷绕。

（8）纤维于 110℃真空干燥 2h。

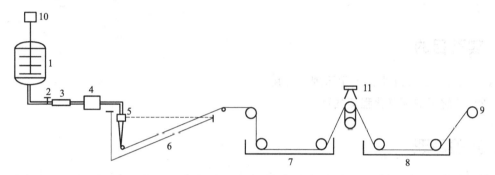

图 5-3-2　聚丙烯腈湿法纺丝示意图

1—溶解釜；2—出料阀；3—过滤器；4—计量泵；5—喷丝头；
6—凝固浴；7—水洗浴；8—牵伸浴；9—绕丝辊；10—搅拌电机；11—水洗喷淋

（9）纤维性能测试

① 纤度测定，参照第四篇实验十二。

② 纤维强伸度测试，参照第四篇实验十三。

五、实验记录与数据处理

将实验数据填入表 5-3-1 中。

表 5-3-1　实验记录及结果

样品编号[①]	AN/%	MA/%	IA/%	纤度/dtex	断裂强度/(cN/dtex)	断裂伸长率/%
1						
2						
3						
4						
5						

① 可以在 AN 86%～94%，MA 5%～10%，IA 1%～4%的范围内做替换实验。

六、注意事项

（1）控制好聚合工艺条件，特别是温度控制，避免暴聚。

（2）聚合物溶解时应搅拌良好，时间充分，确保得到均匀纺丝液。

（3）纺丝时溶液细流出喷丝头后应有足够的凝固时间，以保证出凝固浴的丝不黏。

七、思考题

（1）说明溶液纺丝与熔体纺丝凝固原理的区别。

（2）凝固速度的快慢对纤维凝固效果及纤维性能有何影响？

项目二 ▶▶ 聚丙烯腈纤维的预氧化

一、实验目的

（1）了解 PAN 纤维预氧化原理和应用。

（2）了解影响预氧化程度的因素。

二、实验原理

碳纤维作为一种高新技术材料在航空航天及民用领域中的应用非常广泛，被认为是最有发展潜力的高性能纤维之一，目前世界上 90％以上的碳纤维是通过 PAN 原丝生产的。在碳纤维生产过程中，必须经过预氧化工序（图 5-3-3），发生环化、氧化、脱氢、分解、交联等反应，其中主要反应是环化，即在合适的气氛（一般为空气）和合适的温度下，PAN 上的氰基反应一定时间，使纤维形成较多的共轭、交联、氧化结构，使纤维达到不熔不燃的程度，这样在高温碳化时能很好地保持纤维形态。因此，预氧化纤维性能对碳纤维性能有非常重要的影响。适度预氧化必须注意以下几点：

（1）预氧化后必须保持纤维的机械完整性和保持进一步碳化所需的足够强度；

（2）掌握好预氧化程度，不应该存在由于过度预氧化所引起的纤维间的黏结现象；

（3）经预氧化处理的纤维要阻燃。

空气中充分预氧化的 PAN 纤维含氧量在 16％～23％，制备碳纤维的含氧量一般认为在 5％～10％为好。预氧化程度太低，纤维不能形成稳定的耐热结构，分子链易碎片化；而如果程度太高，则主链碳损失大，碳的收率降低，所以控制好预氧化程度是获得高质量碳纤维的重要保证。

三、试剂和仪器

1. 主要试剂

PAN 纤维束。

2. 主要仪器

温度可控预氧化炉，X 射线衍射仪。

四、实验步骤

（1）PAN 纤维束置于预氧化炉内固定位置，纤维不与炉壁接触，预氧化分别按如下方式进行。

① 200℃、230℃和260℃三种温度按序分别热处理 10min（三段处理），共 30min，施以张力 40mg/dtex。

② 按以上处理时间和温度不变，改变张力分别为 20mg/dtex、60mg/dtex。

③ 分别在 200℃、230℃ 和 260℃ 热处理 30min，施以张力 40mg/dtex。

（2）极限氧指数（LOI）测定　参照第四篇实验二，可以用 LOI 表征纤维的预氧化程度，LOI 越高，预氧化程度越高。

（3）计算芳构化指数（AI）　可以用 AI 表征纤维的环化程度，AI 越高，纤维预氧化程度越高。以 X 射线衍射仪获得纤维衍射图，芳构化指数可由下式求得：

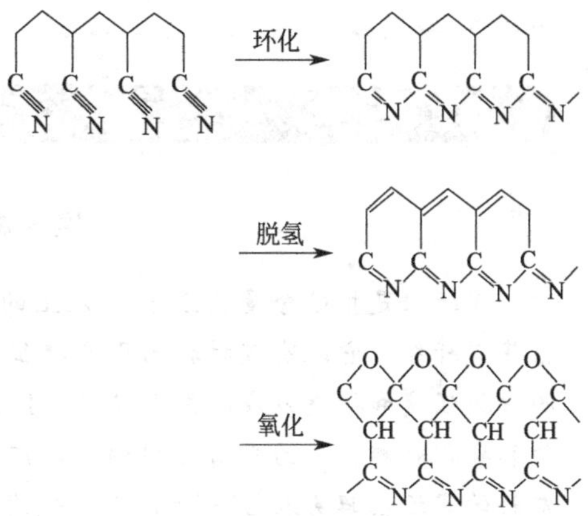

图 5-3-3　预氧化过程中的结构变化

$$AI = \frac{I_A}{I_A + I_P} \tag{5-3-2}$$

式中，I_A 表示预氧化纤维在 $2\theta = 25.5°$处的衍射强度；I_P 表示 PAN 原丝在 $2\theta = 17°$处的衍射强度。

五、实验记录与数据处理

将实验数据填入表 5-3-2 中。

表 5-3-2　实验记录及结果

序号	预氧化方式	LOI	芳构化指数
1	三段处理 30min,张力 40mg/dtex		
2	三段处理 30min,张力 20mg/dtex		
3	三段处理 30min,张力 60mg/dtex		
4	200℃热处理 30min,张力 40mg/dtex		
5	230℃热处理 30min,张力 40mg/dtex		
6	260℃热处理 30min,张力 40mg/dtex		

六、注意事项

（1）不要将纤维与预氧化炉壁接触，以免引起局部熔化、黏结。

（2）纤维尽可能理直，使每根丝所受张力一致。

（3）温控准确，确保纤维受热均匀。

七、思考题

(1) 从结构上分析为什么 PAN 基原丝碳收率较高？
(2) 碳纤维原丝纤度对预氧化及后面的碳化有何影响？

拓展知识

聚丙烯腈基碳纤维

碳纤维是指碳含量在 90% 或以上的纤维，按原丝种类有黏胶基、沥青基和聚丙烯腈基碳纤维。它既有碳材料的固有特征，又兼备纺织纤维的柔软可加工性，具有很高的抗拉强度和模量以及耐高温特性。PAN 基碳纤维由于具有较高的抗拉强度、弹性模量和碳化收率，成为当前应用领域最广，产量也最大的碳纤维工业生产主流品种。日本科学家近藤昭男在 20 世纪 60 年代发明了用 PAN 基原丝制造碳纤维的新方法，日本东丽公司生产的碳纤维无论质量还是产量都居世界之首，关键环节是 PAN 原丝制造，即原丝是制取高性能碳纤维的前提，没有质量好的原丝就不可能产出好的碳纤维。我国研制 PAN 基碳纤维始于 20 世纪 60 年代中期，近年来，我国碳纤维产业发展迅速，涌现了光威集团、中复神鹰、恒神集团等一批碳纤维及其复合材料的有为企业，为我国碳纤维事业发展做出了积极贡献。与其他纤维相比，碳纤维性能上的主要优点是高抗拉强度、高刚度、低密度和高耐化学性，碳纤维可以通过与聚合物树脂基体结合，制成具有优异性能的复合材料。碳纤维增强高分子材料的主要应用领域包括航天航空和国防、汽车、风电、运动休闲和土木工程等。目前，在减少能源消耗的轻量化制造方面正在强劲增长。

实验四　聚丙烯的功能改性

项目一 ▶▶ 添加剂的表面处理

一、实验目的

（1）了解硅烷偶联剂的结构和用途。

（2）掌握硅烷偶联剂处理的操作方法。

二、实验原理

硅烷偶联剂是将无机材料和有机高分子材料有效结合所常用的助剂。如图 5-4-1 所示，X 表示硅烷偶联剂中的可水解性官能基，它可与无机材料，如玻璃、金属等发生链接反应，Y 表示有机官能团，它可与有机高分子材料发生链接反应，因此，通过硅烷偶联剂作为桥梁可以将有机无机差别较大的两者链接在一起。本实验采用硅烷偶联剂对阻燃剂和增强改性材料进行处理。

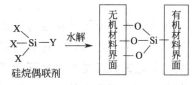

图 5-4-1　硅烷偶联剂作用机理图

X—可水解的基团；Y—有机官能团

三、试剂和仪器

1. 主要试剂

纳米级氢氧化镁（阻燃剂），聚磷酸铵（阻燃剂），短玻璃纤维（增强剂），硅烷偶联剂 KH-570，无水乙醇（AR），去离子水。

2. 主要仪器

搅拌釜，天平，烘箱。

四、实验步骤

（1）称取添加剂，即阻燃剂或增强剂若干。

（2）将占添加剂含量的 0.5%（质量分数）的硅烷偶联剂加入搅拌釜，并用 5 倍质量的无水乙醇和去离子水的混合液分散，该混合液去离子水与无水乙醇质量比为 1:9。

（3）将装有硅烷偶联剂混合溶液的搅拌釜升温至 60℃，搅拌 20min 后取出，室温下静置 1h。

（4）室温下将添加剂加入搅拌釜搅拌，将配制好的有机硅烷偶联剂混合液逐滴地边搅拌边加入釜内，充分混合。

（5）将混合充分的添加剂取出置于 125℃的烘箱内烘干，然后降至室温待用。

五、思考题

（1）为什么偶联剂也称为架桥剂？
（2）如何抑制水溶性硅烷偶联剂的水解？

项目二 ▶▶ 聚丙烯的阻燃改性

一、实验目的

（1）了解高分子材料阻燃的基本原理。
（2）掌握高分子材料阻燃改性的方法。

二、实验原理

绝大多数高分子材料容易燃烧，而且燃烧过程伴随着有毒有害的烟气产生，存在严重的火灾隐患，因此，高分子材料的阻燃改性成为拓展高分子材料应用领域的重要手段。高分子材料的阻燃改性通常可通过下列三种方式实现：与阻燃单体进行共聚；与阻燃剂进行共混；对材料进行表面阻燃处理。由于与阻燃剂共混操作方便、适用范围广、成本低廉，已成为高分子材料阻燃改性的主要方式。按阻燃元素分，阻燃剂可分为卤系、有机磷系、锑系、铝-镁系、硅系和氮系等。

聚丙烯（PP）是一种性能优良的热塑性高分子材料，具有机械性能高、化学稳定性好、耐热、电绝缘等优点，在机械、汽车、建筑、纺织、包装等众多领域得到广泛应用。但 PP 的一个很大的缺点是不阻燃，极限氧指数（LOI）仅有 17.5，而近年来对高分子材料的阻燃要求越来越高，PP 的不阻燃极大限制了它在更广领域的应用，因此对 PP 的阻燃改性的研究被广泛关注。过去提高高分子材料阻燃性常采用卤系阻燃剂，但卤系阻燃剂一旦燃烧后会产生大量有毒和腐蚀性气体，形成二次污染，对人体和环境有很大危害。具有发烟量小、无毒、抑烟等优点的无卤阻燃剂有良好的应用前景，本实验通过添加聚磷酸胺与纳米级氢氧化镁提高 PP 的阻燃性能。

三、试剂和仪器

1. 主要试剂

PP（熔融指数 25），硅烷偶联剂处理的阻燃剂（氢氧化镁和聚磷酸铵）。

2. 主要仪器

双辊开炼机，平板硫化机，混合机。

四、实验步骤

（1）将经过表面处理的阻燃剂与 PP 按表 5-4-1 配方进行称量，经混合机混合后，在双辊开炼机上混炼，辊温 140℃左右，反复辊压至混料均匀。

（2）在平板硫化机上热压制样，物料在模具中先预热 3min，然后排气，并在 170℃、16MPa 压力下压制 5min，再于 500t 压力下冷压 120s，制得厚度为 3mm 的矩形样品。

（3）燃烧性能测试　参照第四篇实验二，测定极限氧指数。

五、实验记录与数据处理

将实验数据填入表 5-4-1 中。

表 5-4-1　物料配方及结果

实验序号	PP/份	氢氧化镁/份	聚磷酸铵/份	LOI
1	100	0	0	
2	100	30	0	
3	100	0	30	
4	100	20	10	
5	100	10	20	

六、注意事项

（1）使用双辊开炼机时应严格按照操作要求，以免发生安全事故。

（2）阻燃测试样品的尺寸和形态应保持一致。

七、思考题

（1）简述氢氧化镁和聚磷酸铵的阻燃机理。

（2）根据实验结果，分析氢氧化镁和聚磷酸铵阻燃效果差异，说明原因。

项目三 ▶▶ 聚丙烯的增强改性

一、实验目的

（1）了解纤维增强聚合物的原理。

（2）掌握玻璃纤维对聚合物的增强方法。

二、实验原理

玻璃纤维（GF）是一种性能优异的无机非金属材料，种类繁多，具有一系列优越的性能，它绝缘性好、耐热性强、抗腐蚀性好、机械强度高，但缺点是性脆，耐磨性较差。它是由叶蜡石、石英砂、石灰石、白云石、硼钙石、硼镁石六种矿石为原料经高温熔制、拉丝等工艺制造而成的，其单丝的直径为几微米到二十几微米。GF 用作聚合物增强材料，效果十分显著，它产量大、价格低廉，是目前应用最为广泛的一类增强纤维。

GF 是一种非常好的金属材料替代品，GF 增强 PP 是一种容易加工、比强度高且价格低廉的热塑性增强复合材料，被广泛应用于家电、汽车、电子等领域。GF 增强 PP 复合材料由 GF、PP 树脂基体和 PP/GF 界面三部分组成。由于应力传递作用，通过 GF 增强的 PP 产品的机械性能能够得到大幅度的提高。同时，GF 增强的 PP 的耐热温度可以提高几十摄氏度，因此，它可以用于对机械性能要求高和耐温要求高的场合。

三、试剂和仪器

1. 主要试剂

PP，硅烷偶联剂处理过的短玻璃纤维。

2. 主要仪器

双螺杆挤出机，注射成型机，水槽，切粒机，真空烘箱。

四、实验步骤

实验流程如图 5-4-2 所示。

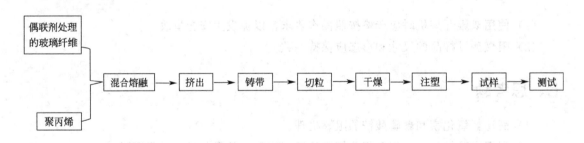

图 5-4-2　PP 增强改性实验流程

（1）挤出造粒　使用偶联剂处理的 GF 与 PP 粒料按一定质量比（表 5-4-2）加到双螺杆挤出机中混合、熔融、挤出、冷却、切粒制成 GF 增强 PP 切片，双螺杆各区温度在 200～220℃内设定。制得的切片在 100℃真空烘箱内干燥 4h。

（2）样条制备　将改性 PP 切片在注射成型机上制成用于测试的标准样条，双螺杆挤出机各区温度分别在 190～210℃内设定。

（3）性能测试

① 拉伸性能，参照第四篇实验六。

② 热变形维卡，参照第四篇实验一。

五、实验记录与数据处理

将实验数据填入表 5-4-2 中。

表 5-4-2　实验结果

样品	PP/%	GF/%	拉伸强度/MPa	热变形温度/℃
1	100	0		
2	80	20		
3	70	30		
4	60	40		

六、注意事项

（1）添加 GF 的 PP 熔体熔融黏度增大，流动性变差，挤出压力提高很多，要适当提高挤出温度以提高流动性。

（2）GF 可能进入挤出带条的表面，使表面变得很粗糙，所以在挤出时需确保铸带头达到所设定温度，使高分子可以进入带条表面，取得较高的表面质量。

七、思考题

（1）GF 不经过表面处理直接和 PP 复合会产生什么后果？
（2）GF 增强热塑性高分子材料与增强热固性高分子材料有何不同？

拓展知识

用于聚丙烯的阻燃剂

随着 PP 应用领域的不断拓展以及环保要求的日益提高，人们对阻燃 PP 产品提出了高效、低烟、无毒的要求，同时不能明显地影响 PP 的加工性能和物理力学性能。为了适合环保要求同时保证阻燃效果，世界各国正不断研制开发新型阻燃系统。既要阻燃剂能达到规定的阻燃效率，还要有良好的物理力学性能、防腐蚀性、低烟性、无毒性及热稳定性等。常用于 PP 的无卤阻燃剂包括水合金属化合物阻燃剂，如氢氧化镁、氢氧化铝等；磷系阻燃剂，如三聚氰胺聚磷酸盐、二氯磷酸苯酯、聚磷酸铵等；膨胀型阻燃剂，如三嗪成炭发泡剂（CFA）、聚磷酸铵（APP）及二氧化硅（SiO_2）复配制成的膨胀阻燃剂，环氧树脂（EP）包覆聚磷酸铵（APP）复配得到的膨胀型阻燃剂等。膨胀阻燃剂是一种新型的无卤阻燃剂，由于其具有燃烧时烟雾少、放出气体无害及生成的炭层能有效地防止聚合物熔滴的优点，十分适于聚丙烯的阻燃。因此，性能优异的膨胀型阻燃剂的开发与应用将成为 PP 用阻燃剂最活跃的研究领域。

实验五　热固性树脂基复合材料制备

项目一 ▶▶ 环氧树脂/玻璃纤维拉挤成型

一、实验目的

（1）了解拉挤成型工作原理。
（2）掌握拉挤成型基本操作方法。

二、实验原理

拉挤成型是一种常用的连续生产热固性树脂基复合材料型材的自动化生产工艺。将纱架上的无捻玻璃纤维粗纱和其他连续增强材料等进行树脂浸渍，然后这种树脂浸渍增强材料通过一定截面形状的成型模具，固化成型后连续出模形成拉挤制品。利用拉挤工艺生产的产品其拉伸强度高于普通钢材，表面的富树脂层又使其具有良好的防腐性，故在具有腐蚀性环境的工程中是取代钢材的最佳产品，广泛应用于交通运输、电工、电气、电气绝缘、化工、矿山、海洋、船艇、腐蚀性环境各个领域。拉挤成型工艺形式很多，如间歇式和连续式，立式和卧式，湿法和干法，履带式牵引和夹持式牵引，模内固化和模内凝胶模外固化，加热方式有电加热、红外加热、高频加热、微波加热或组合式加热等。拉挤成型典型工艺流程如图5-5-1所示。

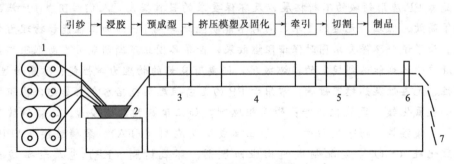

图 5-5-1　拉挤成型示意图

1—纱架；2—树脂槽；3—预成型模；4—成型固化模；5—牵引装置；6—切割装置；7—制品

成型模具的作用是实现坯料的压实、成型和固化，模具截面尺寸应考虑树脂的成型收缩率。模具长度与固化速度、模具温度、制品尺寸、拉挤速度、增强材料性质等有关，一般为

$600\sim1200$mm。模腔光洁度要高，以减少摩擦力，延长使用寿命，易于脱模。通常用电加热，对高性能复合材料采用微波加热。模具入口处需有冷却装置，以防胶液过早固化。浸胶工序主要掌握胶液黏度和浸渍时间。固化成型工序的主要参数有成型温度、模具温度分布、物料通过模具的时间（拉挤速度），这是拉挤成型工艺的关键工序。在拉挤成型过程中，预浸料穿过模具时产生一系列物理的、化学的和物理化学的复杂变化。预浸料在前进过程中，树脂受热发生交联反应，黏滞阻力增加，并开始凝胶，逐渐变硬、收缩并与模具脱离。牵引力是保证制品顺利出模的关键，牵引力的大小取决于产品与模具间的界面剪应力。牵引力的变化反映了制品在模具中的反应状态，并与纤维含量、制品形状和尺寸、脱模剂、温度、牵引速度等有关。本实验以玻璃纤维为增强材料，环氧树脂为树脂主体，通过拉挤成型制备玻纤增强环氧树脂复合材料。

三、试剂和仪器

1. 主要试剂

双酚 A 型环氧树脂（EP，工业级），无捻无碱玻璃纤维（GF，工业级），二甲氨基苯酚（固化剂，CP），硬脂酸锌（脱模剂，CP）。

2. 主要仪器

拉挤成型机，天平，搅拌釜。

四、实验步骤

（1）将 EP、脱模剂、固化剂按质量比 100：3：15 配制，充分搅拌后得到的树脂胶液加入拉挤成型机的树脂槽。

（2）GF 纱经导丝板集束后，在树脂胶槽中充分浸渍，经过预成型模（120～125℃），排出多余的树脂，并且在压实过程中排除气泡。

（3）进入成型固化模（150～180℃），使 GF 和 EP 复合物固化成型。

（4）进入牵引机拉出，最后切断成一定长度的制品，牵引速度通常为 0.3m/min。

五、注意事项

（1）GF 含水率不得大于 1.5％，树脂黏度在 600～800mPa·s，复合材料中 GF 体积含量在 60％左右。

（2）制品表面出现起泡现象时，应提高入口端模的温度，使树脂更快固化，或降低线速度。

（3）制品内部裂缝通常与截面过厚有关，可提高喂料端的温度，使树脂更早固化，降低模尾端的模温，使其作为散热器，以降低放热峰温。

六、思考题

（1）试述拉挤成型制品的特点和应用领域。

（2）经牵引工序后材料结构发生哪些变化？

项目二 ▶▶ 环氧树脂/玻璃纤维缠绕成型

一、实验目的

（1）了解缠绕成型的原理。

（2）掌握缠绕成型的基本操作方法。

二、实验原理

纤维缠绕是玻璃钢容器及管生产的一种重要成型工艺，由于该法易于实现机械化、自动化，因此应用十分广泛。纤维缠绕工艺一般可分为干法缠绕和湿法缠绕两种（图 5-5-2），湿法是将无捻纤维纱（或布带）经浸胶后直接缠绕到芯模上的成型工艺过程；干法是将浸渍树脂的纤维纱（或预浸布）加热，使树脂预固化，然后将预浸纤维纱（或预浸布）在纤维未进入缠绕丝嘴之前，加热软化至黏流状态并缠绕到芯模上的成型工艺过程。纤维缠绕成型工艺的原理是将浸渍过树脂胶液的连续纤维束按一定规律缠绕在芯模上，层叠成所需厚度，固化后脱模（或不脱模和内衬一起）而得到制品。缠绕时要使纤维位置稳定不打滑，并均匀连续地按一定规律排布在芯模上。纤维缠绕方式和角度可以通过计算机控制，缠绕达到要求厚度得到一定形状的制品。纤维缠绕技术制造复合材料的优点在于纤维按设计的要求排列，规整度和精度高；通过改变纤维排布方式、数量，可以实现等强度设计；能在较大程度上发挥增强纤维拉伸性能优异的特点；制品结构合理、比强度和比模量高、质量比较稳定、生产效率较高。该法适合制造能承受一定内压的中空容器，如中空圆柱、球体等，工业化生产玻璃钢管道主要是以纤维湿法缠绕工艺进行成型的（图 5-5-3）。本实验以缠绕成型方法制备玻纤增强环氧树脂中空管。

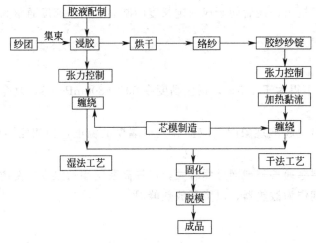

图 5-5-2 缠绕成型工艺流程图

三、试剂和仪器

1. 主要试剂

双酚 A 型环氧树脂（EP，工业级），环氧稀释剂，无碱玻璃纤维纱（GF，工业级），二甲氨基苯酚（固化剂，CP），甲基四氢苯二酸酐（CP）。

2. 主要仪器

缠绕成型机，烘箱，搅拌釜。

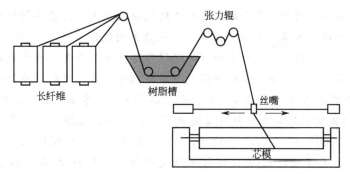

图 5-5-3　湿法缠绕成型示意图

四、实验步骤

（1）将 GF 纱在 60～80℃烘 24h。

（2）按 EP/环氧稀释剂/甲基四氢苯二酸酐/二甲氨基苯酚＝45：55：50：1（质量比）称量并混合均匀，胶液黏度控制在 0.35～1.0Pa·s，预热 10min 除去气泡，注入经过预热的缠绕成型机树脂槽内。

（3）将 GF 纱从纱架引出，连续直接进入树脂槽浸渍胶液，然后通过挤胶辊的挤压使胶液均匀，再利用刮胶刀刮去多余的胶液，设定缠绕角、缠绕层数、缠绕张力等参数后将浸渍胶液的纤维绕于芯模上，直至绕满整个管表面（纱线绕速应小于 0.9m/s），再加热固化，然后自然降至室温，脱模后打磨平整。

五、注意事项

（1）纤维缠绕成型往往存在浸胶含胶量不易控制的问题，根据缠绕过程中树脂和纤维的使用量，及时调节浸胶槽内树脂用量、浸渍温度和时间、改变纱束疏密和出纱速度、控制缠绕张力等，以获得适当的树脂和纤维比例。

（2）在每次开始缠绕前，小车、伸臂和丝嘴偏摆机构都要回一次原点，在按确定按钮前，请仔细观察小车、伸臂和丝嘴偏摆机构附近有无障碍物，以确保机器的安全。

六、思考题

（1）纤维缠绕过程需要哪两个基本运动？

（2）胶液含量高低对制品性能有哪些影响？

拓展知识

用于航空航天的高分子材料

高分子基复合材料因其比强度高、比模量高、抗疲劳性好、热膨胀系数小、抗振性能强、耐腐蚀等特点而备受推崇，同时也为许多产品的减重创造了很好的条件。近年来，高性能树脂基复合材料已成为现代航空航天应用主要材料之一，如主承力结构件，机身、尾翼、前翼、梁等，次承力结构件，雷达罩、整流罩、发动机罩等。目前民用飞机的应用主要集中在用纤维增强复合材料替代次承力结构件，增强材料有碳纤维、玻璃纤维、芳纶纤维或混杂纤维等，基体材料大多数为热固性环氧树脂，典型的应用实例有波音 757、767 和 777，空客 A310、A320、A330 和 A340 等。高性能树脂基复合材料显著减轻了飞机重量，据推测，每节省 1kg 重量可以节约燃料 2900L/年。A330、A340、A380 使用了更多的树脂基复合材料，其机翼后缘面板采用了碳纤维-玻璃纤维增强复合材料，A380 机身顶部采用了铝合金/玻璃纤维复合材料混杂结构，降低了结构重量、增加了损伤容限、延长了疲劳寿命。新型波音 787 客机的机身、机翼、尾翼、舱门和内饰均由重量超过 50％的复合材料组成，整个机身采用了碳纤维-环氧树脂体系，每一个复合材料机身筒是一个整体（约 45ft 长），因而不需要 50000 个用于传统飞机制造的紧固件。随着高分子基复合材料科学和技术的进步，高分子材料在航空航天领域的应用将体现出越来越大的优势。

第六篇

高分子新材料制备实验

实验一　聚合物材料的光控可逆络合聚合法精密合成

一、实验目的

（1）了解光聚合在大分子精密合成中的应用。

（2）掌握可见光调控的可逆络合聚合的聚合动力学及制备聚合物材料的实验方法。

（3）掌握 GPC、^{1}H NMR 的测试方法。

二、实验原理

众所周知，自由基聚合是工业上合成聚合物材料的传统方法，虽然其操作简单、单体适用范围广，但由于其不具备分子设计能力而难以精密合成各种拓扑结构的聚合物材料；活性聚合具有分子设计能力强的特征，是精密合成聚合物材料的理想方法，但其聚合条件苛刻、单体适用范围窄等限制了其在工业上的进一步应用。因此结合了传统自由基聚合和活性聚合优势的可逆-失活自由基聚合（reversible-deactivation radical polymerization，RDRP）方法逐渐成为聚合物结构设计、精确合成和实现分子量及分子量分布可控的强大工具，且操作简便。其中最近发展的可逆络合调控的活性自由基聚合（reversible complexation mediated living radical polymerization，RCMP）作为一种烷基碘化物参与的碘调控 RDRP，具有聚合组分简单、无金属催化剂参与、聚合条件温和以及单体适用范围广等特点，具有较好的工业应用前景。

光化学始于 20 世纪初，是在环境温度下合成有机小分子和大分子的有效方法。发光二极管（LED）技术的快速发展，为光化学提供了低成本、高精度且简便的光源。近年来，光化学与聚合体系的结合日益紧密，光聚合体系独特的时空可控性、外在光源的波长选择性等优点，使其在拓扑结构聚合物的合成等方面具有显著的优势。相较于传统热聚合而言，光聚合能耗更低，操作简便，LED 光源廉价易得，对环境友好，是一种

图 6-1-1　蓝色 LED 调控的 RCMP 聚合机理示意图

更为理想的聚合方式。因此不同光控的 RCMP 体系的构建已成为国内外的前沿研究课题。图 6-1-1 为在蓝色 LED 光照下，由绿色溶剂 1,3-二甲基-2-咪唑啉酮（DMI）催化的 RCMP 聚合机理，其中 k_{act} 为活化速率常数，k_{deact} 为失活速率常数。由于 DMI 中的羰基可与碘原子形成卤键，使高分子链末端的碘原子在溶剂 DMI 的络合作用下发生可逆失活进而调控聚合反应体系中的自由基浓度，使聚合反应具有"活性"聚合特征。

三、试剂和仪器

1. 主要试剂

甲基丙烯酸甲酯（MMA，AR），甲基丙烯酸苄酯（BnMA，AR），2-碘-2-甲基丙腈（CP-I，AR），1,3-二甲基-2-咪唑啉酮（DMI，AR），四氢呋喃（THF，AR），石油醚（AR），氩气，中性氧化铝，氘代氯仿（$CDCl_3$，D＝99.8％），四甲基硅烷（TMS，GC）。

2. 主要仪器

磁力搅拌器，蓝色 LED 灯带（λ_{max}＝460nm），安瓿瓶，水环泵，布氏漏斗，真空干燥箱，电子天平，核磁共振仪（NMR），凝胶色谱仪（GPC），微量注射器，移液管，丁烷喷灯。

四、实验步骤

1. 甲基丙烯酸甲酯的聚合动力学

（1）按照设计的摩尔比（$[MMA]_0$：$[CP-I]_0$＝100：1）依次用微量注射器将 CP-I 5.4μL、用移液管量取过中性氧化铝柱的 MMA 0.5mL、DMI 0.5～2mL，放入含磁力搅拌子的安瓿瓶中，混合均匀。

（2）使用惰性气体（氩气）置换法赶氧 15～20min 后采用丁烷喷灯火焰密封安瓿瓶，置于蓝色 LED 灯带下照射进行聚合，记录实验开始时间。必要时可采用风扇降温，使聚合反应温度恒定在室温。

（3）达到预定的反应时间后，将安瓿瓶取出，立刻移至黑暗环境下，然后打开封管，取用少量 THF（约 1mL）溶解聚合物，倒入石油醚（约 20mL）中进行沉淀。

（4）静置过夜后采用水环泵用布氏漏斗进行抽滤，常温下真空干燥至恒重。单体转化率采用电子天平通过质量法测定，保存产物待做 GPC 及 NMR 表征。

（5）通过测定不同聚合时间下的单体转化率，获得聚合反应动力学曲线。

2. PMMA-*b*-PBnMA 的制备

（1）将上述得到的接近 100％单体转化率下的 PMMA 反应液不经后处理直接加入第二单体 BnMA（0.5mL）进行聚合，制备嵌段共聚物。

（2）其余操作步骤同步骤 1 中的（2）～（4）。

3. NMR 表征和 GPC 测定

^1H NMR 在 INOVA 300MHz 核磁共振仪上以 $CDCl_3$ 为溶剂，TMS 为内标测定。聚合物的分子量和分子量分布指数使用 Waters 1515 凝胶色谱仪（GPC）测定，使用示差折光检测器，分子量范围为 100～500000 的 HR^1、HR^3 和 HR^4 柱子，以四氢呋喃为流动相，流速 1.0mL/min，在 30℃下测定，以聚甲基丙烯酸甲酯标样进行校正。

五、实验记录与数据处理

将实验数据填入表 6-1-1 中。

表 6-1-1 聚合动力学数据

序号	R	时间/h	转化率[①]/%	$M_{n,th}^{②}$/(g/mol)	$M_{n,GPC}^{③}$/(g/mol)	$M_w/M_n^{③}$
1						
2						
3						
4						
5						
6						
7						

①单体转化率（$conv.$ %）采用质量法测定。

②理论分子量 $M_{n,th} = M_{w,CP-I} + [MMA]_0 / [CP-I]_0 \times M_{w,MMA} \times conv.$ %。

③聚合物分子量（$M_{n,GPC}$）及分子量分布（M_w/M_n）由 GPC 采用 PMMA 为标样以 THF 为流动相测得。

注：聚合条件为 $R = [MMA]_0 / [CP-I]_0 = 100/1$，$V_{MMA} = 0.5mL$，$V_{DMI} = 0.5mL$，蓝色 LED 灯带照射，室温。

六、注意事项

（1）观察 LED 光源时必须带好激光护目镜，防止灼伤视网膜。

（2）使用火焰封管时，需在规定的用火安全环境下进行，且须带好护目镜、手套，防止烧伤。

七、思考题

（1）DMI 在聚合中起到哪些作用？

（2）与热引发聚合相比，光调控聚合具有哪些特点？

实验二　聚醚酯多嵌段共聚物弹性体的制备

一、实验目的

（1）了解聚醚酯多嵌段共聚物热塑性弹性体的制备方法。

（2）了解原位开环-缩合级联聚合制备聚醚酯热塑性弹性体的基本原理。

二、实验原理

热塑性弹性体（TPE）是一类在常温下具有橡胶的弹性，在高温下又具有可塑性的材料，兼具塑料的可加工性能和硫化橡胶的弹性性能，并且克服了橡胶不可回收的缺点，近年来引起了人们的广泛关注。但是热塑性弹性体也有一些缺点，尤其是对于硬度等级较低的热塑性弹性体来说，存在使用温度上限低等缺点，且耐溶剂性能通常不及硫化橡胶，极大程度限制了热塑性弹性体的应用领域。

相对于其他的热塑性弹性体，聚醚酯类的热塑性弹性体（TPEE）具有很多优良的性能，如优良的耐化学品和耐热性能、耐蠕变性能、较好的低温韧性，较高的机械强度和弯曲模量，以及优良的耐疲劳和抗挠曲性能等。在化学结构上，聚醚酯类热塑性弹性体通常是以结晶性高熔点聚酯如聚对苯二甲酸丁二醇酯（PBT）、聚对苯二甲酸乙二醇酯（PET）为硬段，以玻璃化转变温度较低的无定形脂肪族聚醚如聚四氢呋喃（PTMO 或 PTHF）、聚乙二醇（PEO）为软段的多嵌段共聚物。

图 6-2-1　通过 PROP 法合成（PBT-*b*-PTMO-*b*-PBT）$_n$ 多嵌段共聚物

聚醚酯类热塑性弹性体的传统合成方法主要包括直接缩合聚合和开环聚合，缩合聚合的优点在于步骤简单，但其聚合耗时长，聚合的两种单体需要严格的配比，聚合产物的分子量较低。开环聚合的优点在于副反应少，聚合产物分子量较高，但其可用的环状单体种类少，且聚合产物的功能基团含量较低。将两种反应级联在一起的原位开环-缩合级联聚合反应（PROP）便可以综合两种聚合反应的优点，克服其缺点，一步投料，一锅反应，简单高效地得到具有高功能基团含量的高分子量聚合产物。

本实验中的原位开环-缩合级联聚合反应以 PTMO 为大分子引发剂，环状寡聚对苯二甲酸丁二醇酯（COBTs）为单体，钛酸四丁酯为催化剂，进行聚合反应，得到 PTMO 段为软段、PBT 段为硬段的聚醚酯热塑性多嵌段共聚物，具体反应步骤如图 6-2-1 所示。

三、试剂和仪器

1. 主要试剂

环状寡聚对苯二甲酸丁二醇酯（COBTs，98%），聚四氢呋喃（PTMO，$M_n = 2900$g/mol），钛酸正丁酯 [Ti（n-C$_4$H$_9$O）$_4$，98%]，苯酚（99.6%），1,1,2,2-四氯乙烷（98%），硝酸钾（CP），硝酸钠（CP），高纯氮气。

2. 主要仪器

三口烧瓶，集热式磁力搅拌器，电动搅拌器，盐浴锅，干燥箱，微量进样器，乌氏黏度计，恒温水浴槽，电子天平。

四、实验步骤

（1）（PBT-b-PTMO-b-PBT）$_n$ 多嵌段共聚物的合成 向 250mL 三口烧瓶中加入干燥过的 COBTs 和 PTMO-2900，质量比为 1∶2，即 COBTs 为 3g，PTMO-2900 为 6g。在三口烧瓶中保持氮气氛围，将装有环状单体的三口烧瓶置于硝酸钾和硝酸钠质量比 1∶1 的盐浴锅中，加热至原料大部分熔融呈现黏稠液体状（盐浴温度一般为 240℃，加热 5min 左右），然后用微量进样器加入质量分数为 0.02% 的催化剂 Ti（n-C$_4$H$_9$O）$_4$，在持续通氮气的条件下进行原位开环-缩合级联聚合反应，聚合 120~180min 后将三口烧瓶中的聚合物取出，即得目标产物。

（2）黏度法测定多嵌段共聚物的分子量 测试方法参照第二篇实验一。共聚物的黏度测试选用稀释型乌氏黏度计，溶剂选择为苯酚与四氯乙烷（60∶40，质量比）的混合溶剂，先配制浓度为 5mg/mL 的聚合物溶液，在 25℃ 的水浴下测定。

五、实验记录与数据处理

将实验数据填入表 6-2-1 中。

表 6-2-1 实验记录与结果

COBTs/g	PTMO-2900/g	Ti(n-C$_4$H$_9$O)$_4$/g	聚合时间/min	特性黏数/(dL/g)

六、注意事项

（1）实验中用到的 COBTs 和 PTMO-2900 在进行聚合反应前需进行充分干燥，除去其中水分。

（2）使用微量进样器加入催化剂 $Ti(n\text{-}C_4H_9O)_4$ 后，应立即使用乙醇对进样器进行冲洗，防止堵塞。

（3）聚合过程在较高温度进行，聚合物和反应装置处于高温，注意佩戴手套，防止烫伤。

七、思考题

（1）软硬嵌段的含量对弹性体性能有哪些方面的影响？

（2）除黏度法测定多嵌段共聚物的分子量以外，还有哪些方法可以表征所得共聚物的分子量？

实验三　氢键超分子液晶聚合物的制备和表征

一、实验目的

（1）掌握聚（4-乙烯基吡啶）与 3-十五烷基苯酚氢键复合的基本原理。

（2）了解氢键复合的超分子液晶聚合物的表征方法。

二、实验原理

超分子化学（supramolecular chemistry），这一概念最先由法国科学家 J. M. Lehn 提出，是研究两种以上的化学物种通过分子间力相互作用缔结成为具有特定结构和功能的超分子体系的科学。从定义可看出，不同于以共价键为基础的分子化学，超分子化学是研究多个分子通过非共价键作用而形成的功能体系的科学，研究对象涉及主客体化学、复杂超分子自组装体、晶体网络、单分子膜、液晶等，已经成为化学与生物学、物理学、材料科学、信息科学和环境科学等多门学科交叉构成的新的学科。在高分子学科领域，我们日常生活所接触到的合成高分子通常由很多小的分子单元通过共价键结合而形成大分子结构。如果通过非共价键作用力，如氢键、静电相互作用等，将一些构筑单元结合到一起，形成无规线团或有序聚集体，则可得到超分子聚合物。例如：利用四重氢键的互补作用将一些小分子连接而成长链分子，这些小分子表现出大分子稀溶液和浓溶液的性质，并得到与共价键结合的大分子类似的机械性能。在高分子化学里，利用这些可控的相互作用可以构筑液晶材料以及有趣的嵌段共聚物组装体等。

氢键作为一种非共价键作用力，在超分子化学研究领域占据着重要的地位，其具有方向性以及动态可逆等特点。氢原子与电负性大的原子 X（如 F、O、N 等原子）以共价键结合后，成键形成的共用电子对强烈偏向于电负性大的 X 原子一边，使得 H 原子几乎成为"裸露"的质子。此时的氢原子很容易与附近其他电负性大的原子 Y 接近，形成 X-H---Y 的分子间或分子内相互作用，我们称为氢键（用虚线表示）。由于 H 原子体积很小，形成氢键时为了减少 X 和 Y 原子之间的斥力，这俩原子会尽量远离，导致 X、H、Y 三原子一般是处在一条直线上，键角接近 180°，因此氢键具有方向性。另外，由于 H 原子体积小，它与 X 和 Y 原子接触后，其他较大的原子就很难再向它靠近，所以氢键中氢的配位数一般是 2，也就是说氢键还具有饱和性。氢键的本质是一种较强的具有方向性的静电引力，从键能来看，属于范德华力范畴，但又具有类似共价键的方向性和饱和性。氢键键能大多在 $25\sim40kJ/mol$。与共价键相比，单一氢键虽然键能比较小，但可以通过分子设计，引入多重氢键来增加氢键作用力。此外，从键能数值也可以看出，氢键具有热力学动态可逆的特点，可用于响应性聚合物材料以及热塑性弹性体材料的制备等。

液晶是物质存在的一种状态，它介于固态与液态之间。因此液晶既能表现出晶体的各向异性，同时又具备液体的流动性。液晶作为一种相态，相对于三维各向有序的晶态来说，在某些方向上出现平移有序或取向有序性消失，只保留部分平移和取向有序，这导致材料能够出现"软"的机械响应。另外液晶相常出现在软物质体系，构成自组装周期性结构的重复单元最常见的是小分子，也可以是一个小的超分子聚集体、一个聚合物，或是一个大分子中的某个片段等。因此，液晶态结构的周期性尺寸大小可从几个纳米到几百个纳米不等。由于结构对称性要求的限制，常见的自组织有序结构有：向列相（nematic phase）、层状相（lamellar phase）（在棒状小分子液晶体系称为近晶相）、柱状相（columnar phase）和立方相（cubic phase）（其中包括球状相和双连续相）等。其中向列相液晶由于其黏度低，在电场下具有快速响应行为，已经成为目前液晶显示中最常用的显示材料。当分子结构中引入手性后，可以引起相对称性的降低，从而获得具有独特结构和性质的液晶相态，可以在一般自组装的结构中，引入分子在三维空间的螺旋分布，如胆甾相（即在向列相中形成螺旋状超结构）以及手性近晶C相。另一个由手性引起相结构对称性的降低的结果是在某些液晶相中出现极化有序，例如手性近晶C相由于分子的手性和倾斜产生的自发极化，使得物质在此液晶态下具有铁电性或反铁电性。

常见的液晶分子通常通过共价键结合而成。例如：联苯类、苯甲酸酯类、偶氮苯类、西佛碱类液晶等。首个报道的超分子液晶复合物是通过吡啶环与苯甲酸羧基之间的氢键相互作用得到的［图6-3-1（a）］。在此基础上，将对烷氧基苯甲酸换成侧链上带有苯甲酸端基的聚丙烯酸酯聚合物，然后通过氢键相互作用，将端基含吡啶环的小分子液晶化合物引入聚合物侧链，则可得到热致型向列相超分子液晶聚合物［图6-3-1(b)］，并且发现这种液晶材料从向列相向各向同性相的转变温度明显要比小分子液晶化合物的高，且液晶相范围也更宽。

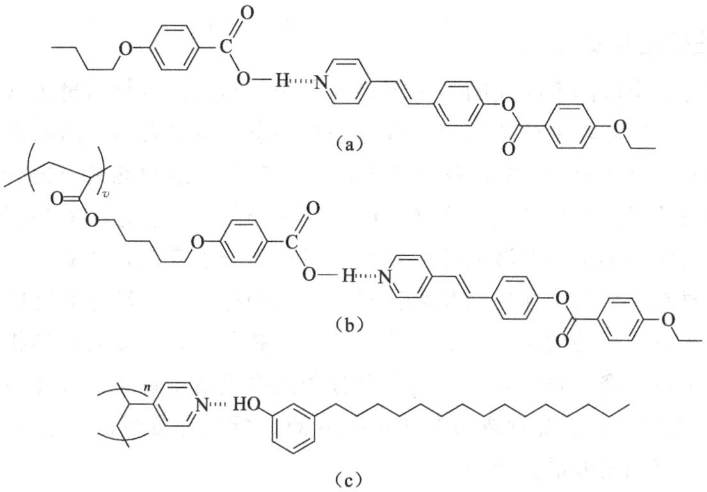

图6-3-1 （a）氢键小分子液晶；（b）氢键液晶聚合物；（c）吡啶类氢键液晶聚合物

氢键构筑的侧链型超分子液晶高分子通常由聚合物侧链含氢键给体（或受体）与端基含氢键受体（或给体）的小分子通过氢键相互作用组装而成。具有结构可控、稳定性高、小分子可有序组装等独特优势。具有端基的小分子通常会选用具有液晶性质的化合物，这样就能够在聚合物体系得到有序组装的液晶相态。但后续的研究发现，将一些具有长链烷烃结构的小分子通过氢键作用引入聚合物体系，同样也能形成有序的层状相结构。聚（4-乙烯基吡啶）（P4VP）作为氢键受体与作为氢键给体的小分子形成氢键的效率高，因此常作为超分子液晶聚合物的主链部分。P4VP 可与不同类型的两亲性表面活性剂络合，得到液晶聚合物，例如强质子酸（对十二烷基苯磺酸，即 DBSA），根据质子化水平的不同，可观察到 27～29Å 的长周期层状结构。高质子水平下聚乙烯基吡啶含有大量束缚正电荷，尽管存在反离子的屏蔽作用，但其对聚合物构象仍有很大影响，其他如无反离子、较小的电荷浓度等情况对聚合物有不同的影响。即便 P4VP 的吡啶基与十二烷基苯磺酸锌以金属配位键络合，吡啶环不带电，由于表面活性剂存在离子，仍有离子电荷与聚合物结合，即电荷仍对聚合物构象有影响。

柔性聚合物 P4VP 的吡啶环与非介晶表面活性剂 3-十五烷基苯酚（PDP）的酚羟基形成氢键［图 6-3-1（c）］，产生足够强分子间作用力的同时不存在离子电荷，非极性表面活性剂尾部层与表面活性剂附着的极性聚合物层之间微相分离形成介晶层状结构，快速有效地得到所需的侧链型超分子液晶聚合物，这些微相分离的结构在很多方面类似于常见的嵌段共聚物体系。

液晶相的表征主要侧重在液晶态和温度范围的确定等，常用的表征手段包括：偏光显微镜观察液晶织构、热分析法确定相变过程以及 X 射线衍射法确定液晶相态结构。

1. 偏光显微镜观察液晶织构

物质的液晶态是各向异性的，因而在偏光显微镜下能看到明显的双折射现象。液晶的织构是由于液晶分子或液晶基元排列中因外部作用产生平移和取向缺陷而形成的。常见的织构有丝状织构、纹影织构、焦锥织构等。织构是判断液晶态的存在和类型的最重要手段之一。但是不同类型的液晶态有时也可以产生很相似的织构。因此液晶态类型的确定需借助两种乃至多种方法的综合应用。

2. 热分析法确定相变过程

热分析法也是确定液晶态存在的一种重要的方法，利用差示扫描量热（DSC）可以直接得到液晶态的相变温度和相变的热效应。液晶态与晶态、液晶态与各向同性液态之间的转变是一个相变的过程，在 DSC 曲线上表现出吸热峰（升温）或放热峰（降温）。因此当 DSC 曲线，尤其是降温曲线上出现两至三个峰，则测试的样品有可能存在液晶态。但是必须注意样品的纯度和稳定性都会影响对液晶性的判断。对于高分子来说，样品在升温和降温过程中涉及的变化更为复杂。如非结晶性液晶高分子，液晶相存在于玻璃化温度以上，它们的玻璃化转变是与液晶态直接相关的转变；对于结晶性液晶高分子，直接与液晶相发生关系的是晶体的熔融与结晶过程。聚合物的老化、结晶高分子的多重熔融现象以及样品的热处理方式都会对 DSC 曲线产生影响，干扰对液晶态的正确判断。所以热分析法一般也需要和其他手段配合，才能准确地鉴别出液晶聚合物。

3. X 射线衍射法确定液晶相态结构

X 射线衍射法在对物质液晶态的研究中和对物质结晶态的研究一样，起着重要的作用，它可用于了解原子和分子的堆积排布以及这种堆积排布的有序程度等信息，包括高分子在内的物质的各种液晶形态，其分子排布和有序程度都可以利用 X 射线衍射方法进行研究。液晶聚合物通常在小角处（通常指 $0 < 2\theta < 10°$）会出现一个或多个尖锐的衍射峰。若形成的液晶相的有序结构的尺寸较大（$2\theta < 3°$），则需要用专门的小角 X 射线散射仪（SAXS）来

进行测试。若衍射峰对应的 d 值呈现 1∶1/2∶1/3 这样的比例关系，意味着聚合物具有层状相结构，另外还会在广角处 $2\theta=10°\sim30°$ 的范围内产生衍射峰，反映分子间排列状况。若峰尖锐表明层内有序如 S_B 相（层内分子与层面垂直，分子在层内呈大致规则的六角排列）；若弥散，则层内无序，如 S_A 相（层内分子倾向于垂直层面排列）和 S_C 相（层内分子彼此平行，但与层面有一倾角）。其他液晶相结构会表现出不同的特征衍射峰。更复杂的液晶相结构还需要借助二维 X 射线衍射技术来进行进一步的确认。向列相和胆甾相液晶由于有序性较低，通常在小角处仅出现一个弥散且强度较弱的衍射峰。

三、试剂和仪器

1. 主要试剂

聚（4-乙烯基吡啶）（P4VP，99%，平均分子量约 60000），3-十五烷基苯酚（PDP，95%～97%），氯仿（AR）。

2. 主要仪器

磁力搅拌器，移液枪，样品瓶，真空干燥箱，控温热台，红外光谱仪（FT-IR），小角X 射线散射仪（SAXS），偏光显微镜，DSC，载玻片，盖玻片，坩埚，铝箔纸。

四、实验步骤

（1）按下表比例，用移液枪向瓶中加入定量的氯仿溶解 PDP 至澄清，再加入 P4VP，配置成 2.5%（质量分数）的溶液。投入大小合适的磁子，用磁力搅拌器持续搅拌 24h 以上，确保溶液变得澄清，使其充分复合。

P4VP 吡啶基团/PDP 羟基	1∶0.2	1∶0.4	1∶0.6	1∶0.8	1∶1

（2）将瓶子打开让溶剂在通风橱中挥发干净，最后在真空干燥箱中干燥除去残余的溶剂，得到该系列的所有聚合物样品。

五、样品表征

（1）FT-IR 确认氢键的形成　将一系列复合物与纯 PDP、纯 P4VP 的固体样品放在真空干燥箱中干燥一段时间，除去其中的水及残余溶剂，用 FT-IR 对样品分别进行测试，得到对应的红外光谱图，分析 $993cm^{-1}$、$1415cm^{-1}$ 以及 $1597cm^{-1}$ 处与吡啶环伸缩振动相关的特征吸收峰在复合前后的变化。

（2）偏光显微镜观察液晶相　取少量聚合物样品置于洗干净的载玻片上，上面再附上一个干净的盖玻片，然后置于显微镜热台上，打开显微镜和热台，在显微镜下找到样品，调节好光强、聚焦和放大倍数后，升温观察样品熔融情况，待样品进入各向同性相后，缓慢降温，观察样品何时出现双折射，拍摄进入液晶相后的照片，详细记录样品发生转变的温度。

（3）DSC 测试相转变温度　称取 5～10mg 聚合物样品置于坩埚中，以 10℃/min 升降温速度按照升温-降温-升温模式对样品进行测试，测试温度范围 0～80℃，得到 DSC 曲线后，分析得到相变温度，并与偏光显微镜观察时测得的相变温度做比较。

（4）X 射线衍射法确定液晶态结构　将复合后的聚合物从样品瓶中刮出约 $30\sim50\text{mg}$ 放置在宽约 1.5cm、长约 3cm 的铝箔纸中间，将铝箔纸置于热台上，升温至 $80℃$ 待样品完全熔融，然后缓慢降至室温，将铝箔纸包裹住样品，制成宽约 0.6cm、长约 2cm 的样条，放置在 SAXS 仪器的样品架上，进行 SAXS 测试，得到 SAXS 谱图。根据布拉格公式，计算衍射峰对应的 d 值，并与分子结构进行比对，画出超分子复合物堆积模型。

六、思考题

（1）不同 PDP 含量的超分子复合物样品的相变温度的变化趋势如何？试解释其原因。

（2）超分子复合物 P4VP $(\text{PDP})_x$ 的层厚度随着 PDP 含量的增加是如何变化的？为何会出现这样的变化规律？

拓展知识

液晶聚合物

固、液、气三态是自然界最早被人们认识的物质的三种状态，广泛存在于非生命物质中。1888 年奥地利植物学家 F. Reinitze 发现胆甾醇苯甲酸酯具有两个熔点，该化合物在升温过程中首先在 $145.5℃$ 熔化形成浑浊的液体，然后在 $178.5℃$ 变为澄清液体；德国物理学家 O. Lehmann 在带有热台的偏光显微镜下可以观察到看似浑浊的液体却具有晶体才有的双折射现象。经过详细研究，他大胆地提出这种类似流动的晶体（flowing crystal）的状态是一种新的物理相态，并形象地称为液晶（liquid crystal）态。对于液晶相态及其具有液晶相态的物质结构特点以及物质在液晶态下的物理性质的研究，一直是液晶学科领域的重点。室温向列相液晶材料在电场下的快速响应性质目前已经广泛应用于各类液晶显示器中。胆甾相液晶的温度响应性被用来制备温度计。液晶的电场响应以及温度响应等特点，还可用于智能窗户等环境响应性建筑材料。

液晶聚合物是指具有液晶态的聚合物，通常在聚合物主链或侧链含有刚性液晶基元。对于主链型液晶聚合物材料可通过液晶纺丝工艺，获得高取向度的纤维，从而大大提高纤维的力学性能。例如：全对位芳香族聚酰胺可溶于硫酸中，在一定浓度下进入向列相，此时溶液的黏度反而下降，因此在该条件下进行纺丝，不仅黏度低，而且聚合物极易沿纤维拉伸方向取向，然后采用低温凝固浴将取向的液晶结构固定，得到高度取向的高模量纤维。这类液晶聚合物材料具有高强度、高模量、耐热性好，膨胀系数低，电绝缘性好，耐化学腐蚀等优异性能。而侧链含有液晶基元的侧链型液晶聚合物则会在一定程度上保持液晶基元本身的液晶性质，可用于功能性液晶聚合物材料的研制，使其具有特殊的光学性质，以及电磁场、温度响应等。侧链含有偶氮苯类液晶基元的聚合物还可以用来制作光致形变智能材料。

二步法制备聚醚型热塑性聚氨酯

一、实验目的

（1）熟悉热塑性聚氨酯的制备原理。
（2）掌握热塑性聚氨酯的制备方法。

二、实验原理

热塑性聚氨酯（thermoplastic polyurethane，TPU）是由软段和硬段交替键接而成的多嵌段共聚物，硬段由二异氰酸酯和小分子二醇或二元胺（扩链剂）组成，软段由长链二元醇（$\bar{M}_n = 1000 \sim 6000\text{g/mol}$）组成。硬段赋予 TPU 刚性、强度和物理交联点；软段能够在拉伸过程中伸长而不断裂，使 TPU 具有柔性和弹性，两者的结合使其兼具塑料的塑性和橡胶的弹性。

TPU 的合成是基于异氰酸酯和醇的反应，醇作为亲核试剂进攻异氰酸酯中的碳原子，与氧原子连接的 H 原子转移到 N 原子上，生成氨基甲酸酯。实验以 4,4'-二苯甲烷二异氰酸酯（MDI）、聚四氢呋喃醚二醇（PTMG）和 1,4-丁二醇（BDO）为原料，以 N,N-二甲基甲酰胺（DMF）为溶剂通过两步法合成聚醚型 TPU，其中 PTMG∶MDI∶BDO＝1.0∶2.0∶1.0（摩尔比）。两步法合成 TPU 包括预聚和扩链两个阶段（见图 6-4-1 和图 6-4-2）。

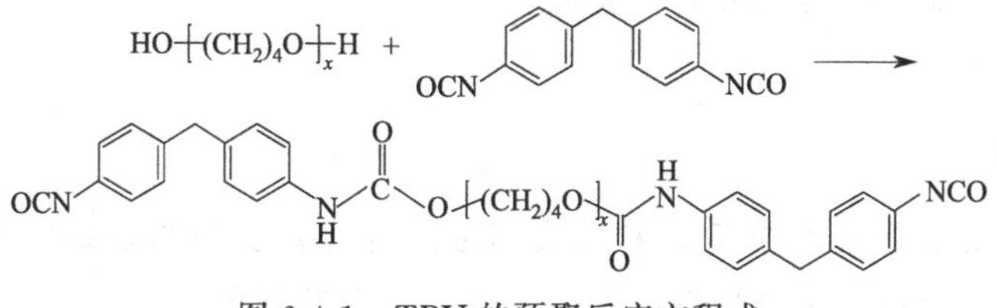

图 6-4-1　TPU 的预聚反应方程式

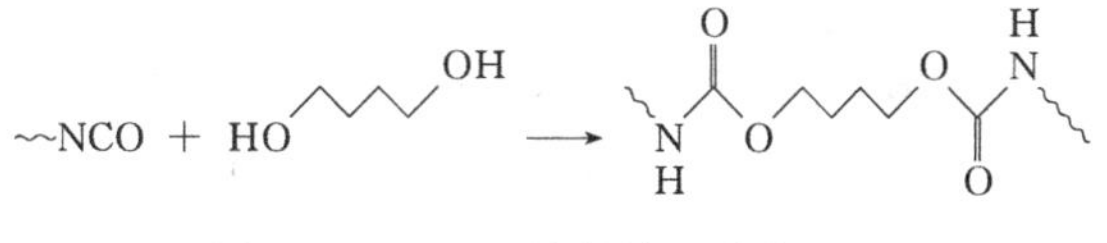

图 6-4-2　TPU 的扩链反应方程式

三、试剂和仪器

1. 主要试剂

PTMG—2000（工业级），MDI（CP），BDO（AR），DMF（AR），无水三氯甲烷

（AR），CaH₂（AR），高纯氮气。

2. 主要仪器

双排管，三口烧瓶，电子天平，量筒，鼓风干燥箱，油浴装置，机械搅拌器，真空泵，药匙，胶头滴管，烧杯，聚四氟乙烯模具。

四、实验步骤

（1）试剂预处理　BDO、DMF 和三氯甲烷预用 CaH₂ 干燥 1 周以上确保除尽痕量水；MDI 在油浴中熔融。

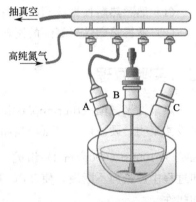

图 6-4-3　热塑性聚氨酯合成装置

（2）预聚阶段　反应所用三口烧瓶、搅拌桨药匙、胶头滴管、烧杯等，在 110℃ 的鼓风干燥箱中干燥 4h 以上，搭建如图 6-4-3 所示的热塑性聚氨酯合成装置。称取 7.5mmol（15.000g）的 PTMG-2000 置于 250mL 三口烧瓶中，在 120℃ 下真空干燥 4h 之后在干燥氮气保护下降温至 40℃。用干燥的胶头滴管取 16.05mmol（4.141g）的 MDI，溶于 5mL 无水三氯甲烷。开启搅拌，转速为 350～400r/min，将 MDI 溶液沿 C 口缓慢加入，并用无水三氯甲烷洗涤胶头滴管。搅拌均匀后逐步升温至 80℃，继续反应 3h 后自然冷却至室温，得到黏稠的预聚体。

（3）扩链阶段　称取 7.95mmol（0.716g）的 BDO 溶于 70.0mL 无水 DMF，混合溶液沿 C 口滴加到预聚体中，滴加完成后逐步升温至 80℃，继续反应 24h，制得目标产物。整个反应过程在氮气保护下进行。

（4）TPU 薄膜制备　将步骤（3）制得的 TPU 溶液倒入聚四氟乙烯模具中，80℃ 鼓风干燥至恒重，约需 60h，制得 TPU 薄膜。

（5）拉伸性能测试　参照第四篇实验六。

五、注意事项

（1）预聚时局部温度大于 90℃，易造成高浓度的异氰酸酯与氨基甲酸酯基发生反应生成脲基甲酸酯支链，形成支链结构继而发生交联造成凝胶现象发生（图 6-4-4）。

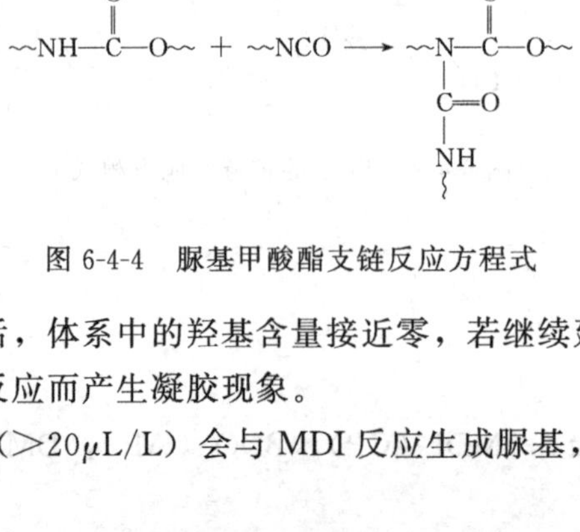

$$\sim NH-\overset{\displaystyle O}{\overset{\|}{C}}-O\sim \ + \ \sim NCO \longrightarrow \ \sim N-\overset{\displaystyle O}{\overset{\|}{C}}-O\sim$$

图 6-4-4　脲基甲酸酯支链反应方程式

（2）当预聚反应完成后，体系中的羟基含量接近零，若继续延长反应时间，也会造成异氰酸酯与氨基甲酸酯发生反应而产生凝胶现象。

（3）体系中存在水分（＞20μL/L）会与 MDI 反应生成脲基，使反应体系黏度增大，并且以脲为支化点进一步与异氰酸酯反应，生成缩二脲支链或交联（图 6-4-5）。

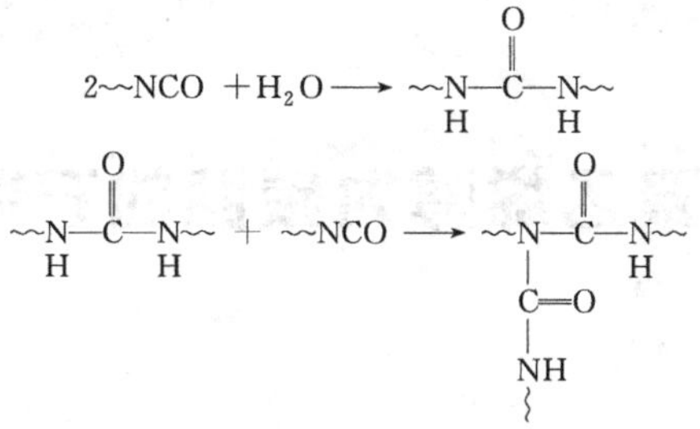

图 6-4-5　缩二脲支链或交联反应方程式

六、思考题

（1）在聚合过程中，有哪些因素会导致预聚合凝胶化？

（2）影响材料标准样条拉伸测试数据变化的系统因素有哪些？

实验五　基于聚乙烯醇为碳源的石墨烯制备及转移

一、实验目的

（1）了解利用聚合物（聚乙烯醇）为碳源生长石墨烯的原理。

（2）掌握利用化学气相沉积法生长石墨烯的方法。

（3）掌握聚甲基丙烯酸甲酯转移石墨烯的方法。

二、实验原理

1. 聚乙烯醇生长石墨烯原理

高温下聚合物会分解释放出烷烃、烯烃类等含碳小分子，同时烃类小分子会在 Cu 箔的催化作用下发生碳氢键的断裂，氢原子结合形成氢气，碳原子沉积并且溶解在 Cu 箔表面，降温之后，溶解在 Cu 箔表面的碳原子会析出形成石墨烯。聚乙烯醇（PVA）分子结构中只含有碳、氢、氧三种元素，碳原子占 54.5%，高温分解的副产物无毒无害，是合成石墨烯理想的固体碳源之一。图 6-5-1 是利用聚乙烯醇为碳源生长石墨烯的实验设备图。

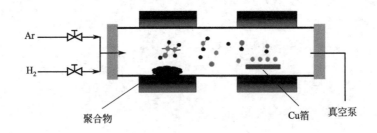

图 6-5-1　聚合物为碳源生长石墨烯的实验设备图

2. 聚甲基丙烯酸甲酯转移石墨烯原理

甲基丙烯酸甲酯（MMA）溶液聚合固化时具有强的粘接力，首先将 MMA 的预聚体涂敷在石墨烯/Cu 箔表面，然后通过加热或者紫外线照射引发 MMA 进一步聚合为 PMMA，在聚合固化过程中 PMMA 可以将石墨烯黏附在其表面，然后将包覆有 PMMA/石墨烯的 Cu 箔放入刻蚀剂中，将 Cu 箔刻蚀溶解，得到 PMMA/石墨烯薄片，最后将 PMMA/石墨烯薄片转移到目标基底上，去除 PMMA，实现石墨烯的转移。图 6-5-2 是 PMMA 转移石墨烯的实验流程图。

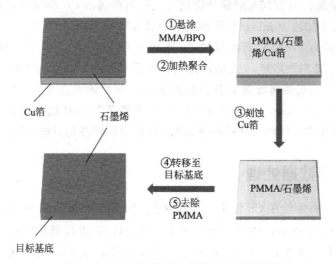

图 6-5-2 PMMA 转移石墨烯的实验流程图

三、试剂和仪器

1. 主要试剂

聚乙烯醇（AR），Cu 箔，异丙醇（AR），无水乙醇（AR），高纯氩气（Ar），高纯氢气（H_2），MMA 单体（AR），过氧化二苯甲酰（BPO，AR），硫酸铜（AR），浓盐酸（98%，AR），丙酮（AR），去离子水，Si/SiO$_2$ 基底。

2. 主要仪器

双温区管式炉，三口烧瓶，烘箱，三角烧杯，水浴锅，超声波清洗器。

四、实验步骤

1. 聚乙烯醇为碳源生长石墨烯

（1）将 Cu 箔分别用异丙醇、乙醇和去离子水超声清洗 5min，放入 50℃烘箱中烘干。将聚乙烯醇和 Cu 箔分别放入双温区管式炉中，聚乙烯醇放置在上游，Cu 箔放置在下游。

（2）打开管式炉电源，打开机械泵抽真空 30min，通入 200×10^{-6}sccm 的氩气和 5×10^{-6}sccm 的氢气，调节机械泵开关使得管式炉内的压力为标准大气压。

（3）将 Cu 箔以 10℃/min 加热至 1050℃，在 1050℃恒温 25min，同时将聚乙烯醇以 10℃/min 升温至 250℃，将氩气流量调为 100×10^{-6}sccm，恒温生长 15min。

（4）维持氩气和氢气流量分别为 100×10^{-6}sccm 和 5×10^{-6}sccm，以 20℃/min 降温至室温，得到生长有石墨烯的 Cu 箔。

2. PMMA 转移石墨烯

（1）在 100mL 三角烧杯中加入 30g 的 MMA、0.03g 的 BPO，轻轻摇动至完全溶解，倒入三口烧瓶中，搅拌下于 60℃水浴加热预聚合 1h，降温至室温，得到预聚合的 MMA 悬浮液，待用。

（2）将 1mL 预聚合的 MMA 溶液悬涂到生长有石墨烯的 Cu 箔（尺寸为 2cm×2cm）表面，放入 60℃烘箱中加热 30min，得到包覆有 PMMA/石墨烯的 Cu 箔。

（3）然后将包覆有 PMMA/石墨烯的 Cu 箔放入 $CuSO_4/HCl/H_2O$（10g/50mL/50mL）混合溶液中，将 Cu 箔刻蚀溶解，2h 后取出用去离子水冲洗，得到 PMMA/石墨烯薄膜。

（4）将 PMMA/石墨烯薄膜放置到目标基底上，石墨烯夹在 PMMA 和目标基底中间，放入 50℃烘箱中加热 15min，将载有 PMMA/石墨烯薄膜的基底放入丙酮溶液中，去除 PMMA，去离子水冲洗，从而实现将石墨烯从 Cu 箔表面转移到目标基底上。

五、实验记录与数据处理

（1）形貌表征　将生长在 Cu 箔上的石墨烯通过 PMMA 转移到 Si/SiO_2 基底上，分别利用扫描电子显微镜（SEM）和原子力显微镜（AFM）观察其形貌结构，其中 SEM 可以观察石墨烯晶界和尺寸大小，AFM 可以测量石墨烯的厚度，判断石墨烯层数。

（2）电子结构表征　将生长在 Cu 箔上的石墨烯通过 PMMA 转移到 Si/SiO_2 基底上，利用拉曼光谱（Raman）研究石墨烯的电子结构，通过测量 Raman 光谱中石墨烯 D 峰、G 峰和 2D 峰的峰高比，判断石墨烯的缺陷大小和石墨烯层数。

六、注意事项

（1）抽真空和通入氩气时，避免石英管内的压力变化太快。
（2）石墨烯退火过程中要戴好隔热手套，防止烫伤。
（3）将石墨烯/PMMA 转移到 Si/SiO_2 基底上时，注意正反面，石墨烯要放置在 PMMA 和 Si/SiO_2 中间。

七、思考题

（1）聚乙烯醇为碳源生长石墨烯，为什么选择 Cu 箔作为生长基底？Fe 箔、Ni 箔可以吗？

（2）PMMA 转移石墨烯过程中，PMMA 难以彻底去除，残留的 PMMA 会带来哪些危害？有什么改进的方法？

实验六　聚合物太阳能电池器件制作及测试

一、实验目的

（1）了解有机太阳能电池的工作原理，熟悉有机太阳能电池的制作工艺和流程。

（2）掌握有机太阳能电池相关的制备和分析测试的方法，培养学生对光伏器件领域科学研究的兴趣。

二、实验原理

有机太阳能电池是采用有机半导体材料作为活性层，通过光伏效应产生电压形成电流的一种半导体器件的总称。它的工作机理主要分为以下四个过程：①光子的吸收和激子的产生；②激子的扩散；③激子在供体与受体界面上进行电荷分离；④电荷的传输和收集。而衡量太阳能电池性能的主要参数有短路电流密度（J_{sc}）、开路电压（V_{oc}）、填充因子（FF）、功率转换效率（PCE）和外量子效率（EQE）等。

有机光伏太阳能电池按活性层的结构可分为单层结构、双层结构和体相异质结三类，其中双层结构与体相异质结的电池结构如图 6-6-1 所示。其中单层结构的活性层为均一相，容易引起激子复合，不利于激子解离，所以电池的转换效率很难达到较高水平。然而，近期有机供体-受体复合型材料的开发与应用，有望提高该类器件的转换效率。双层结构是将供体与受体分开，强化了激子的解离过程，但是有机活性层中激子的扩散长度只有十几纳米，过厚的有机层不利于激子的扩散，太薄的有机层又限制了材料对光子的吸收能力，因此双层结构的电池很难达到较高的转换效率。为了解决单层与双层结构电池的问题，体相异质结太阳能电池的概念应运而生。体相异质结是指将供体与受体材料充分溶解共混后，旋涂成膜来制备活性层。这种制作工艺的优点是，在共混薄膜中供体与受体相互混合与交叉形成类似互穿的网状形貌，如此供体与受体的两相界面布满整个活性层，从而解决了激子扩散与解离的问

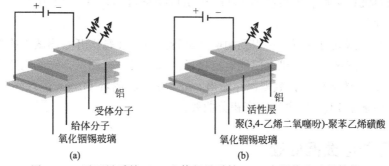

图 6-6-1　平面异质结（a）和体相异质结（b）太阳能电池的结构

题，有效提高了电池的转换效率。

三、试剂和仪器

1. 主要试剂

氧化铟锡（ITO）玻璃，聚（3,4-乙烯二氧噻吩）-聚苯乙烯磺酸（PEDOT-PSS），聚3-己基噻吩（P3HT，AR），[6,6]-苯基-C_{61}-丁酸甲酯（$PC_{61}BM$，AR），邻二氯苯（AR），异丙醇（AR），丙酮（AR），去离子水，甲醇（AR），铝丝。

2. 主要仪器

加热磁力搅拌器，超声仪，电子分析天平，匀胶旋涂仪，紫外/臭氧清洗机，真空蒸镀系统，太阳光模拟器，数控电炉，移液枪，磁力搅拌子，镊子，棕色玻璃瓶，气枪，玻璃清洗架，培养皿，测试夹，掩模板，标准硅太阳能电池、热台、空气压缩机、通风橱（或手套箱）。

四、实验步骤

（1）活性层 P3HT-PCBM 溶液的配制　在干燥的通风橱内，用电子分析天平称取 10mg P3HT、10mg $PC_{61}BM$，放入 4mL 的棕色玻璃瓶中，然后放入磁力搅拌子，用移液枪量取 500μL 的邻二氯苯加入瓶中，在加热磁力搅拌器上 80℃搅拌 1h 备用。

（2）ITO 玻璃基板的清洗和表面处理　把 ITO 玻璃基板放到玻璃清洗架上，依次在超声仪中使用去离子水、丙酮和异丙醇清洗 ITO 各 10min，每次超声完毕，用镊子取出 ITO，打开空气压缩机，用连接在空气压缩机上的气枪迅速吹干，立刻放到盛有下一种溶剂的容器中清洗。最后将吹干的 ITO 转移至紫外/臭氧清洗机，将 ITO 面朝上进行表面清洁处理 20min，然后放到培养皿中备用。

（3）PEDOT-PSS 的制备　把清洗过的 ITO 玻璃基片放在通风橱内的匀胶旋涂仪上，打开匀胶旋涂仪，将 100μL PEDOT-PSS 溶液滴附在 ITO 基片上，在 2000r/min 的转速下旋涂 60s 形成均匀的薄膜。然后使用数控电炉在 120℃下加热退火 10min，冷却至室温。

（4）P3HT-PCBM 异质结薄膜的制备　取 100μL 的 P3HT-PCBM 共混溶液滴附在 ITO/PEDOT-PSS 基片上，在 2000r/min 的转速下旋涂 60s 形成均匀的薄膜，然后静置干燥。

（5）电池阴极材料蒸镀　使用真空蒸镀系统在低于 3×10^{-4}Pa 的压力下，将约 100nm 厚的铝丝电极热沉积到加有掩模板的 ITO/PEDOT-PSS/P3HT-PCBM 基板上，完成完整的有机太阳能电池的制备。

（6）电池性能测试与分析　将得到的电池进行测试，在每次开始测试之前需用标准硅电池校准光强，然后把做好的有机太阳能电池接通测试夹具进行测试，完成光照和暗态下 J-V 曲线的测试、EQE 的测试。将数据保存输出，采用 Excel 或者 Origin 进行作图处理得到 J-V 曲线和相应的基于 EQE 的电流密度积分曲线。

五、实验记录与数据处理

将实验数据填入表 6-6-1 中。

表 6-6-1 电池器件参数

器件编号	1	2	3	4	5	6
J_{sc}/(mA/cm^2)						
V_{oc}/mV						
FF/%						
J_{sc}(从 EQE 计算)						

六、注意事项

(1) 旋涂过程中不要把脸凑近匀胶机附近，防止溶液溅洒到脸上。

(2) 正确使用移液枪，不要倒置移液枪，不要用手去直接接触枪头。

(3) 二氯苯溶剂毒性很大，应避免嘴鼻的直接接触。

七、思考题

(1) J-V 曲线里面的短路电流密度和 EQE 曲线积分得到的短路电流密度是否有区别？为什么？

(2) 影响有机聚合物太阳能电池参数的 J_{sc}、V_{oc}、FF 的因素都是什么？

(3) 如何提高基于本实验的电池结构器件的光电转换效率？

(4) 有机聚合物太阳能电池有哪些潜在的商业用途？

实验七 医用硅橡胶表面亲水改性实验

一、实验目的

（1）了解医用硅橡胶材料的结构及应用。

（2）掌握医用硅橡胶的表面改性方法及表征。

二、实验原理

硅橡胶作为医用材料的一大类临床应用，已得到广泛的关注和实际的应用。在满足医用高分子材料基本要求的基础上，硅橡胶还兼具耐环境性、耐生物老化、生物相容性好、毒性低、机械性能适宜、加工性能优良等优点，契合现代医学对医用高分子材料的要求。目前，医用硅橡胶在医疗卫生、生物医学的应用主要包括人体组织或器官代用品、体内辅助医疗器械、美容整形修复、药物缓释体系、生物传感器等方面。其中，聚二甲基硅氧烷（polydim-ethylsiloxane，PDMS）是一类研究和应用最普遍的医用硅橡胶。PDMS 具有诸多优良的理化性质，其透明度高，而且通常无色无味、无毒无害、不易燃、生物相容性良好。其主链由 Si—O 键构成，呈三维螺旋形（图 6-7-1），具备结构高弹性和高疏水性。PDMS 的实验室及工业化制备简便而迅捷，对其的材料改性被深入研究。

图 6-7-1　PDMS 的结构式及立体结构

组分1 (主剂)

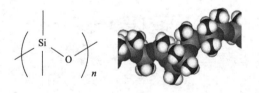

组分2 (固化剂)

组分3 (引发剂)

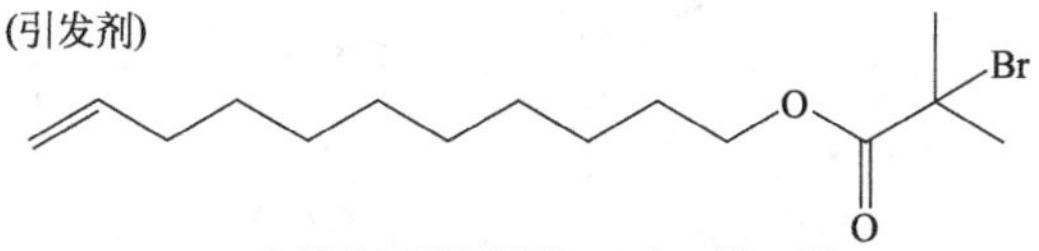

2-溴代甲基丙烯酸-10-十一烯-1-酯

图 6-7-2　PDMS 各组分的化学结构

本实验以 PDMS 为例，通过化学方法实现表面接枝亲水聚合物刷，进而调控材料表面的亲疏水性。实验室中的原料通常采用美国道康宁公司生产的 Sylgard 184，将主剂与固化剂（图 6-7-2）以质量比 10∶1 混合均匀后，利用抽真空的方式使混合液中的气泡浮至表面并破裂，再放入 120℃的烘箱中烘烤约一个小时（质量比、温度与时间参数的不同将会制作出不同硬度的 PDMS）。这样制得的 PDMS 表面具有高疏水性，为实现表面改性可在混合过程中加入第三组分，第三组分可在光照情况下裂解得到叔碳自由基，引发乙烯基单体聚合。将三组分以适当比例混匀固化后，即可获得表面具有活性位点的 PDMS，得以后续实现表面接枝亲水性聚合物刷。

为实现硅橡胶表面亲水改性，本实验选择聚乙烯吡咯烷酮 [poly (vinyl pyrrolidone)，PVP] 作为亲水聚合物。PVP 是一种非离子型水溶性聚合物，在 *N*-乙烯基酰胺类聚合物中独具特色，被研究得较为深入广泛。PVP 可由 *N*-乙烯基吡咯烷酮（*N*-viny pyrrolidone，NVP）在一定条件下聚合而成。从分子结构来看，NVP 有一个含 N 原子的五元环，属于内酰胺类化合物；N 原子连有乙烯基。NVP 独特的分子结构赋予它一些特殊的化学性质，其中尤显重要的便是易聚合性和易水解性。NVP 在适当引发剂作用下或光照下即可聚合得PVP，以甲醇为溶剂，一般认为其聚合机理如下：聚合时，引发单体聚合的是引发剂自由基与溶剂反应生成的溶剂自由基，链的终止是通过向溶剂链转移完成的，得到一个氢原子的端基和另一个溶剂自由基，继续引发聚合反应（图 6-7-3）。

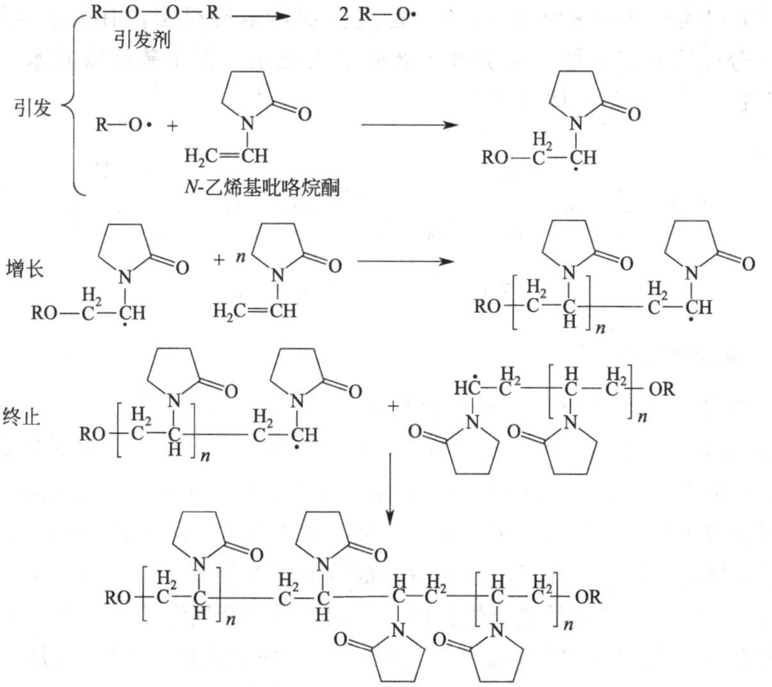

图 6-7-3　NVP 在有机溶剂中的聚合机理

三、试剂和仪器

1. 主要试剂

10-十一烯-1-醇（AR），2-溴代异丁酰溴（AR），三乙胺（AR），道康宁 Sylgard 184（医用级），N-乙烯基吡咯烷酮（AR），十羰基二锰（AR），二氯甲烷（AR），无水甲醇（AR），无水硫酸镁（AR），氯化钠（AR），碳酸氢钠（AR），盐酸（AR），氮气，去离子水。

2. 主要仪器

圆底烧瓶，量筒，电子分析天平，磁力搅拌器，旋转蒸发仪，水浴锅，水泵，超声仪，真空干燥箱，减压蒸馏装置，紫外-可见光高压汞灯（250W），水接触角仪，傅里叶变换红外光谱仪，烧杯，培养皿，美工刀，铝箔纸，打孔机。

四、实验步骤

1. 第三组分的合成

基材中的第三组分为10-十一烯-1-醇-2-溴代甲基丙烯酸酯，其合成方程如图 6-7-4 所示。具体步骤如下：向 50mL 圆底烧瓶中注入干燥的二氯甲烷 10mL，加入三乙胺（TEA）1.8mL，再向烧瓶中加入 10-十一烯-1-醇 1.703g，冰水浴中搅拌溶解。量取干燥的二氯甲烷 10mL，向其中加入 2-溴代异丁酰溴 3.588g，充分溶解后缓慢滴入烧瓶中，持续搅拌。滴加完毕后，继续搅拌，常温反应过夜。

后处理：将反应液依次经稀盐酸（盐酸与水体积比 50：1）洗涤，静置分层后取有机层；有机液经饱和碳酸氢钠洗涤 2～3 次，静置分层后取有机层；有机液经饱和氯化钠洗 2～3 次，静置分层后取有机层。向所得溶液中加入充足的无水硫酸镁除水，过滤得清液，经旋转蒸发仪浓缩后将所得液体真空干燥。

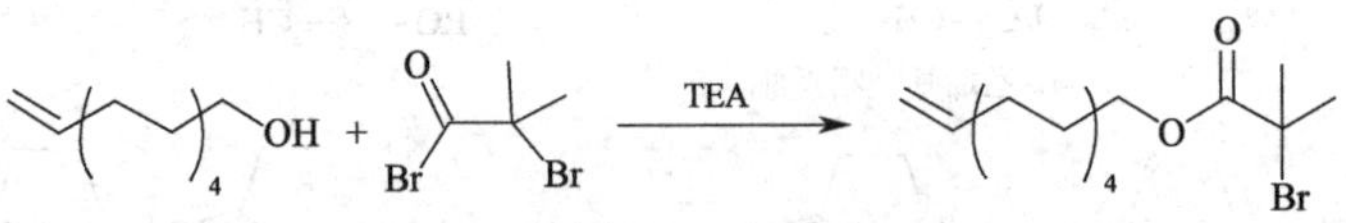

图 6-7-4　第三组分合成化学方程式

2. PDMS 基材的制备

实验中所用的 PDMS 基材由三种组分构成（图 6-7-2），其中，原料 Sylgard 184 A 与 Sylgard 184 B 均是购自美国道康宁公司的专利产品，第三组分按以下步骤合成。

将三个组分按质量比 10g：1g：0.10g 称量、倒入小烧杯混合、充分搅拌至黏稠而均匀。将盛有黏稠液体的小烧杯放在真空干燥箱中，常温减压静置，除去其中的微小气泡，经反复抽气减压直至液体透亮均一、无气泡。之后将混合液缓慢倒入 100～150mm 玻璃培养皿中，保持水平，确认液体不含气泡后置于烘箱中，若倒入后仍有气泡可将培养皿中液体重复减压过程。将温度保持 60℃加热 12h（或 120℃加热 1h），完成固化。将所制得的 PDMS 薄膜取出，经打孔制备直径为 6.84mm 的圆形 PDMS 膜片（或用美工刀裁剪为边长 6mm 左右的方片）。膜片在进行后续实验前，需经甲醇超声清洗，以避免基材表面物理吸附的杂质对反应造成影响。

3. NVP 的纯化

如前所述，NVP 具有易聚合性，在适当条件下即可发生聚合。但即使在没有引发剂的情况下，NVP 放置的时间过长或者在运输过程中震动等原因也可能发生不同程度的自聚合而影响其质量，因而市售的商品 NVP 中一般都加有阻聚剂，使用时可以用减压蒸馏或活性炭吸附的方法除去阻聚剂。搭好如图 6-7-5 的减压蒸馏装置，在 0.095MPa 下收集 65～68℃的馏分。

4. 表面接枝改性

将纯化后的 NVP2.22g 溶于 5mL 无水甲醇中，在 10mL 圆底烧瓶中充分搅拌得澄清的均匀溶液。取铝箔纸包裹盛有溶液的烧瓶，避光加入十羰基二锰（3mg，0.0077mmol），取若干片 PDMS 膜片浸没于混合液中，鼓入氮气 15min，持续搅拌。然后取下铝箔纸，在室温

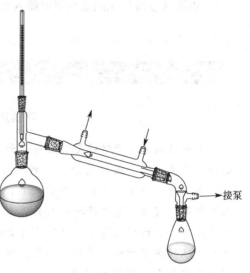

接泵

图 6-7-5　减压蒸馏装置示意图

下用紫外-可见光高压汞灯（420nm，距离 10cm）照射 120min。反应完成后，取出膜片浸泡于甲醇中洗涤三次，将清洗过的膜片用氮气吹干备用。

五、实验记录与数据处理

1. 红外光谱表征

由 FTIR 测定基材经过接枝改性的表面官能团的变化，尤其注意 PVP 所含基团的红外特征吸收峰。以未接枝改性的 PDMS 膜片为空白对照组，将接枝改性的 PDMS 膜片按要求洗净作为实验组，放于傅里叶变换红外光谱仪上进行表征测试，采用衰减全反射检测器，模式选用反射模式。

2. 静态水接触角表征

采用停滴法测定经接枝改性前后的 PDMS 膜片表面的静态水接触角变化，进而判断表面亲疏水性改变情况。以未接枝改性的 PDMS 膜片为空白对照组，将接枝改性的 PDMS 膜片按要求洗净作为实验组，放于水接触角仪的载物台上。在程序控制下，用微量注射器将 2μL 去离子水滴在 PDMS 膜片表面，采用单圆切线法测试其静态水接触角数值。

六、注意事项

（1）2-溴代异丁酰溴具有刺激性，合成反应须在通风橱内进行。

（2）PDMS 固化前需确认液体中无明显气泡。

（3）表面接枝改性加入十羰基二锰至开始光照过程中需在烧瓶外包裹铝箔纸以避光。

七、思考题

（1）PDMS固化时，若液体中含有大量气泡对PDMS机械性能有何影响？
（2）表面接枝改性光照前为何要鼓入氮气？

拓展知识

生物医用高分子材料

　　生物医用高分子材料是功能高分子或精细高分子领域内非常活跃而重要的研究领域。广义的生物医用高分子材料包括短期使用的一次性高分子材料，如塑料针筒、合成纤维纱布、绷带、导管之类，以及长期与人体接触的材料，如人工血管、人工骨等，有时也包括药物释放体系、医用胶黏剂、诊断用固定化生理活性物质、固定化酶、生物探感器等。另外体外血液透析的人工肾、体表所用隐形眼镜、体内半永久性的内置材料、动静脉插管、内皮植入胶囊等也归入生物医用材料范畴。不同的应用具有不同的材料要求，如用于人工心脏泵体的高分子材料，要求具有柔性、弹性、耐疲劳强度和抗血栓性，并要求足够的安全系数。人工骨材料要求有合适的力学性能，并具有微孔结构，使新生骨组织得以长入。近年来越来越多采用中空纤维透析型人工肾，将上万根中空纤维装在有机玻璃外壳中，两端用聚氨酯树脂封装固定，血液从中空纤维中心流过，纤维外侧透析液对向流动，达到相互渗透交换。几种重要的医用高分子材料：①聚甲基丙烯酸甲酯类（有机玻璃及其同系物），具有较好的生物相容性、较高的机械强度、热成型性能，用于人工骨、人工关节、齿科材料等；聚甲基丙烯酸-β-羟乙酯（PHEMA）及其水凝胶是一种具有弹性的亲水性生物材料，用于软质隐形眼镜；②聚氨酯类，是一类最有实用价值的多功能材料，可用于全人工心脏泵、心脏瓣膜、人工血管、人工皮肤、人工膀胱等；③硅橡胶，是一种化学稳定性高的疏水性材料，能耐高温低温，优异的生理惰性，耐生物老化性，与生物组织和血液有很好的相容性，是理想的器官代用品和可植入高分子材料，如人工心脏瓣膜、人工食道、人工皮肤、人工乳房、人工耳等。

具有光催化功能的聚丙烯腈纳米纱制备

一、实验目的

（1）了解聚丙烯腈纳米纱的制备方法及形貌结构。
（2）了解二氧化钛体系的光催化性能。

二、实验原理

将传统的静电纺丝实验中的接收装置改为接地的水浴，纺丝注射器尖端的纺丝液经高压电场力拉伸后得到的纳米纤维，在水面上无序排列并凝固成型，将纳米纤维收集起来，收集得到的纳米纤维束以加捻丝的制作工艺为参考，经过加捻处理，即可得到纳米纱。有一定取向度的纳米纤维之间将更加紧密，且纳米纱的强度会有所提高。与纳米纤维膜相比，纳米纱不但保留了纳米纤维高比表面积的特点，而且具有一定的长度，还提高了纳米纤维的强度。纳米纤维具有较大的比表面积，而且价格低廉、易于裁剪更换，因此是一种负载光催化剂的理想载体。本实验以纳米纱为光催化剂二氧化钛（TiO_2）纳米颗粒的载体，其纳米结构的高比表面积使负载的光催化剂与反应体系有较大的接触面积，更有利于污染物的吸附，从而提高其光催化效率。

以聚丙烯腈（PAN）为成纤聚合物原料，利用静电纺丝技术制备 PAN 纳米纱的制备原理如图 6-8-1 所示。

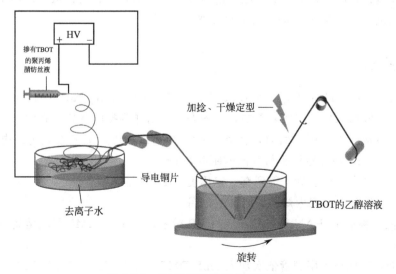

图 6-8-1　PAN 纳米纱制备的装置图

1. 聚丙烯腈纳米纱的制备

由 PAN、聚乙烯吡咯烷酮、N,N-二甲基甲酰胺、钛酸四丁酯、冰醋酸配制成的纺丝溶液，在电场力的作用下，以接地的导电水浴作为静电纺丝实验的接收装置，从静电纺丝装置的喷丝头喷出的纳米纤维能够在水面上无序排列并凝固成型为初生丝，将纳米纤维收集并加捻处理，得到 PAN 纳米纱。

2. 水热法处理

将纱线浸泡在钛酸四丁酯/冰醋酸/乙醇混合溶液中，使其表面吸附 Ti(OH)$_4$，随着缩合反应的进行，Ti(OH)$_4$ 逐渐脱水缩合，以无定形 TiO$_2$ 覆盖在有机纳米纤维表面。然后将载有无定形 TiO$_2$ 的纱线用去离子水洗直至水洗液为中性后，转移至水热反应釜中进行反应，得到载有光催化剂 TiO$_2$ 的 PAN 纳米纱。

3. 光催化性能测试

将载有光催化剂 TiO$_2$ 的 PAN 纳米纱置于罗丹明 B（RhB）水溶液中，然后用日光灯照射，观察光照不同时间后 RhB 水溶液的颜色变化，研究载有 TiO$_2$ 的 PAN 纳米纱的光降解性能。

三、试剂和仪器

1. 主要试剂

聚丙烯腈（PAN，工业级），聚乙烯吡咯烷酮（PVP，K-90），N,N-二甲基甲酰胺（DMF，AR），钛酸四丁酯（TBOT，GC），冰醋酸（HAc，AR），罗丹明 B（RhB，AR），乙醇（AR），去离子水。

2. 主要仪器

静电纺丝装置，电子天平，加热磁力搅拌装置，锥形瓶，直尺，水浴，烘箱，量筒，烧杯，滴管，棕色瓶，日光灯，紫外-可见分光光度计。

四、实验步骤

（1）聚丙烯腈纳米纱的制备 将 1.6g PAN 粉末溶于 12mL DMF 中，70℃搅拌至完全溶解后，将纺丝液加入静电纺丝装置中，以静态的水浴作为接收装置，在水浴的底部放置静电纺丝装置的负极，并利用牵引力，将其收集成纤维束。纺丝工艺参数为：电压 7kV，纺丝液流速 0.2mL/h，注射器针头与水面的距离 20cm。

将收集的纤维束进行加捻，得到有一定捻度的 PAN 纳米纱。

（2）载有二氧化钛的聚丙烯腈纳米纱的制备

配置 A 液：称取 1g PAN 粉末和 0.2g PVP 粉末，用 6mL DMF 将其溶解（70℃，搅拌至完全溶解）。

配置 B 液：在烧杯中用滴管依次加入 2mL DMF、1mL HAc、20μL TBOT，摇匀。

将 B 液用滴管缓慢滴加至 A 液中，并磁力搅拌，滴加完毕后继续搅拌直至溶液均匀。

将该溶液静置一段时间去除气泡（注意密封保存，防止 TBOT 水解），静置后得到静电纺丝液。纳米纱制备过程同步骤（1），纺丝工艺参数为：电压 10kV，纺丝液流速 0.6mL/h，注射器针头与水面的距离 20cm。

将前述纱线浸泡在 TBOT/HAc/乙醇混合溶液中，每隔 3h 取出晾干，共浸泡晾干 3 次，使其表面吸附无定形 TiO_2。然后将纱线转移至水热反应釜中进行水热反应（150℃，24h），得到载有 TiO_2 的 PAN 纳米纱。

（3）光催化性能测试　配制浓度为 10mg/L 的 RhB 溶液并保存在棕色瓶中，等量分装在 6 个烧杯中，其中一个烧杯中放置 1m 长的 PAN 纱线，另外 5 个烧杯中分别放置 1m、2m、3m、4m 和 5m 载有 TiO_2 的 PAN 纱线，然后用日光灯照射，观察溶液颜色的变化情况，30min 后取溶液，用紫外-可见分光光度计测量溶液的吸光度。

五、实验记录与数据处理

静电纺丝的纺丝液组成、纺丝速度、温度、湿度、纺丝电压、接收距离。水热反应温度、时间。不同纳米纱线光催化性能比较。

六、注意事项

（1）高压电源工作时，防止触电。
（2）防止飘散的纳米纤维吸入。
（3）水热反应需要高温高压，请预估反应的可行性，请注意防护。

七、思考题

（1）有哪些方法可以制备纳米纱？
（2）用什么测试方法来观察纳米纱的形貌及表征光催化剂 TiO_2 的含量？
（3）比较 TiO_2 含量对光催化性能的影响。
（4）载有 TiO_2 的 PAN 纳米纱有何特点及潜在用途？

实验九 聚乙烯醇/碳纳米管纳米复合纤维制备

一、实验目的

（1）了解碳纳米管增强聚合物的机理。

（2）了解碳纳米管增强聚合物的制备方法。

二、实验原理

聚合物基纳米复合材料又称有机-无机纳米复合材料，是以聚合物为连续相、无机纳米材料为分散相的复合材料，近年来引起了人们的广泛关注。由于纳米粒子的小尺寸效应、量子尺寸效应、表面界面效应和宏观量子隧道效应，与常规材料相比，聚合物基纳米材料不仅具有聚合物的特性，还具有纳米材料的优良特性，因此表现出了更为优异的综合性能，在诸多领域表现出了良好的应用前景。

聚乙烯醇（PVA）是一种性能优异的聚合物，高性能 PVA 纤维的研究与开发一直受到人们的重视，特别是超高分子量聚乙烯的出现，打破了高强高模纤维只能由刚性链成纤聚合物制备的传统观念，为开发高性能 PVA 纤维提供了科学和实践依据，但由于分子结构原因，PVA 纤维尚未能达到聚乙烯纤维的高性能。添加增强材料是提高纤维力学性能更便捷的方法。碳纳米管（CNT）具有极高的强度、韧性和弹性模量，其拉伸强度约为 $50\sim200\text{GPa}$，弹性模量是钢的 5 倍而质量是钢的 1/6，添加少量 CNT 的 PVA 可望具有明显改善的力学性能。

为了最大程度地发挥 CNT 在聚合物基纳米复合材料中的作用，从而提高力学性能，CNT 在 PVA 基体中应均匀分散，应力才能有效地在基体和 CNT 中传递。一般可以通过对 CNT 表面改性提高与 PVA 的相互作用，从而提高两者的相容性。改性方法有化学法和物理法，后者实施相对简单，效果也较好。茶多酚（TP）是茶叶的提取物，TP 的结构中存在很多苯环，CNT 经 TP 改性后，TP 结构中的苯环与 CNT 的石墨晶格形成 π-π 共轭，所以 TP 溶液可以均匀分散 CNT。同时由于 TP 是多羟基化合物，可以和 PVA 上的羟基形成氢键，经 TP 修饰后的 CNT 可以在 PVA 基体中有很好的相互作用，从而实现均匀分散（如图 6-9-1 所示）。

三、试剂和仪器

1. 主要试剂

PVA（聚合度 1700，醇解度 98%），多壁碳纳米管（MWCNT，直径 $20\sim30\text{nm}$，长度 $10\sim30\mu\text{m}$），二甲亚砜（DMSO，AR），TP（纯度大于 98%），甲醇（AR），去离子水，氮气。

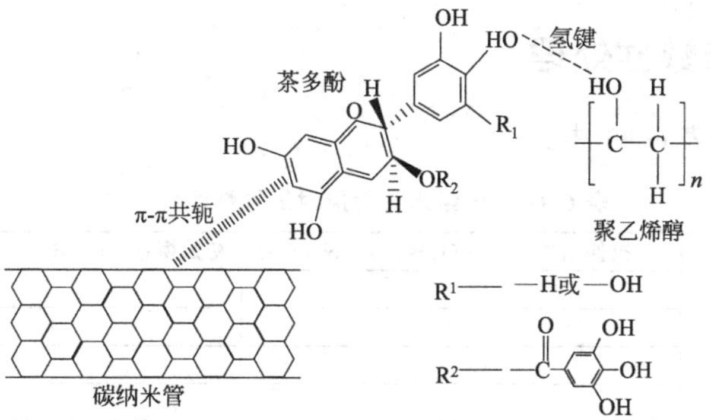

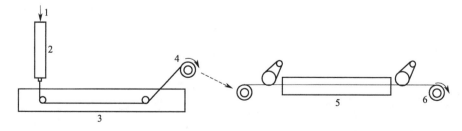

图 6-9-1 聚乙烯醇与碳纳米管相互作用

2. 主要仪器

两口圆底烧瓶，分析天平，量筒，烧杯，超声仪，电动搅拌器，磁力搅拌器，小型湿法纺丝机，单纤维强力仪。

四、实验步骤

（1）多壁碳纳米管的修饰 将 178.8mg TP 溶解在 DMSO 和 H_2O 组成的混合溶剂（DMSO：H_2O 体积比为 3：1）中，在室温下磁力搅拌 10min，再加入 59.6mg MWCNT 并超声分散 30min，最后将得到的一定比例 MWCNT/TP 体系在室温下磁力搅拌 30min，其中 MWCNT 含量为 0.7%（质量分数）。

（2）纺丝原液的制备 称取一定量的 PVA 置于含有混合溶剂（DMSO：H_2O 体积比为 3：1）的两口圆底烧瓶中，90℃电动搅拌 4h，分别制备质量分数为 7% 和 20% 的 PVA 溶液。将上述分散好的 MWCNT/TP 溶液加入 7% 的 PVA 溶液中，90℃搅拌 1h，再将此溶液加入 20% 的 PVA 溶液中并且调整 PVA 的最终含量为 16%。按照表 6-9-1 所示配制 MWCNT/PVA 溶液，90℃静置脱泡 2h 后可直接用于纺丝成型。

（3）纺丝 采用如图 6-9-2 所示的纺丝装置，将纺丝溶液倒入纺丝管，60℃恒温，通过氮气加压将纺丝液经喷丝头挤入 −20℃的甲醇凝固浴中，得到的初生纤维以 10m/min 的速度卷绕。喷丝孔直径 0.5mm，长径比 6，喷丝孔与凝固浴的距离为 0.6cm。初生纤维在甲醇中浸泡 12h 后自然干燥 48h，再在 180℃的热管中拉伸 3～5 倍。

（4）性能测试 参照第四篇实验十三，每个样品测试 5 次，取平均值。

图 6-9-2 湿法纺丝示意图

1—挤出压力；2—纺丝管；3—凝固浴槽；4—初生丝；5—拉伸管；6—拉伸丝

五、实验记录与数据处理

将实验数据填入表 6-9-1 中。

表 6-9-1 碳纳米管含量对纤维性能的影响

CNT 添加量(质量分数)[①]/%	拉伸倍数	拉伸强度/(cN/dtex)	初始模量/(cN/dtex)	断裂伸长率/%
0.2				
0.5				
0.8				
1.0				
1.5				

①相对于 PVA 的质量。

六、注意事项

（1）为了防止纺丝原液倒入冷的纺丝装置中导致流动性降低，在倒入纺丝原液前，先提前将纺丝装置升温至 60℃，保证纺丝原液具有较好的流动性，使整个纺丝过程顺利进行。

（2）溶液可纺性简易测定：将脱泡后的纺丝原液置于一定温度下，用直径 5mm 的玻璃棒浸入纺丝原液中，玻璃棒浸入溶液的深度（从纺丝原液的表面到溶液内的垂直距离）约为 3cm，然后用玻璃棒以约 5mm/s 的速度从溶液中提起成丝并拉至丝断裂，液面到丝断裂时的长度可以定义为可纺性长度，用来表征原液的可纺性。一般可纺性长度越大，表明可纺性越好。

七、思考题

（1）碳纳米管增强高分子材料的原理是什么？
（2）提高碳纳米管在高分子材料中分散性的关键是什么？

实验十 聚乙烯醇智能水凝胶制备

一、实验目的

(1) 了解智能水凝胶形变机理。
(2) 掌握智能水凝胶的制备方法。

二、实验原理

作为水凝胶的重要分支，智能水凝胶可以对外界刺激产生响应，可望应用于智能医药和智能仿生等领域。水凝胶种类繁多，但大多数水凝胶内都存在交联网络，通过这些交联网络来固定存在于水凝胶中的水分子。因此，根据不同的交联类型可以将水凝胶分为两大类：一类是物理交联网络水凝胶；另一类是化学交联网络水凝胶。聚乙烯醇（PVA）水凝胶具有无毒和生物相容性好的特点，是一种常见的温度响应型水凝胶。但是纯 PVA 水凝胶内部交联程度低，难以体现智能水凝胶性能，如形状记忆性能，因此研究人员常采用引入其他物质和 PVA 之间形成氢键的方式提升 PVA 水凝胶形状记忆性能。茶多酚（TP）是一种含有多羟基（—OH）酚类的茶叶提取物，它无毒、具有生物相容性和一定的保健功能，TP 可以通过丰富的—OH 和 PVA 上的—OH 形成氢键发生交联，赋予形状记忆性能。添加 TP 的 PVA 水凝胶形状记忆机理如图 6-10-1 所示，在水凝胶的原始形状中存在两类氢键，即 PVA 分子链上的—OH 和 TP 分子上的—OH 形成的氢键以及 PVA 分子链之间通过冷冻解冻制备过程形成的氢键，氢键可以形成很强的物理交联点。当水凝胶固定为临时的弹簧形状时，一小部分比较弱的氢键发生断裂和重新成形，以适应外部应力。同时，在外界力的作用下，水凝胶变形取向，水凝胶结构内部出现微晶。因此，带有微晶的 PVA 分子链和弱氢键共同形成的临时交联来固定水凝胶发生形变后的临时形状。当撤去外界应力后，将水凝胶置于一定温度的热水中，PVA 分子链和 TP 分子开始运动，临时形成的交联结构被破坏，水凝胶的内部结构恢复到初始状态。

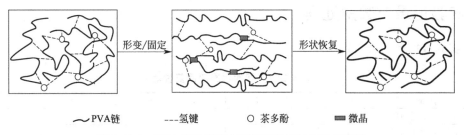

∿ PVA链   ---氢键   ○ 茶多酚   ▰ 微晶

图 6-10-1 PVA/TP 智能水凝胶形状记忆机理示意图

三、试剂和仪器

1. 主要试剂

PVA（聚合度 2400），TP（纯度大于 98%），去离子水。

2. 主要仪器

加热磁力搅拌器，超声仪，聚四氟乙烯模具，真空干燥箱，低温冷却液循环泵，相机。

四、实验步骤

1. PVA/TP 水凝胶的制备

如图 6-10-2 所示，经过 PVA 和 TP 均匀混合、浇铸成型、冷冻/融化等过程制得 PVA/TP 智能水凝胶。

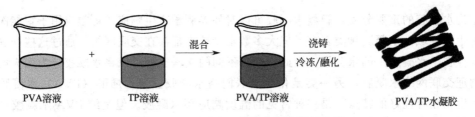

PVA溶液 ＋ TP溶液 —混合→ PVA/TP溶液 —浇铸 冷冻/融化→ PVA/TP水凝胶

图 6-10-2 PVA/TP 智能水凝胶制备流程

（1）将一定量的 TP 加入水中并超声 20min，再磁力搅拌 10min 后和一定量的 PVA 混合（配比如表 6-10-1 所示），90℃溶解 2h，PVA 质量分数 10%。

（2）PVA 完全溶解后，90℃静置 2h 脱泡，同时将具有条状孔型的聚四氟乙烯模具在 70℃预热 1h，将脱泡后的溶液转移至模具孔内。

（3）将模具置于低温冷却液循环泵中，-40℃冷冻 10h，然后 25℃解冻 2h，即得到 PVA/TP 智能水凝胶。

2. 形状记忆性能测定

将水凝胶直型样条以螺旋状缠绕在玻璃棒上固定，在室温下放置 3h，然后拿掉玻璃棒后将呈螺旋状的样条放入 50℃的热水中，用相机记录回复时间和形状。

五、实验记录与数据处理

将实验数据填入表 6-10-1 中。

表 6-10-1 智能水凝胶回复性能

TP 含量[①]/%	0	2	4	6	8	10
完全回复所需时间/s						
固定时间下形状回复状况						

①相对于 PVA 的质量。

六、注意事项

（1）溶解过程须持续搅拌，防止混合不均匀。
（2）各水凝胶样条在玻璃棒上绕的圈数相同，并确认固定可靠。

七、思考题

（1）智能水凝胶有哪些不同类型的响应、特点及用途？
（2）提高形状记忆性能的途径有哪些？

拓展知识

智能水凝胶

水凝胶是指一类由物理交联或化学交联形成的三维网状聚合物，可以吸收大量的水并保持其三维结构，其交联度和组成分子的亲水能力决定了水凝胶的吸水膨胀系数。自从1960年Wichterle和Lim用甲基丙烯酸羟乙酯为原料成功合成了水凝胶后，水凝胶的制备和研究进入了一个快速发展时期。1961年美国C. R. Rissell等开始研究淀粉接枝丙烯腈制备水凝胶，随后G. F. Fanta等在此基础上进行研究并取得成功，而且在亨克尔股份公司（Henkel Corporation）工业化生产成功。1974年，G. F. Fanta等通过接枝共聚和水解糊化淀粉-丙烯腈合成超强水凝胶，该水凝胶的吸水量相当于本身重量的几百倍。

近年来，随着材料化学的快速发展，智能水凝胶的研发和制备发展迅速，它能够对外界环境的刺激变化作出相应的智能响应，并陆续被运用到医药材料、生物传感器、药物控制释放、污水处理和土壤保水改良等众多领域。根据对外界环境的敏感响应程度，可以将智能水凝胶分为温度敏感性水凝胶、pH敏感性水凝胶、电场敏感性水凝胶、磁场敏感性水凝胶和盐敏感性水凝胶等。pH敏感性水凝胶含有大量可离子化的酸性或碱性基团的聚合物，环境中pH值的变化可导致凝胶基团离子化而形成内外离子浓度差，进而引发凝胶发生溶胀或收缩形变。pH敏感性水凝胶是目前研究最为广泛的一类智能水凝胶，在药物控制释放、缓释领域有着广泛而重要的应用。智能水凝胶除具有传统水凝胶良好的吸水性、保水性和可降解性等特点外，还具有优良的缓释性、生物相容性及外环境响应特性，从而在医药、农业、工业和食品等领域有着广泛的应用，是一类极具开发潜力的高分子材料。

第七篇

附录

附录一　常用单体、引发剂、溶剂的精制

合成高分子化合物通常由单体通过聚合反应生成的。在高分子合成实验中，所用原料的纯度对聚合反应影响巨大，特别是单体，即使单体中仅含 $100\sim1mg/kg$ 的杂质也常常会对聚合反应产生严重的影响。单体中的杂质来源是多方面的，以常用的乙烯基单体为例，所含的杂质来源可能包括以下几个方面。

(1) 单体制备过程中的副产物，如苯乙烯中的乙苯，醋酸乙烯酯中的乙醛等。

(2) 为防止单体在储存、运输过程中受热和光照引起聚合，通常在单体里会添加少量的阻聚剂，通常为醌类和酚类等。

(3) 单体在储存过程中发生氧化或分解反应而产生的杂质，如双烯类单体中的过氧化物，苯乙烯中的苯乙醛等。

(4) 在储存和处理过程中引入的其他杂质，如从储存容器中带入的微量金属或碱，磨口接头上所涂的油脂等。

其次，聚合反应所用的引发剂本身的化学性质通常很活泼，像自由基引发剂在光、热的条件下易发生分解反应。聚合反应所用的溶剂也需要满足反应的条件，比如阴离子聚合反应中，少量水、氧气或其他杂质的存在就会导致聚合反应不完全或反应终止。

为此对参与反应的单体、引发剂及其他各种溶剂的纯度有严格的要求，如它们的纯度达不到要求，可能造成聚合反应速率难以控制、聚合反应产率低或出现聚合物分子量大小或分布不符合要求等情况。因此在反应前需要进行精制提纯、除去已失效的成分、除氧或无水处理等。

1. 单体的精制

单体在制得后必须考虑长期储存及使用时如何提纯的问题。在合成单体时，为了防止聚合，一般加入金属铜或铜盐、元素硫和易于氧化还原的对苯二酚等。乙烯基单体在光或热的作用下易发生聚合反应，因此单体在储存时必须采取一些保护措施。一般常加入对苯二酚、二苯胺或4-叔丁基邻苯二酚等作为阻聚剂，低温下进行储存，对于多数的单体而言，通常加入 $0.1\%\sim1\%$ 的对苯二酚或4-叔丁基邻苯二酚就足以起到阻聚作用。在单体进行聚合时需要把这些阻聚剂完全除净，单体的提纯方法要根据单体的类型、可能存在的杂质以及将要进行的聚合反应类型来综合考虑。不同的单体、不同的杂质，其适应的提纯方法就可能不同，而不同聚合反应类型对杂质提纯的要求也各有不同，如自由基聚合和离子聚合对单体的纯化要求就有所区别，即使同样是自由基聚合，活性自由基聚合对单体的纯化要求就比一般的自由基聚合要高得多。因此，很难提出一个通用的单体提纯方式，必须根据具体情况小心选择。

常用的单体提纯方法主要有以下几种：分馏、共沸、萃取蒸馏、重结晶、升华以及柱层析分离等。①对于一些不溶于水的液态单体，如苯乙烯、(甲基)丙烯酸酯类等，为除去其中添加的少量酚类或胺类阻聚剂，只采用蒸馏的方法是不够的，因为这些阻聚剂常具有相当高的挥发性，蒸馏时难免随蒸汽带出。因此在纯化这些单体时，应先用稀碱或稀酸溶液进行处理以除去阻聚剂（酚类用稀碱，胺类用稀酸），再用蒸馏水洗至水相中性，有机相用无水硫酸钠或无水硫酸镁等干燥后，再进行蒸馏。在蒸馏时，为防止单体聚合可加入挥发性小的阻聚剂，如铜盐或铜屑等，同时为防止发生氧化，蒸馏最好在惰性气体保护下进行。②对于沸点较高的单体，为防止热聚合应采用减压蒸馏。此外，根据聚合反应对单体的除水要求，在蒸馏时可加入适当的干燥剂再进行深度干燥（深度干燥时可以使用与水反应的干燥剂，如加入金属钠、金属钾、氢化钙等进行回流），如加入氢化钙等回流一段时间后新蒸使用。③对于固态单体则多采用重结晶或升华的方法。如丙烯酰胺可用丙酮、三氯甲烷或甲醇等溶剂进行重结晶。

注意：金属钠化学反应活性很高，在氧、氯、氟、溴蒸气中会燃烧。遇水或潮气猛烈反应放出氢气，大量放热，引起燃烧或爆炸。金属钠暴露在空气或氧气中能自行燃烧并爆炸使熔融物飞溅。与卤素、磷、许多氧化物、氧化剂和酸类剧烈反应。燃烧时呈黄色火焰。100℃时开始蒸发，蒸气可侵蚀玻璃。

以下列举了一些常见单体的精制方法。

（1）苯乙烯的精制　苯乙烯为无色或浅黄色透明液体，沸点为145.2℃，$d_4^{20}=0.9060$，$n_D^{20}=1.5459$。市售苯乙烯一般含有阻聚剂，以防在运输、储存过程中发生聚合，常用的阻聚剂为对苯二酚等。用量筒量取苯乙烯150mL，将苯乙烯倒入分液漏斗中，用5%氢氧化钠溶液60mL分三次洗涤，经反复振荡后静置分层，除去水相，再用蒸馏水洗涤到水层呈中性为止，洗涤后的单体用无水硫酸钠干燥3h。将干燥好的苯乙烯滤去干燥剂，在干燥氮气的保护下进行减压蒸馏，按苯乙烯压力和沸点间的关系（表7-1-1）收集纯苯乙烯的馏分，记下馏分的沸点和压力，测定其折射率。精制后的产品必须小心储存，通常需要密封避光保存至冰箱冷冻室，并即时使用。若需严格除水，则用无水硫酸钠干燥后，再加氢化钙回流，并在氢化钙存在下进行减压蒸馏。

表 7-1-1　苯乙烯压力和沸点的关系

沸点/℃	44	60	69	76	79	82	102	125	142	145
压力/mmHg	22	40	60	89	90	100	200	400	700	760
压力/kPa	2.9	5.3	8.0	11.9	12.0	13.3	26.7	53.3	93.3	101.3

（2）醋酸乙烯酯的精制　醋酸乙烯酯，又称乙酸乙烯酯，是无色透明的液体，沸点72.5℃，冰点－100℃，$d_4^{20}=0.9342$，$n_D^{20}=1.3956$。取300mL未处理的醋酸乙烯酯于分液漏斗中，用10%碳酸钠溶液洗涤数次，直到溶液呈弱碱性为止，再用蒸馏水洗到中性，加无水硫酸钠干燥过夜。将干燥好的醋酸乙烯酯滤去干燥剂，倒入500mL圆底烧瓶中，并安装30～50cm分馏柱进行常压蒸馏。收集72～73℃的馏分，即为纯的醋酸乙烯酯，称重，测其折射率。

（3）甲基丙烯酸甲酯的精制　甲基丙烯酸甲酯（MMA）是无色透明的液体，沸点100.3～100.6℃，$d_4^{20}=0.937$，$n_D^{20}=1.4318$。市售MMA也含有酚类阻聚剂，因此在聚合前需要除去阻聚剂。

a. 减压蒸馏纯化MMA　按前述苯乙烯碱洗的方法，处理MMA，洗涤后用无水硫酸钠干燥至MMA清澈透明。装置好减压蒸馏仪器，在三口瓶中加入150mL事先干燥好的

MMA，进行减压蒸馏。按 MMA 压力和温度间的关系（表 7-1-2）收集纯 MMA 的馏分，记下馏分的沸点和压力，测定其折射率。也可以在瓶中加入少量干净的铜屑来防止蒸馏瓶中的 MMA 聚合。收集 34.5℃/30mmHg 或 46℃/100mmHg 的馏分，记下馏分的温度压力，测其折射率。

表 7-1-2　甲基丙烯酸甲酯压力和温度的关系

温度/℃	30	40	50	60	70	80	90	100
压力/kPa	7.01	10.8	16.5	25.2	37.2	52.9	72.9	101.3

b. 柱纯化 MMA　在柱子底部，加入玻璃纤维，以支撑吸附剂。称取 10g Al_2O_3 吸附剂（200～300 目），经漏斗装入柱子中，轻轻振动柱子，减少吸附剂中的空隙，吸附剂上层加入一层玻璃纤维或滤纸，防止液体对上层吸附剂的搅扰。量取 20mL MMA，先用滴管慢慢滴入 1～2mL，然后小心倒入其余的 MMA，打开活塞，接收流出的单体，直至单体不再流出，注意观察 Al_2O_3 上层颜色的变化，将接收的单体保存好。可将这两种方法纯化的单体分别做封管聚合，观察变黏时间，比较蒸馏纯化和柱法纯化对聚合的影响。

（4）丙烯腈的精制　丙烯腈是无色透明的液体，沸点 77.3℃，$d_4^{20}=0.8060$，$n_D^{20}=1.3911$，在水中溶解度（20℃）为 7.3%。市售丙烯腈若为化学纯试剂，则用无水氯化钙干燥 3h，过滤，加几滴高锰酸钾溶液，进行常压蒸馏，收集 76～78℃的馏分。

2. 引发剂的精制

为使聚合反应顺利进行以及获得真实准确的聚合反应实验数据，对引发剂（催化剂）进行提纯处理是非常必要的，以下是一些常见引发剂（催化剂）的提纯方法。

自由基聚合常用的引发剂大多为固体，这类物质的精制常采用重结晶法。在室温溶解成饱和溶液，然后冷却，使引发剂结晶析出，或用溶剂将引发剂溶解，然后加入沉淀剂，使引发剂结晶析出。

（1）过氧化二苯甲酰（BPO）的精制　在 100mL 烧杯中加入 20g 三氯甲烷（氯仿）和 8g BPO，在室温下搅拌溶解、滤去不溶物。滤液倒入 60mL 甲醇中，得到白色针状结晶，待晶体完全析出后，用布氏漏斗收集晶体。再分别用 5mL 甲醇洗涤 3 次，抽干后将晶体移入培养皿，放于真空干燥箱中室温下干燥。提纯干燥后的产品放入棕色瓶内密封，保存于冰箱中。BPO 熔点为 107℃（此温度下会发生分解）。

注意：BPO 在氯仿中只能在室温下溶解，不能加热，易爆炸。

（2）偶氮二异丁腈（AIBN）的精制　在装有回流冷凝管的 150mL 锥形瓶中加入 50mL 95%的乙醇溶液，水浴加热至沸腾，迅速加入 5g AIBN，不断摇动，使之全部溶解，趁热迅速抽滤，滤液静置冷却，可观察到滤液中有白色晶体生成。晶体析出完全后，减压过滤，得到该晶体，放于真空干燥箱中室温下干燥，称重，测其熔点为 102℃（此温度下会发生分解）。精制后的产品放于棕色瓶中密闭存放。

注意：AIBN 的精制主要以低级醇为溶剂，如乙醇、水-乙醇混合物、甲醇、甲苯、乙醚、石油醚等，和一般重结晶步骤不同的是，加热溶解过程一定要快速，防止 AIBN 在长时间加热时发生分解。

（3）过氧化二异丙苯（DCP）的精制　用 95%乙醇溶解，活性炭脱色后，冷却结晶。室温下真空干燥，避光保存。

（4）过硫酸钾或过硫酸铵的精制　过硫酸钾（铵）中的杂质主要为硫酸氢钾（铵）和硫

酸钾（铵），可用水重结晶除去。如将过硫酸盐用 40℃ 的水溶解，过滤，滤液冷却结晶，50℃ 真空干燥，置于干燥器中避光保存。

3. 聚合常用溶剂的处理

通常的溶剂由于在其制备与储存过程中难免会引入一些杂质，而且有些试剂在储存过程中还需加入各种稳定剂，必要时可在聚合反应前对溶剂进行精制。以下是几类常见溶剂的通用处理方法。

（1）酯类溶剂　酯类溶剂中常见的杂质是对应的酸、醇和水。可先用 10% 左右的碳酸钠或氢氧化钠溶液洗涤，除去酸性杂质，再加氯化钙充分搅拌除去醇，然后加碳酸钾或硫酸镁干燥后蒸馏。

（2）醚类溶剂（四氢呋喃、乙醚等）　醚类溶剂中常见的杂质是对应的醇类及其氧化产物、过氧化物和水。可加入碱性高锰酸钾溶液搅拌数小时以除去过氧化物、醛类和醇类，然后分别用水和浓硫酸洗涤，水洗至中性，用氯化钙干燥，过滤，加金属钠或氢化铝锂回流至溶液呈现蓝色后进行蒸馏。在蒸馏醚类溶剂时特别要注意不能蒸干，以防止因过氧化物去除不彻底而发生爆炸，一般留下的残留液须占总体积的 1/4 左右。

（3）卤代烃（二氯甲烷、二氯乙烷等）　脂肪族卤代烃中常见的杂质是其制备原料氢卤酸和醇，芳香族卤代烃中常见的杂质是对应的芳香烃、胺或酚类。其处理方法是依次用浓硫酸、水、5% 碳酸钠或碳酸氢钠溶液洗涤，再用水洗至中性，用氯化钙干燥后蒸馏，若需进一步除水，可加氢化钙回流蒸馏，注意不能用金属钠干燥。

（4）烃类　脂肪烃类溶剂先加浓硫酸摇动洗涤，至硫酸层几小时内不变色为止，再依次用水、10% 氢氧化钠溶液和水洗涤，无水氯化钙或硫酸钠干燥，过滤后加金属钠或五氧化二磷或氢化钙回流蒸馏。

芳香烃溶剂中最常见的杂质是对应的噻吩及一些含硫杂质，其处理方法是先用浓硫酸洗涤以除去上述杂质，为防止磺化，洗涤时温度最好保持在 30℃ 以下，然后依次用水、5% 的碳酸氢钠或氢氧化钠溶液洗涤，再水洗至中性，加氯化钙初步干燥后，可加五氧化二磷、钠或氢化钙等回流蒸馏进一步除去水。

4. 聚合体系除氧

聚合体系除氧包括反应容器和反应物的除氧，反应容器的除氧通常通过反复地交替抽真空、充氮气，最后用氮气保护来实现。所用氮气必须具有高纯度，现在市面上所售的高纯氮的纯度可达 99.999%，可满足大多数情况的需要。如对除氧要求更高，则需使用高纯的氩气，使用惰性气体保护时应注意保持一定的惰性气体正压，以防止空气渗入体系。固体反应物的除氧可和反应容器的除氧同时进行，即将固体反应物加入反应容器后反复地交替抽真空、通氮气。常用的液体反应物除氧方法有两种，一种是将液体反应物用液氮冷却冻结后，抽真空数分钟，然后充入氮气，移去液氮，使液体解冻，重复该操作 2～3 次；另一种是在氮气保护下，将氮气导管插入液体反应物底部边鼓泡边剧烈搅拌半小时以上。

附录二 聚合物的分离与提纯

在聚合反应完成后，是否需要对聚合物进行分离后处理取决于聚合体系的组成及聚合物的最终用途。如本体聚合和熔融缩聚，由于聚合体系中除单体外只有微量甚至没有外加的催化剂，因此聚合体系中所含的杂质很少，并不需要分离后处理程序。有些聚合物在聚合反应完成后便可直接以溶液或乳液形式成为商品，因此也不需要进行分离后处理，如有些胶黏剂和涂料等的合成。其他的聚合反应一般都需要把聚合物从聚合体系中分离出来才能应用。此外，为了对聚合产物进行准确的分析表征，同时提高聚合物性能如力学性能、电学性能、光学性能等，在聚合反应完成后不仅需要对聚合物进行分离还需要进行必要的提纯。另外，对一些具有特殊用途的聚合物对纯度有较高要求，如光、电功能高分子材料、医用高分子材料等，分离提纯是必不可少的。

1. 聚合物的分离

聚合物的分离方法取决于聚合物在反应体系中的存在形式，聚合物在反应体系中的存在形式大致可分为以下几种。

(1) 沉淀形式　如沉淀聚合、悬浮聚合、界面缩聚等，聚合反应完成后，聚合物以沉淀形式存在于反应体系中，这类聚合反应的产物分离比较简单，可用过滤或离心方法进行分离。

(2) 溶液形式　如果聚合物以溶液形式存在于反应体系中，聚合物的分离可有两种方法，一是用减压蒸馏法除去溶剂、残余的单体以及其他的挥发性成分，但该方法由于难以彻底除去引发剂残渣及聚合物包埋的单体与溶剂，在实验室中一般很少使用，但由于可进行大量处理，因而在工业生产中多被采用；另一种方法是加入沉淀剂使聚合物沉淀后再分离，该方法常用于实验室少量聚合物的处理，由于需大量沉淀剂，工业生产较少用。

使用沉淀法时，对沉淀剂有一定的要求。首先，沉淀剂必须对单体、聚合反应溶剂、残余引发剂及聚合反应副产物（包括不需要的低聚物）等具有良好的溶解性，但不溶解聚合物，最好能使聚合物以片状而不是油状或团状沉淀出来，其次沉淀剂应是低沸点的，且难以被聚合物吸附或包藏，以便于聚合物的干燥。

沉淀时通常将聚合物溶液在强烈搅拌下滴加到 5～10 倍量的沉淀剂中，为使聚合物沉淀为片状，聚合物溶液的浓度一般以不超过 10％为宜。有时为了避免聚合物沉淀为胶体状，需在较低温度下操作或在滴加完后加以冷冻，也可以在沉淀剂中加入少量的电解质，如氯化钠或硫酸铝溶液、稀盐酸、氨水等。此外，长时间的搅拌也有利于聚合物凝聚。

(3) 乳液形式　要把聚合物从乳液中分离出来，首先必须对乳液进行破乳，即破坏乳液的稳定性，使聚合物沉淀。破乳方法取决于乳化剂的性质，对于阴离子型乳化剂，可用电解质如 $NaCl$、$AlCl_3$、$KAl(SO_4)_2$ 等的水溶液作为破乳剂，其中尤以高价金属盐的破乳效果最好。如果酸对聚合物没有损伤的话，稀酸如稀盐酸等也是非常不错的破乳剂，所加破乳剂应容易除去。

通常的破乳操作程序是，在搅拌下将破乳剂溶液滴加到乳液中直至出现相分离，必要时事先应将乳液稀释，破乳后可加热（60～90℃）一段时间，使聚合物沉淀完全，再冷却至室温，过滤、洗涤、干燥。

2. 聚合物的提纯

聚合物的提纯包含两层含义：除去聚合物样品中的低分子，如残留单体、助剂和低聚物；聚合物的分级，目的是为了得到所需分子量分布（通常为单分散分布，且分子量分布较窄），无其他杂质的聚合物。

（1）多次沉淀法　这是一种最常用的聚合物提纯方法，将聚合物配成含量<5％的溶液，再在强烈搅拌下将聚合物溶液倾入过量沉淀剂（通常为 4～10 倍量）中沉淀，多次重复操作，可将聚合物包含的可溶于沉淀剂的杂质除去。但如果聚合物中包含的杂质是不溶性的，且颗粒非常小，一般的过滤难以将其除去，如有些金属盐类催化剂等，在这种情形下可考虑先将配好的聚合物溶液用装有一定量硅藻土的玻璃砂芯漏斗过滤，使不溶性的杂质被硅藻土吸附后，再将滤液进行多次沉淀；有时甚至可采用柱层析方法来提纯。

经多次沉淀法提纯的聚合物还需经干燥除去聚合物包藏或吸附的溶剂、沉淀剂等挥发性杂质。要取得好的干燥效果，必须把聚合物尽可能地弄碎，这就要求在沉淀时小心地选择沉淀剂及其用量，以使聚合物尽可能地以细片状沉淀。若聚合物无法沉淀成碎片状，则可采用冷冻干燥技术，如将聚合物溶液用干冰-丙酮浴或液氮冷冻成固体，再抽真空使溶剂升华而得到蜂窝状或粉末状的聚合物。

（2）洗涤法　利用聚合物的不良溶剂反复洗涤聚合物，该不良溶剂可以溶解聚合物中残留的单体、引发剂和杂质以达到提纯的目的。例如悬浮聚合得到的聚合物颗粒表面附有分散剂，可通过洗涤的办法除去分散剂。对于颗粒较小的聚合物来说，洗涤效果较好，但对于颗粒较大的聚合物而言，简单的洗涤难以达到很好的效果，需要采用将聚合物溶解再沉淀或不良溶剂的多次浸泡等方法来进行提纯。

（3）抽提法　这是用溶剂萃取出聚合物中的可溶性部分达到分离和提纯的目的，通常在索氏提取器中进行。烧瓶中的溶剂沸腾后进入装有样品（用滤纸包裹）的索氏提取器，使样品完全浸泡在溶剂中，当提取器中的溶剂液面超过虹吸管最高点时，提取器中的液体被虹吸到烧瓶里，被继续加热，新的溶剂蒸气继续进入提取器，如此循环多次，抽提器中最后留下不溶于溶剂的聚合物，可溶部分进入烧瓶的溶剂里。

（4）沉淀分级法　利用不同分子量聚合物的溶解度和溶解速度的不同，在一定温度下向聚合物溶液（0.1％～1％）中缓慢加入一定量的沉淀剂，至溶液出现浑浊，且不再消失，静置一段时间后即沉淀出分子量相对较高的聚合物，采用超速离心法将沉淀出的聚合物分离出来，剩余的聚合物溶液中再次补加沉淀剂，重复操作得到不同级分的聚合物。

（5）凝胶色谱法　这是基于多孔性凝胶粒子中不同大小空间对聚合物分子的容纳不一样来进行聚合物的分离。分子量较大的聚合物因不能渗入凝胶微孔结构里，会首先被溶剂淋洗出来，而分子量低的聚合物因为容易进入微孔，在色谱柱中的保留时间最长，最后被溶剂淋洗出来。

常用溶剂的物理常数

溶剂	熔点/℃	沸点/℃	密度/(g/cm³)	折射率 n_D^{20}	介电常数	偶极矩
乙醇	−114	78.5	0.789	1.3611	24.6	1.69
乙醚	−117	34.51	0.769	1.3526	4.33	1.30
乙腈	−44	82	0.782	1.3460	37.5	3.45
乙酸	17	118	1.049	1.3716	6.15	1.68
乙酸乙酯	−84	77	0.901	1.3724	6.02	1.88
二乙胺	−50	56	0.707	1.3864	3.6	0.92
N,N-二甲基甲酰胺	−60	152	0.945	1.4305	36.7	3.86
N,N-二甲基乙酰胺	−20	166	0.937	1.4384	37.8	3.72
二甲基亚砜	18.5	189	1.096	1.4783	46.7	3.90
二氯乙烷	−95	40	1.326	1.4246	8.93	1.55
1,2-二氧乙烷	−36	84	1.253	1.4448	10.36	1.86
1,4-二氧六环	12	101	1.034	1.4224	2.25	0.45
三乙胺	−115	90	0.726	1.4010	2.42	0.87
三氯乙烯	−86	87	1.465	1.4767	3.4	0.81
三氟乙酸	−15	72	1.489	1.2850	8.55	2.26
2,2,2-三氟乙醇	−44	77	1.384	1.2910	8.55	2.52
丙酮	−95	56	0.788	1.3588	20.7	2.85
四氯化碳	−23	77	1.594	1.4601	2.24	0.00
四氢呋喃	−109	67	0.888	1.4071	7.58	1.75
甲醇	−98	65	0.791	1.3284	32.7	1.70
甲苯	−95	111	0.867	1.4969	2.38	0.43
甲酰胺	3	211	1.133	1.4475	111.0	3.37
异丙醇	−90	82	0.786	1.3772	17.9	1.66
邻二氯苯	−17	181	1.306	1.5514	9.93	2.27
环己烷	6.5	81	0.778	1.4262	2.02	0.00
硝基苯	5.7	211	1.204	1.5562	34.82	4.02
硝基甲烷	−28	101	1.137	1.3817	35.87	3.54
吡啶	−42	115	0.983	1.5095	12.4	2.37
氯仿	−64	61	1.489	1.4455	4.81	1.15
氯苯	−46	132	1.106	1.5248	5.62	1.54
溴苯	−31	156	1.495	1.5580	5.17	1.55
水	0	100	0.998	1.3330	80.1	1.82

聚合物的溶解性

聚合物	溶　剂	
	可溶	不溶
醇酸树脂	氯代烃类、低级醇类、酯类	烃类
固化的氨基-甲醛树脂	苄胺(160℃)、氨	
纤维素、再生纤维素醚类	Schweizer 试剂	有机溶剂
甲基纤维素类	水、氢氧化钠稀溶液、2-氯乙醇、二氯甲烷、甲醇	丙酮、乙醇等
乙基纤维素	甲醇、二氯甲烷、甲酸、乙酸、吡啶	脂肪烃及芳香烃、水
苄基纤维素	丙酮、乙酸乙酯、苯、丁醇	脂肪烃、低级醇、水
纤维素酯类	酮类、酯类	脂肪烃类、水
硝化纤维素	低级醇类、乙酸乙酯类、酮类	醚、苯、氯代烃类
氯化橡胶	酯类、酮类、四氯化碳、亚麻籽油(80～100℃)、四氢呋喃	脂肪烃
氯丁橡胶	甲苯、氯代烃类	醇类
橡胶盐酸盐	酮类	脂肪烃、四氯化碳
氯化聚醚	环己酮	乙酸乙酯、二甲基甲酰胺、甲苯
聚三氟氯乙烯	热的氟代溶剂(例如,2,5-二氯-α-三氟甲苯于 130 ℃)	所有常用溶剂
聚氯乙烯	二甲基甲酰胺、四氢呋喃、环己酮	醇类、乙酸丁酯、烃类、二氧六环
氯化聚氯乙烯	二氯甲烷、环己烷、苯、四氯乙烯	
聚偏氯乙烯	四氢呋喃、酮类、乙酸丁酯、二甲基甲酰胺(热的)、氯苯(热的)	醇类、烃类
丙烯腈-丁二烯-苯乙烯	二氯甲烷	醇类、脂肪烃、水
苯乙烯-丁二烯	乙酸乙酯、苯、二氯甲烷	醇类、水
氯乙烯-乙酸乙烯酯	二氯甲烷、环己酮、四氢呋喃	醇类、烃类
氧茚-茚树脂	芳香烃、氯代烃、酮类、酯类、吡啶、干性油	醇类、水
固化的含氟聚合物	实际上不溶	
聚四氟乙烯	碳氟化合物油,例如热的 $C_{21}F_{44}$	所有溶剂、沸腾的浓硫酸
聚氟乙烯	在 110℃ 以上,环己酮、碳酸丙烯酯、二甲基亚砜、二甲基甲酰胺	
聚偏氟乙烯	二甲基亚砜,二氧六环	
天然橡胶	氯代烃及芳烃类	醇类、丙酮、乙酸乙酯
固化酚醛树脂	苄胺(200℃)、热碱	
未固化酚醛树脂	醇、酮类	氯代烃、脂肪烃
聚丙烯酰胺	水	醇类、酯类、烃类
聚丙烯腈	二甲基甲酰胺、丁内酯、硝基苯酚、无机酸、二甲基亚砜、某些无机盐的水溶液	醇类、酯类、酮类、甲酸、烃类
聚丙烯酸酯类	芳香烃、酯类、氯代烃、丙酮、四氢呋喃	脂肪烃类
聚甲基丙烯酸酯类	芳香烃、二氧六环、氯代烃、酯类、酮类	乙醚、醇类、脂肪烃类
聚酰胺类	酚类、甲酸、四氟丙醇、浓无机酸	醇类、酯类、烃类
聚丁二烯	芳香烃类、环己烷、二丁基醚	醇类、酮类
聚碳酸酯类	氯代烃类、二氧六环、环己酮	醇类、脂肪烃类、水

聚合物	溶 剂	
	可 溶	不 溶
聚对苯二甲酸乙二醇酯	甲酚、浓硫酸、氯苯酚	
聚乙烯	二氯乙烯、1,2,3,4-四氢萘、热的烃类	极性溶剂、醇类、酯类等
聚乙二醇	氯代烃类、醇类、水	脂肪烃类
聚异戊二烯	苯	醇类、酯类
聚甲醛	二甲基甲酰胺(150℃)、二甲基亚砜	醇类
聚丙烯	在高温下：芳香烃、氯代烃、四氢萘	醇类、酮类、环己酮
聚苯乙烯	芳香烃、氯代烃、吡啶、乙酸乙酯、甲乙酮、二氧六环、四氢萘	醇类、水、脂肪烃
聚氨酯	四氢呋喃、吡啶、二甲基甲酰胺、甲酸、二甲基亚砜	乙醚、醇类、苯、水、盐酸(6N)
聚乙烯醇缩乙醛	醚类、酮类、四氢呋喃	脂肪烃类、甲醇
聚乙烯醇缩甲醛	二氯乙烷、二氧六环、冰醋酸、酚类	脂肪烃类
聚乙酸乙烯酯	芳香烃、氯代烃、丙酮、甲醇、醚类	脂肪烃类
聚乙烯基甲醚	甲醇、水、苯	碱、可溶性盐类、脂肪烃类
聚乙烯基乙醚	芳香烃、氯代烃、酯类、醇类、酮类	水
聚乙烯基丁醚	脂肪烃、芳香烃、氯代烃、酮类	醇类
聚乙烯醇	水	乙醚、醇类、脂肪烃及芳香烃、酯类、酮类
聚乙烯咔唑	芳香烃、氯代烃、四氢呋喃	乙醚、醇类、酯类、脂肪烃类、酮类、四氯化碳

附录五　常用仪器分析原理及谱图表示方法

分析方法	缩写	分析原理	谱图的表示方法	提供的信息
紫外吸收光谱	UV	吸收紫外线能量,引起分子中电子能级的跃迁	相对吸收光能量随吸收光波长的变化	吸收峰的位置、强度和形状,提供分子中不同电子结构的信息
荧光光谱法	FS	被电磁辐射激发后,从最低单线激发态回到单线基态,发射荧光	发射的荧光能量随光波长的变化	荧光效率和寿命,提供分子中不同电子结构的信息
红外吸收光谱法	IR	吸收红外光能量,引起具有偶极矩变化的分子的振动、转动能级跃迁	相对透射光能量随透射光频率变化	峰的位置、强度和形状,提供功能团或化学键的特征振动频率
拉曼光谱法	Ram	吸收光能后,引起具有极化率变化的分子振动,产生拉曼散射	散射光能量随拉曼位移的变化	峰位置、强度和形状,提供功能团或化学键的特征振动频率
核磁共振波谱法	NMR	在外磁场中,具有核磁矩的原子核,吸收射频能量,产生核自旋能级的跃迁	吸收光能量随化学位移的变化	峰的化学位移、强度、裂分数和耦合常数,提供核的数目、所处化学环境和几何构型的信息
电子顺磁共振波谱法	ESR	在外磁场中,分子中未成对电子吸收射频能量,产生电子自旋能级跃迁	吸收光能量或微分能量随磁场强度变化	谱线位置、强度,裂分数目和超精细分裂常数,提供未成对电子密度、分子键特性及几何构型信息
质谱分析法	MS	分子在真空中被电子轰击,形成离子,通过电磁场按不同 m/e 分离	以棒图形式表示离子的相对丰度随 m/e 的变化	分子离子及碎片离子的质量数及其相对丰度,提供分子量,元素组成及结构的信息
气相色谱法	GC	样品中各组分在流动相和固定相之间,由于分配系数不同而分离	柱后流出物浓度随保留值的变化	峰的保留值与组分热力学参数有关,是定性依据;峰面积与组分含量有关
反气相色谱法	IGC	探针分子保留值的变化取决于它和作为固定相的聚合物样品之间的相互作用力	探针分子比保留体积的对数值随柱温倒数的变化曲线	探针分子保留值与温度的关系提供聚合物的热力学参数
裂解气相色谱法	PGC	高分子材料在一定条件下瞬间裂解,可获得具有一定特征的碎片	柱后流出物浓度随保留值的变化	谱图的指纹性或特征碎片峰,表征聚合物的化学结构和几何构型
凝胶色谱法	GPC	样品通过凝胶柱时,按分子的流体力学体积不同进行分离,大分子先流出	柱后流出物浓度随保留值的变化	聚合物的平均分子量及其分布

分析方法	缩写	分析原理	谱图的表示方法	提供的信息
热重法	TG	在控温环境中,样品重量随温度或时间变化	样品的重量分数随温度或时间的变化曲线	曲线陡降处为样品失重区,平台区为样品的热稳定区
差热分析	DTA	样品与参比物处于同一控温环境中,由于二者热导率不同产生温差,记录温差随温度或时间的变化	温差随环境温度或时间的变化曲线	提供聚合物热转变温度及各种热效应的信息
示差扫描量热分析	DSC	样品与参比物处于同一控温环境中,记录维持温差为零时,所需能量随温度或时间的变化	热量或其变化率随环境温度或时间的变化曲线	提供聚合物热转变温度及各种热效应的信息
静态热机械分析	TMA	样品在恒力作用下产生的形变随温度或时间变化	样品形变值随温度或时间变化曲线	热转变温度和力学状态
动态热机械分析	DMA	样品在周期性变化的外力作用下产生的形变随温度的变化	模量或 $\tan\sigma$ 随温度变化曲线	热转变温度模量和 $\tan\sigma$
透射电子显微镜	TEM	高能电子束穿透试样时发生散射、吸收、干涉和衍射,使得在相平面形成衬度,显示出图像	质厚衬度像、明场衍衬像、暗场衍衬像、晶格条纹像和分子像	晶体形貌、分子量分布、微孔尺寸分布、多相结构和晶格与缺陷等
扫描电子显微镜	SEM	用电子技术检测高能电子束与样品作用时产生二次电子、背散射电子、吸收电子、X射线等并放大成像	背散射像、二次电子像、吸收电流像、元素的线分布和面分布等	断口形貌、表面显微结构、薄膜内部的显微结构、微区元素分析与定量元素分析等
原子力显微镜	AFM	检测样品表面和针尖的原子间相互作用力变化来获取样品表面信息	针尖在样品表面扫描后得到的样品表面三维高度分布情况	样品表面形态,相互作用力曲线等信息

附录六　聚合物成型加工方法

1. 塑料

成型方法		成型特点	使用范围
压制成型	压缩模塑	将固体原料加入阴模槽中,合上阳模加热熔化,再经加热或冷却固化	较适宜热固性塑料成型
	传递模塑	先将热固性树脂加热室加热到熔融状态,然后将熔融物料加压注入加热模腔内,经加热或冷却固化成型	成型带嵌件的精密热固性塑料制品
挤出成型		分熔融法和溶液法,迫便物料通过口模挤出成为具有恒定截面的连续型材。除常规挤出外,还有共挤出、挤出复合、发泡挤出、反应挤出等技术	适用于热塑性塑料的连续型材成型,如膜、片、板、管、棒、丝、条、网、异型材及其复合制品
拉挤成型		连续纤维束经浸胶液定型、树脂固化成型为单向拉伸制品	适用于连续纤维增强热固性塑料
注射成型	流动注射成型	熔化物料不断被注入模具型腔,当型腔充满后,螺杆停止运动,熔体在较高压力下冷却定型	适用于大型塑料制件的注射成型
	共注射成型	采用多个注射单元的注射机,将不同品种或不同色泽的熔融物料,同时或先后注入一个模具型腔中成型	适用于多色或多种塑料的复合制品的注射成型
	反应注射成型	将两种或两种以上具有反应性的组分高压注入模腔内直接生成聚合物的成型技术,即聚合和成型一体化技术	适用于热固性塑料和弹性体的注射成型
	热固性塑料注射成型	塑料在料筒中塑化成黏流态,经流道注入塑模型腔,交联并固化定型	较适用于酚醛类、不饱和聚酯类热固性树脂
	结构泡沫注射成型	将发泡物料注入模腔中发泡膨胀,充满模腔,使其形成表层致密、内部呈微孔泡沫结构的塑件	用于成型芯层发泡的注塑制件,可用作家用电器、家具及建筑用结构制品
吹塑成型	注射吹塑	分型坯制备和吹塑两步完成。用注射成型法制成有底空心型坯,再将型坯吹塑成模腔的外形	较适用于小型容器的高速自动化生产
	挤出吹塑	用挤出机经机头环形口模挤出制得型坯,然后再将型坯移入吹塑模具内吹胀成为中空制品	较适用于大中型容器的生产
	薄膜吹塑	物料经熔融挤出成筒坯后,被压缩空气吹胀并冷却定型成管膜	适用于热塑性塑料薄膜的成型

成型方法		成型特点	使用范围
浇铸成型	静态铸塑	原料为液态单体、预聚体浆状物、聚合物溶液或熔体,在模腔中固化成型	较适用于黏度较低、固化过程较短的热塑性塑料或热固性塑料的带嵌件的大型制件
	离心铸塑	利用离心力使聚合物熔体或分散体形成管状或空心筒状并定型	适用于熔体黏度小、热稳定性好的热塑性塑料筒体成型,如聚乙烯大型管道
	滚塑成型	将烧结性干粉热塑性树脂定量地注入旋转模具中,借助于重力和热能使液体均匀涂布并黏附在模壁上,经冷却定型成制品	生产聚乙烯、改性聚苯乙烯、聚酰胺、聚碳酸酯筒体或空心密闭体
	流延铸塑	将液态树脂分散体流布在运行的基材上,然后使其固化定型,从基材上剥离后即得到制品	生产聚丙烯、聚乙烯醇、聚碳酸酯、氯乙烯-醋酸乙烯共聚物、纤维素等塑料薄膜
压延成型		将已塑化好的热塑性物料通过多个辊筒的辊缝进行成型	热塑性塑料的薄膜及片材
涂层成型		一是压延法,即用滚压方式将熔融物料复合于基材上;二是涂覆法,即在基材上覆盖一层熔融物料	生产人造革、壁纸等
发泡成型	化学发泡	利用化学发泡剂分解或物料各组分之间化学反应产生气体而发泡,并固化定型	适用于各种热塑性和热固性塑料泡沫制品的成型
	物理发泡	利用低沸点液体、超临界流体和空心微球的物理特性在熔体中产生泡孔,并固化定型	较适用于挤出、注塑、压制成型热塑性塑料泡沫制品和压制成型热固性塑料泡沫制品
	机械发泡	将空气强制性地混入物料分散体中,形成泡沫体,并通过物理或化学反应固化成泡沫塑料	较适用于氨基泡沫塑料或软质聚氯乙烯泡沫制品
接触(手糊、裱糊、涂覆)成型		采用手工作业,一边铺设增强材料,一边涂刷树脂直到所需的厚度为止,然后通过固化和脱模而制得塑料制品	适用于环氧和不饱和聚酯等玻璃钢盒、壳、罩的制品成型
纤维缠绕成型		在一定张力和预定线型条件下,涂有树脂胶液的增强连续丝缠绕在模具上,经反应固化制成塑料增强制品	适用于酚醛树脂、环氧和不饱和聚酯等玻璃钢圆柱形和球形等回转体成型
二次成型	热成型	以塑料片材为原料,通过加热加压,使片材软化并贴紧模具表面,冷却定型	适用于热塑性塑料的薄壁、大型制品
	双轴拉伸	在聚合物玻璃化温度和熔点之间,通过双向拉伸冷却定型,使热塑性塑料制品中的分子重新取向	适用于对强度、模量、透明和光泽性要求高的薄膜及热收缩性制品的加工

2. 纤维

成型方法		成型特点	使用范围
熔体纺丝	直接纺丝	聚合物熔体经过滤后直接进入纺丝机纺丝,工艺流程短、生产效率高、质量稳定	聚酯、部分聚酰胺等
	切片纺丝	聚合物熔体经铸带、切粒、干燥等纺前准备工序,再熔融后纺丝。工艺流程长,但更换生产品种容易	符合熔体纺丝基本条件的聚合物
溶液纺丝	湿法纺丝	喷丝孔喷出的溶液细流在凝固浴中通过"双扩散"(双向传质)凝固成型,凝固速度慢,适用于短纤维生产	聚丙烯腈、聚乙烯醇等
	干法纺丝	喷丝孔喷出的溶液细流在纺丝甬道中通过溶剂挥发(单向传质)凝固成型,相对于湿纺凝固速度较快,一般适用于长丝生产	聚丙烯腈、聚乙烯醇等

续表

成型方法		成型特点	使用范围
复合纺丝		由两种或两种以上不同性质的聚合物流体,分别输入同一纺丝组件,并从同一喷丝孔挤出固化成纤维的纺丝方法。复合纤维主要分并列型、皮芯型和海岛型三种,典型的超细纤维就是通过海岛型复合纺丝制得	一般用于熔体纺丝场合
液晶纺丝		将具有各向异性的液晶溶液或熔体纺制纤维的方法。特点是聚合物由刚性链棒状大分子构成,有利于获得分子链高取向、紧密堆砌的纤维,从而大大提高纤维的力学性能	芳香族聚酰胺纤维、芳杂环聚合物纤维、芳香族聚酯纤维等
静电纺丝		在高电场作用下,高分子流体静电雾化分裂出微小射流,最终固化成纤维。这种方式可以生产出纳米级直径的聚合物细丝	能形成均匀溶液或熔体的聚合物
纤维后加工	拉伸	初生纤维在外力作用下,纤维拉长变细的过程,此时大分子链或聚集态结构单元沿纤维轴向排列取向,力学性能提高。按拉伸介质可分为干拉伸、湿拉伸和蒸汽拉伸。拉伸和纺丝可以一步完成,也可以分步完成	一般初生纤维都需要经拉伸工序,只有少数刚性链纤维无需拉伸
	热定型	在玻璃化温度和熔点之间适当温度下的热处理过程,热定型可以消除内应力和内部缺陷等,提高纤维密度、结晶度等	一般经拉伸和变形后都需热定型
	加捻	长丝束在力作用下围绕纤维轴线回转的过程,回转一周,即角位移360°称为一个捻。加捻主要目的是提高纤维间抱合力,有利于后道加工	纺丝和拉伸分开的场合,拉伸和加捻一起完成。纺丝和拉伸一步完成的场合,以形成网络点取代加捻
	变形	通过特殊加工方法使纤维拥有卷曲、缠结、螺旋状等形态,具有优异的蓬松性、弹性、手感等。常用方法有假捻变形、空气变形、卷曲变形	服用纤维

3. 橡胶

成型方法		成型特点	使用范围
生胶前处理	生胶塑炼	橡胶的高弹性使加工成型难以进行,通过热、氧、机械加工,使分子量降低,高弹态转化为可塑性状态。塑炼分为物理增塑、化学增塑、机械增塑三种	塑炼后具有适当可塑性
	胶料混炼	为提高橡胶制品使用性能,改进橡胶加工性能和降低成本,在生胶中加入各种配合剂,借助强烈的机械作用迫使各种配合剂均匀地分散在生胶中,制成质量均匀的胶料的过程	开炼机混炼适用于小规模混炼,密炼机混炼容量大、时间短、效率高
压延成型		借助于压延机辊筒作用将混炼胶压成一定厚度的胶片完成胶料贴合,以及与骨架材料贴胶、擦胶制成片状半成品的工艺过程	天然橡胶热塑性大、收缩率较小、压延容易;相对天然橡胶,合成橡胶收缩率较大、气泡多、尺寸不易控制等,加工时要有相应解决方法
挤出成型		利用挤出机,使胶料加热塑化,借助于安装于挤出机机头的口模挤出所需截面的半成品,以达到初步造型的目的	与压延法相比,挤出法可制造截面形状复杂的半成品

续表

成型方法	成型特点	使用范围
注射成型	将胶料在机筒中加热、塑化,在螺杆或柱塞推动下经喷嘴射入模具中硫化成型	适用于产量大、品种变化少的产品
硫化	在加热和加压条件下,胶料中的生胶与硫化剂发生化学反应,使线型结构的大分子交联成立体网状结构的大分子,使胶料物理力学性能及其他性能明显改善	天然橡胶和合成橡胶

附录七 聚合物常见的性能及测试标准

1. 物理性能

(1) 透气性

透气性（gas permeability）通常用透气量或透气系数表示。

① 透气量：是指一定厚度的塑料薄膜，在0.1MPa气压下（标准状态下），在24h内气体透过1m²的体积量，m³。

② 透气系数：在标准状态下，单位时间内、单位压差下，气体透过单位面积和单位厚度的塑料薄膜的体积量，m³。

测试标准：GB/T 1038—2000 塑料薄膜和薄片气体透过性实验方法（压差法）。

(2) 透湿性

透湿性（water vapor permeability）用透湿量或透湿系数表示。

① 透湿量：在一定厚度薄膜的两侧保持蒸汽压差下，于24h内透过1m²薄膜的水蒸气质量。

② 透湿系数：在单位时间、单位压差下，透过单位面积和单位厚度薄膜的水蒸气量。

测试标准：GB/T 1037—1988 塑料薄膜和片材透水蒸气性实验方法（杯式法）。

(3) 透水性

透水性（water permeability）测定是在一定水压和一定时间作用下，用肉眼直接观察样品的透水程度。

测试标准：HG/T 2582—2008 橡胶或塑料涂覆织物耐水渗透性能的测定。

(4) 吸水性

吸水性（water absorption）是指将规定尺寸的试样浸入一定温度的蒸馏水中，经过24h后所吸收的水量。

测试标准：GB/T 1034—2008 塑料吸水性的测定。

(5) 密度和相对密度

① 密度（density）：在规定温度下单位体积物质的质量。单位为 kg/m^3 或 g/cm^3 或 g/mL。

② 相对密度（relative density）：一定体积物质的质量与同温度下等体积的参比物质（如：水）质量之比。温度 $t℃$ 时的相对密度用 S_t^t 表示。

温度 $t℃$ 时的密度与相对密度关系可按下式换算：

$$S_t^t = \frac{\rho_t}{\rho_\omega}$$

式中，ρ_t 为温度 $t℃$ 时试样的密度；ρ_ω 为温度 $t℃$ 时水的密度。

测试标准：GB/T 1033.1-2008、GB/T 1033.2-2010、GB/T 1033.3—2010 塑料 非泡沫塑料密度的测定。

（6）折射率

光线从第一介质进入第二介质（除垂直入射外）时，任一入射角的正弦和折射角的正弦之比，称为折射率（refraction index）。介质的折射率一般大于1，同一介质对不同波长的光具有不同的折射率，通常所说塑料折射率数值，是对钠黄光而言。

测定仪器：阿贝折射仪或 V 形棱镜折射仪。

（7）透光率

聚合物透光性可用透光率（light transmittance）或雾度表示。

① 透光率：指通过透明或半透明聚合物的光通量和入射光光通量之比的百分率。透光率用以表征材料的透明性。

② 雾度：指透明或半透明聚合物的内部或表面，由于光散射所造成的云雾状或混浊的外观。常用向前散射的光通量与透过光通量之比的百分率表示，通常用积分球式雾度计测量。

测试标准：GB/T 2410—2008 透明塑料透光率和雾度的测定。

（8）光泽度

光泽度（gloss）特指聚合物表面反射光的能力。以试样在正反射方向相对于标准表面反射光通量之比的百分率表示。

测试方法：GB/T 1743—79 漆膜光泽度测定法。

（9）收缩率

模塑收缩率（mold shrinkage）常以成型收缩量或成型收缩率表示。

① 成型收缩量：塑件制品尺寸小于相应模腔尺寸的程度，通常以 mm/mm 表示。

② 成型收缩率：也称计量收缩率，通常指塑件尺寸与相应模腔尺寸之比的百分率。

测试标准：GB/T 15585—1995 热塑性塑料注射成型收缩率的测定；GB/T 17037.4—2019 塑料 热塑性塑料材料注塑试样的制备 第 4 部分：模塑收缩率的测定；JB/T 6542—1993 热固性模塑料收缩率的测定。

2. 热学性能

（1）线膨胀系数

线膨胀系数（coefficient of linear thermal expansion）指温度每变化1℃材料长度变化的百分率。平均线膨胀系数表示材料在某一温度区间的线膨胀特性。

平均线膨胀系数 α（℃$^{-1}$）可按下式计算：

$$\alpha = \frac{\Delta l}{l \Delta t}$$

式中，Δl 为试样在膨胀或收缩时，长度变化的算术平均值，mm；l 为试样在室温时的长度，mm；Δt 为试样在高低温恒温器内的温度差，℃。

测试标准：GB/T 1036—2008 塑料 －30～30℃线膨胀系数的测定 石英膨胀计法。

（2）热导率

热导率（thermal conductivity）是指在稳定传热条件下，垂直于单位面积方向的单位温度梯度，通过单位面积上的热传导速率，也称导热系数。

热导率 λ［W/（m・K）］按下式计算

$$\lambda = \frac{QS}{A\,\Delta Z\,\Delta t}$$

式中，Q 为恒定时试样的导热量，J；S 为试样厚度，m；A 为试样有效传热面积，m^2；ΔZ 为测定时时间间隔，s；Δt 为冷热板间平均温差，K。

测试标准：GB/T 3399—1982 塑料热导率试验方法 护热平板法。

（3）比热容

比热容（specific heat capacity）是在规定条件下，单位质量聚合物温度提高 1℃所需热量，称为该材料的比热容。

比热容 c［J/（kg・K）］按下式计算：

$$c = \frac{\Delta Q}{m\,\Delta t}$$

式中，ΔQ 为试样吸收的热量，J；m 为试样的质量，kg；Δt 为试样吸收热量前后温度差，K。

测试标准：GB/T 3140—2005 纤维增强塑料平均比热容试验方法。

（4）玻璃化温度

无定形或半结晶聚合物，从黏流态或高弹态向玻璃态的转变称为玻璃化转变。发生玻璃化转变的较窄温度范围内，在其近似中点的温度称为玻璃化温度（glass transition temperature）。

玻璃化温度，常用膨胀计法或温度-形变曲线法测定；也可用差热分析法，如 DTA、DSC、TMA 测定。

测试标准：GB/T 11998—1989 塑料玻璃化温度测定方法 热机械分析法。

（5）低温力学性能

低温力学性能（mechanical properties at low temperature）表示材料在低温条件下的力学行为。常用的测试方法有低温对折、冲压和伸长等方法。

脆化温度（brittle temperature）：聚合物低温力学行为的一种量度。以具有一定能量的冲锤冲击试样时，当试样开裂概率达 50%时的温度称为脆化温度,℃。

测试标准：GB/T 5470—2008 塑料冲击法脆化温度的测定。

（6）马丁耐热

马丁耐热（Marten′s test）是指在加热炉内，使试样承受一定的弯曲应力，并按一定速率升温，试样受热在自由端产生规定偏斜量的温度,℃。

测试标准：GB 1035—70 塑料耐热性（马丁）试验方法。

（7）维卡软化点

在等速升温条件下，用一支带有规定负荷、截面积为 $1mm^2$ 的平顶针垂直放在试样上，当平顶针刺入试样 1mm 深时的温度即为该材料试样所测的维卡软化温度,℃。

测试标准：GB/T 1633—2000 热塑性塑料维卡软化温度（VST）的测定。

（8）热变形温度

将试样浸在一种等速升温的适宜传热介质中，在简支梁式静弯曲负荷作用下，测出试样弯曲变形达到规定值时的温度，该温度即为热变形温度（heat deflection temperature under load）,℃。

测试标准：GB/T 1634.2—2019 塑料负荷变形温度的测定。

（9）热分解温度

热分解温度（thermal decomposition temperature）是指试样在受热条件下，大分子发生裂解时的温度，℃。可用热失重法、压差法或分解气体检测法测定。

（10）耐燃性

耐燃性（flare resistance）是指材料接触火焰时，抵制燃烧或离开火焰时阻碍继续燃烧的能力。

测试标准：塑料燃烧性能相关试验方法有 GB/T 9343—2008、GB/T 8332—2008、GB/T 2406—1993、GB/T 2408—1996。

3. 力学性能

（1）拉伸性能

① 拉伸强度（tensile strength）：在规定的试验温度、湿度与施力速度下，沿试样轴向方向施加拉伸载荷，试样断裂时所受到的最大拉伸应力。拉伸强度 σ_t（Pa）按下式计算：

$$\sigma_t = \frac{P}{bd}$$

式中，P 为最大破坏载荷，N；b 为试样宽度，m；d 为试样厚度，m。

对于纤维而言，拉伸强度 σ_t（cN/dtex）按下式计算：

$$\sigma_t = \frac{P}{T}$$

式中，P 为最大破坏载荷，cN；T 为纤维线密度，dtex。

② 断裂伸长率（elongation at break）：试样断裂时的长度与其初始长度之比的百分率。断裂伸长率 ε_t（%）按下式计算：

$$\varepsilon_t = \frac{L - L_0}{L_0} \times 100\%$$

式中，L_0 为试样原始有效长度，mm；L 为试样断裂时的有效长度，mm。

③ 泊松比（Poisson's ratio）：在材料的比例极限内，由均匀分布的纵向应力所引起的横向应变与相应的纵向应变之比的绝对值。

泊松比（ν）可由下式计算：

$$\nu = \frac{\varepsilon_t}{|\varepsilon|}$$

式中，ε_t 为横向应变；ε 为纵向应变。

④ 拉伸弹性模量（tensile modulus of elasticity）：亦称抗拉模量（tensile modulus）、弹性模量（modulus of elasticity）或杨氏模量（Young's modulus），在比例极限内材料所受的拉伸应力与其所产生的相应应变之比。

拉伸弹性模量 E_t（Pa）根据试验结果按下式计算：

$$E_t = \frac{\sigma_t}{\varepsilon_t}$$

式中，σ_t 为拉伸应力，Pa；ε_t 为拉伸应变。

测试标准：GB/T 1040.1—2018 塑料拉伸性能的测定（第 1 部分）；GB/T 1040.3—

2006 塑料 拉伸性能的测定（第 3 部分）；GB/T 14344—2008化学纤维长丝拉伸性能试验方法；GB/T 14337—2008；化学纤维短纤维拉伸性能试验方法。

（2）压缩性能

① 压缩强度（compression strength）：在试样两端施加压缩载荷直至试样破裂（脆性材料）或产生屈服（非脆性材料）时所承受的最大压缩应力。压缩强度σ_t（Pa）按下式计算：

$$\sigma_t = \frac{P}{F}$$

式中，P 为破坏或屈服载荷，N；F 为试样原横截面积，m^2。

② 压缩弹性模量（modulus of elasticity in compression）：简称压缩模量（compression modulus），在比例极限内压缩应力与其相应应变之比。

压缩模量 E_c（Pa）由下式计算：

$$E_c = \frac{\sigma_c}{\varepsilon_c}$$

式中，σ_c 为压缩应力，Pa；ε_c 为压缩应变。

测试标准：GB/T 1041—1992 塑料压缩性能试验方法。

（3）弯曲性能

① 弯曲强度（flexural strength）：材料在承受弯曲负荷下破坏或达规定挠度时所产生的最大应力。

弯曲强度σ_f（Pa）按下式计算：

$$\sigma_f = \frac{3PL}{2bd}$$

式中，P 为试样所承受的弯曲负荷，N；L 为试样跨度，m；b 为试样宽度，m；d 为试样厚度，m。

② 弯曲弹性模量（flexural modulus of elasticity）：塑料在比例极限内弯曲应力与其相应的应变之比，简称弯曲模量。弯曲模量 E_f（Pa）由下式计算：

$$E_f = \frac{\sigma_f}{\varepsilon_f}$$

式中，σ_f 为弯曲应力，Pa；ε_f 为弯曲应变。

测试标准：GB/T 9341—2008 塑料弯曲性能的测定。

（4）冲击强度

冲击强度（impact strength）表示材料承受冲击负荷的最大能力。即在冲击负荷下，材料破坏时所消耗的功与试样的横截面积之比。材料冲击强度试验方法有两种。

① 简支梁冲击试验方法：无缺口冲击强度 α_n（J/m^2）和缺口冲击强度 α_k（J/m^2）分别按下列公式计算：

$$\alpha_n = \frac{A_n}{bd}$$

和

$$\alpha_k = \frac{A_k}{bd_k}$$

式中，A_n 为无缺口试验所消耗的功，J；A_k 为带缺口试样所消耗的功，J；b 为试验宽度，m；d 为无缺口试样宽度，m；d_k 为带缺口试样缺口处剩余宽度，m。

② 悬臂梁冲击试验方法：本法使用带缺口试样，其冲击强度 α_k（J/m）按下式计算：

$$\alpha_k = \frac{A_k - \Delta E}{b}$$

式中，A_k 为试样断裂时消耗的功，J；ΔE 为抛掷断裂试样自由端所消耗的功，J；b 为缺口处试样宽度，m。

测试标准：GB/T 1043.1—2008 硬质塑料简支梁冲击试验力法；GB/T 1843—2008 塑料悬臂梁冲击试验方法；GB/T 14485—1993 工程塑料硬质塑料板及塑料件耐冲击性能试验法（落球法）；GB/T 11548—1989 硬质塑料板耐冲击性能试验方法（落锤法）；GB/T 13525—1992 塑料拉伸冲击性能试验方法等。

（5）剪切强度

剪切强度（sheer strength）是材料在剪切应力作用下断裂时，单位面积所承受的最大应力。

① 单面剪切强度 σ_s（Pa）按下式计算：

$$\sigma_s = \frac{P}{bl}$$

② 双面剪切强度 σ_s（Pa）按下式计算：

$$\sigma_s = \frac{P}{2bl}$$

式中，P 为试样破坏时的最大剪切载荷，N；b 为试样剪切宽度，m；l 为试样剪切长度，m。

测试标准：GB/T 15598—1995 塑料剪切强度试验方法 穿孔法；GB/T 10007—2008 硬质泡沫塑料剪切强度试验方法；GB/T 1450.1—2005 玻璃纤维增强塑料层间剪切强度试验方法；GB/T 1450.2—2005 玻璃纤维增强塑料冲压式剪切强度试验方法。

（6）硬度

硬度（hardness）是指聚合物材料对压印、刮痕的抵抗能力。根据试验方法，有四种常用表示值。

① 布氏硬度 HB（Brinell hardness，Pa）：把一定直径的钢球，在规定的负荷作用下，压入试样并保持一定时间后，以试样上压痕深度或压痕直径来计算单位面积上承受的力，用作硬度值的量度。其表达式分别为：

$$HB = \frac{P}{\pi Dh}$$

或

$$HB = \frac{2P}{\pi D[D-(D^2-d^2)^{1/2}]}$$

式中，P 为所施加的负荷，N；D 为钢球直径，m；d 为压痕直径，m；h 为压痕深度，m。

测试标准：HG 2-168-65 塑料布氏硬度试验方法。

② 邵氏硬度（Shore hardness，HA 或 HD）：在施加规定负荷的标准压痕器作用下，经严格规定时间，压痕器的压针压入试样的深度，作为邵氏硬度值的量度。邵氏硬度分为邵

氏 A 和邵氏 D。前者适用于较软材料，后者适用于较硬材料。

测试标准：GB/T 2411—2008 塑料和硬橡胶 使用硬度计测定压痕硬度（邵氏硬度）。

③ 洛氏硬度（Rockwell hardness）：洛氏硬度有以下两种表示方法。

a. 洛氏硬度标尺：一定直径的钢球，在载荷从初载荷渐增为主载荷，然后再返回至初载荷时，该钢球在试样上压痕深度的增量，作为洛氏硬度值的量度，以符号 HR 表示。此种表示方法适用于较硬材料，分 R、M、L 标尺。

测试标准：GB/T 3398.2—2008 塑料硬度测定、洛氏硬度。

b. 洛氏 H 硬度：以一定直径的钢球，在规定的负荷作用下，压入试样的深度为硬度值的量度，以 H 表示。

测试标准：GB/T 3398.1—2008 塑料硬度测定，球压痕法。

④ 巴氏硬度（Barcol hardness，HBa）：以特定压头在标准弹簧的压力作用下压入试样，以其压痕深度来表征该试样的硬度。本方法适用于测定纤维增强塑料及其制品的硬度，也可适用于其他硬塑料的硬度。

测试标准：GB/T 3854—2017 增强塑料巴柯尔硬度试验方法。

（7）蠕变

蠕变（creep）是在恒定温度、湿度条件下，材料在恒定外力持续作用下，形变随时间延长而增加；在外力除去后形变逐渐恢复的现象。因外力性质不同，常可分为拉伸蠕变、压缩蠕变、剪切蠕变和弯曲蠕变。

测试标准：GB/T 11546—2008 塑料蠕变性能的测定。

（8）持久强度

持久强度（longterm strength）是试样长时间经受静载荷的能力，它是随外力作用时间的增加及温度升高而降低的函数，也称为蠕变断裂强度。它们之间的关系可以描述为：

$$\tau = \tau_0 \exp\left(\frac{U_0 - r\sigma}{kT}\right)$$

式中，τ 为持久时间，h；σ 为应力，Pa；k 为玻耳兹曼常数，1.4×10^{-23}；T 为热力学温度，K；τ_0、U_0、r 为与聚合物有关的常数。

（9）疲劳

疲劳（fatigue）是材料承受交变循环应力或应变时所引起的局部结构变化和内部缺陷发展的过程。它使材料力学性能显著下降，并最终导致龟裂或完全断裂。耐疲劳性是指试样在周期性外力迅速交换的作用下所产生的损坏程度、性能降程度或开始损坏的周期数和时间。

（10）摩擦与磨损

两个相互接触的物体，彼此之间有相对位移或有相对位移趋势时，相互间产生阻碍位移的机械作用力，统称摩擦力。表示材料摩擦特性的有摩擦系数和磨损。

① 摩擦系数（coefficient of friction，N）：

最大静摩擦力 F_{max} 按下式计算：

$$F_{max} = \mu_s P$$

式中，μ_s 为静摩擦系数；P 为正压力，N。

动摩擦力 F_{mov} 按下式计算：

$$F_{mov} = \mu_k P$$

式中，μ_k 为动摩擦系数；P 为正压力，N。

② 磨损（abrasion）：试样在规定的试验条件下，经一定时间或历程摩擦后，试样的损失量。耐磨损性越好的材料，其磨损量越小。

测试标准：GB/T 3960—2016 塑料滑动摩擦磨损试验方法；GB/T 5478—2008 塑料 滚动磨损试验方法。

4. 电学性能

（1）介电常数

介电常数（dielectric constant）是以绝缘材料为介质与以真空为介质制成同尺寸电容器的电容量之比。

测试标准：GB/T 1409—2006 测量电气绝缘材料在工频、音频、高频（包括米波波长在内）下电容率和介质损耗因数的推荐方法。

（2）介电损耗

介电损耗角正切（dielectric loss angle tangent）是对电介质施以正弦波电压时，外加电压与相同频率的电流间的相角的余角 δ 的正切值 $\tan\delta$，简称介电损耗。

测试标准：GB/T 1409—2006 测量电气绝缘材料在工频、音频、高频（包括米波波长在内）下电容率和介质损耗因数的推荐方法。

（3）介电强度

介电强度（dielectric strength）是材料抵抗电击穿能力的量度，以试样的击穿电压值与试样厚度之比表示，kV/mm。

耐电压值：迅速将电压升高至规定值，停留一定时间后试样不被击穿，此时的电压称为耐电压值。

测试标准：GB/T 1408.1—2016 绝缘材料 电气强度试验方法 第 1 部分：工频下试验。

（4）绝缘电阻

绝缘电阻（insulation resistance）常有以下三种表示方法。

① 绝缘材料电阻（insulation material resistance）：将被测试样置于标准电极中，在给定时间后，电极两端所加电压值与电极间总电流之比称为该试样的绝缘材料电阻，Ω。

② 体积电阻率（volume resistivity）：简称体积电阻，平行于通过试样中电流方向的电位梯度与电流密度之比，$\Omega \cdot m$。

③ 表面电阻率（surface resistivity）：简称表面电阻，平行于通过材料表面电流方向的电位梯度与表面单位宽度上的电流之比，Ω。

测试标准：GB/T 10064—2006 测定固体绝缘材料绝缘电阻的试验方法；GB/T 1410—2006 固体绝缘材料体积电阻率和表面电阻率试验方法。

（5）耐电弧性

耐电弧性（arc resistance）是指聚合物材料抵抗由高压电弧作用引起变质的能力，通常用电弧焰在材料表面引起的碳化至表面导电所需的时间（s）表示。

测试标准：GB/T 1411—2002 干固体绝缘材料耐高压小电流电弧放电的试验。

5. 化学性能

聚合物化学性能，通常是指材料表面在酸、碱、盐、溶剂、油类和其他化学物质等介质中经一定时间后，其质量、体积、强度、色泽等的变化情况。

（1）耐溶剂性

耐溶剂性（solvent resistance）指材料抵抗溶剂引起的溶胀、溶解、龟裂或形变的能力。

（2）耐油性

耐油性（oil resistance）指材料抵抗油类引起的溶胀、溶解、开裂、变形或物理性能降低的能力。

（3）耐化学性

耐化学性（chemical resistance）指材料对酸、碱、盐、溶剂和其他化学物质的抵抗能力。

测试标准：GB/T 3857—2017 玻璃纤维增强热固性塑料耐化学介质性能试验方法；GB/T 11547—2008 塑料耐液体化学试剂性能的测定。

6. 老化性能

老化性能，通常是指材料在使用、储存和加工过程中，由于受到光、热、氧、水、生物、应力等外来因素的作用，性能随时间变化的现象。

（1）耐候性

耐候性（weatherability）指材料暴露在日光、冷热、风雨等气候条件下的耐久性（即在使用条件下材料保持其性能的能力）。

测试标准：GB/T 3681—2011 塑料 自然日光气候老化、玻璃过滤后日光气候老化和菲涅耳镜加速日光气候老化的暴露试验方法。

（2）热空气老化

热空气老化（thermal air aging）指材料暴露于受控的热空气中，经受热和氧的作用，测定老化试验前后性能的变化，以评价材料的热老化性能。

测试标准：GB/T 7141—2008 塑料热老化试验方法。

（3）湿热老化

湿热老化（heat and humidity aging）指材料在给定温度和湿度条件下，性能随时间变化变坏的现象。

测试标准：GB/T 12000—2017 塑料 暴露于湿热、水喷雾和盐雾中影响的测定；GB/T 2574—1989 玻璃纤维增强塑料湿热试验方法。

参 考 文 献

[1] Lindemann M K. Vinyl Polymerization. New York：Marcel Dekker Inc，1967.

[2] Matsumoto M. Takakura K，Okaya T. Polymerization Processes. New York：Wiley-Interscience，1977.

[3] Boundy R H，Boyer R F. Styrene，Its Polymer，Copolymers and Derivatives. New York：Reinhold，1952.

[4] Golding，B. Polymers and Resins. Princeton：Van Nostrand company Inc，1959.

[5] 杨建国. 有关"自动加速效应"问题的总结与讨论. 高分子通报，2012 (7)：120-123.

[6] Ringsdorf H. Encyclopedia of Polymer Science and Technology. New York：Wile-Interscience，1965.

[7] E. L. 麦卡弗里. 高分子化学实验室制备. 蒋硕健，等译. 北京：科学出版社，1981.

[8] E. A. 柯林斯，J. 贝勒司，F. W. 毕尔梅耶. 聚合物科学实验. 王盈康，曹维孝，译，北京：科学出版社，1983.

[9] Moller M，Nederberg F，Lim L S，et al. Stannous（Ⅱ）trifluoromethane sulfonate：A versatile catalyst for the controlled ring-opening polymerization of lactides：Formation of stereoregular surfaces from polylactide "brushes". J Polym Sci Pol Chem，2001，39：3529-3538.

[10] Labet M，Thielemans W. Synthesis of polycaprolactone：A review. Chem Soc Rev，2009，38：3484-3504.

[11] Lendlein A，Langer R. Biodegradable，elastic shape-memory polymers for potential biomedical applications. Science，2002，296：1673-1676.

[12] Bhaw-Luximon A，Jhurry D，Motala-Timol S，et al. Polymerization of epsilon-caprolactone and its copolymerization with gamma-butyrolactone using metal complexes. Macromol Symp，2006，231：60-68.

[13] Schild H G. Poly（N-isopropylacrylamide）：Experiment，theory and application. Prog Poly Sci，1992，17：163-249.

[14] 罗宣干，王坦，N-异丙基丙烯酰胺系温度敏感聚合物和水凝胶的研究进展. 化学通报，1996 (4)：10-15

[15] Joseph D，Menczel R. Thermal analysis of polymers, fundamentals and applications. Weinheim：Wiley，2009.

[16] 李光. 高分子材料加工工艺学. 2 版. 北京：中国纺织出版社，2010.

[17] 丁延伟. 热分析基础. 合肥：中国科学技术大学出版社，2020.

[18] Ruokolainen J，Brinke G，Ikkala O，et al. Mesomorphic structures in flexible polymer surfactant systems due to hydrogen bonding：Poly（4-vinylpyridine）-pentadecylphenol. Macromolecules，1996，29：3409-3415.

[19] Sawyer L C，Grubb D T. Polymer Microscopy. New York：Chapman and Hall，1987

[20] Hemsley D. Comprehensive Polymer Science：The Synthesis，Characterization，Reactions and Applications of Polymers. New York：Pergamon Press，1989.